# LES UTILISATIONS CLINIQUES DES FLUORURES

*Un bilan des connaissances sur les utilisations cliniques des fluorures en odontologie clinique*

# LES UTILISATIONS

11 et 12 mai, 1984
Holiday Inn, Union Square
San Francisco, Californie

Président
Stephen H. Y. Wei, D.D.S., M.D.S.

Sous le patronage de

Le Département de Croissance et de Développement
École Dentaire
Université de Californie, San Francisco

Le Service de Santé Publique des États-Unis, Région IX

Le Conseil de la Recherche Dentaire et le Conseil
des Thérapeutiques Dentaires de l'Association Dentaire Américaine
en collaboration avec l'École Dentaire de
l'Université de Californie, San Francisco

# CLINIQUES DES FLUORURES

*Un bilan des connaissances sur les utilisations cliniques des fluorures en odontologie clinique*

*Edité par*
Stephen H. Y. Wei, D.D.S., M.S., M.D.S., F.I.C.D., F.R.A.C.D.S.
Professeur et Chef du Département
de Dentisterie pour enfants et d'Orthodontie
Université de Hong Kong

*Traduit par*
Jean Claude Kaqueler, D.C.D., M.S., D.Sc.O.
Professeur et Responsable du Département et du Laboratoire
d'Anatomie Pathologique de la Faculté de Chirurgie Dentaire.
Université René Descartes, Paris V

**Problèmes actuels en odontologie clinique**
[ISSN 0950-4389]
I: Les utilisations cliniques des fluorures

Bien que l'auteur et l'éditeur aient pris toutes les précautions pour s'assurer de la véracité des doses, ils ne pourront, en aucune circonstance, assurer la responsabilité de l'utilisation de ce médicament.

Il est conseillé au lecteur de lire attentivement la notice d'emploi qui accompagne toujours les médicaments qu'il désire utiliser.

**British Library Cataloguing in Publication Data**
Les utilisations cliniques des fluorures: un bilan
 des connaissances sur les utilisations cliniques
 des fluorures en odontologie clinique: 11 et 12
 Mai, 1984, Holiday Inn, Union Square, San Francisco,
 Californie. — (Problèmes actuels en odontologie
 clinique, ISSN 0950-4389; 1)
 1. Dental caries — Prevention   2. Fluorides
 I. Wei, Stephen, H.Y.   II. University of California,
 San Francisco, *School of Dentistry, Department
 of Growth and Development*   III. Clinical uses of
 fluorides. *French*   IV. Series
 617. 6′7052   RK52

ISBN 0-86196-085-8

©1986 John Libbey Eurotext Ltd. All rights
reserved. Unauthorised duplication contravenes
applicable laws.
Published by
**John Libbey Eurotext Ltd**
6 rue Blanche, 92120 Montrouge, France. (1) 47 35 85 52
**John Libbey & Company Ltd**
80/84 Bondway, London SW8 1SF, England. (01) 582 5266

Titre de l'original en anglais
 CLINICAL USES OF FLUORIDES: A STATE OF THE ART CONFERENCE ON THE
 USES OF FLUORIDES IN CLINICAL DENTISTRY
  LEA & FEBIGER
  Philadelphia, Pennsylvania, U.S.A.

Printed in Great Britain by Whitstable Litho Ltd., Whitstable, Kent

# *Préface*

Une pléthore de nouveaux produits fluorés est maintenant disponible. Les chirurgiens dentistes et les hygiénistes dentaires sont de plus en plus perplexes quant à l'efficacité relative de chacun de ces nouveaux agents, à utiliser seuls ou en combinaison et destinés à être utilisés par la profession dentaire et/ou directement par les patients eux-mêmes. Il y a en effet controverse parmi les chercheurs et les cliniciens concernant les propriétés que l'on attribue à ces nouveaux produits, notamment en terme d'acceptation par les patients, de modes d'administration, de mécanismes d'action et d'efficacité clinique. Par ailleurs, le rôle des fluorures apparaît de plus en plus important dans le cadre de la reminéralisation des caries débutantes et cémento-radiculaires, de l'hypersensibilité dentinaire, la prévention et le traitement de la gingivite et de certaines formes de maladies parodontales.

L'objectif de cet ouvrage est de procéder à un bilan actualisé et à une analyse critique des agents fluorés utilisés tant par le passé qu'actuellement ainsi que de leurs modes d'utilisation. Les auteurs ont tenté de mettre un terme à la confusion actuelle en proposant un certain nombre de résolutions concernant les points majeurs de controverse liés à l'utilisation des fluorures par les professionnels de l'odontologie. Les agents les plus récents, les modes de prescription et les mécanismes d'action des fluorures sont discutés en terme d'efficacité clinique et d'homologation ou non par la FDA. Qui plus est les auteurs ont mis l'accent sur les perspectives cliniques découlant des données scientifiques les plus récentes.

La conférence et le document qui en résulte ont été rendus possibles grâce aux subventions d'enseignement de la division d'odontologie pédiatrique (Département de croissance et développement) de l'Ecole Dentaire de l'Université de Californie (San Francisco) et par l'industrie dentaire. Cette conférence a été parrainée conjointement par le Bureau Régional de l'U.S.P.H.S. (Région IX) et par le Conseil des Thérapeutiques Dentaires et le Conseil de la Recherche Dentaire de l'Association Dentaire Américaine. Furent également présents à cette conférence à titre d'invités privilégiés des membres de l'Association Dentaire de Californie, de l'U.S.P.H.S., de l'Académie Américaine de Pédodontie et de la Société Américaine de Dentisterie pour Enfants pour participer à la diffusion de la connaissance.

Stephen H. Y. Wei, D.D.S.
*Hong Kong*

## *Remerciements*

Cette conférence et l'ouvrage qui en résulte ont été possibles grâce aux subventions d'enseignement allouées à l'Université de Californie, San Francisco, par :

Block Drug Company, Inc.
John O. Butler Company
Colgate-Palmolive Company
Hoyt Laboratories
Johnson & Johnson Health Care
Mead Johnson & Company
Oral B
Procter & Gamble Company
Scherer Laboratories, Inc.
Warner-Lambert Company

# *Conférenciers*

J. Michael Allen, D.D.S.
    Captain, Dental Corps
    United States Navy
    Washington, D.C.

James W. Bawden, D.D.S., Ph.D.,
    Alumni Distinguished Professor
    School of Dentistry
    University of North Carolina
    Chapel Hill, North Carolina

Harry M. Bohannan, D.M.D.
    Dalton McMichael Fellow and Research Professor
    School of Dentistry
    University of North Carolina
    Chapel Hill, North Carolina

Robert Boyd, D.D.S.
    Assistant Professor, Department of Growth and Development
    University of California, San Francisco
    San Francisco, California

James P. Carlos, D.D.S.
    Director, Epidemiology and Oral Disease Prevention Program
    National Institute for Dental Research
    Bethesda, Maryland

Fermin A. Carranza, Jr., Dr Odont.
    Professor and Chairman, Department of Periodontics
    School of Dentistry
    University of California, Los Angeles
    Los Angeles, California

Rella R. Christensen, R.D.H.
    Co-Director, Clinical Research Associates
    Provo, Utah

James J. Crall, D.D.S.
    Assistant Professor, Department of Pedodontics
    College of Dentistry
    The University of Iowa
    Iowa City, Iowa

John C. Greene, D.D.S.
    Dean, School of Dentistry
    University of California, San Francisco
    San Francisco, California

Jon T. Kapala, D.M.D.
    Professor and Chairman, Department of Pediatric Dentistry
    Boston Graduate School of Dental Medicine
    Boston, Massachusetts

Katherine Kula, D.D.S.
    Assistant Professor, Department of Pediatric Dentistry
    Dental School
    University of Maryland at Baltimore
    Baltimore, Maryland.

Corrine H. Lee, R.D.H.
    Dental Hygienist, Honolulu Head Start
    Honolulu, Hawaii

Weyland Lum, D.D.S.
    Private Practice in Pedodontics
    San Francisco, California

Martin L. MacIntyre, D.D.S.
    Regional Dental Consultant, Region IX
    U.S. Public Health Service
    San Francisco, California

John E. Mazza, D.D.S.
    Lecturer, Department of Periodontics
    School of Dentistry
    University of California, Los Angeles
    Los Angeles, California

Robert Mecklenburg, D.D.S.
    Chief Dental Officer, U.S.P.H.S.
    Rockville, Maryland

Edgar W. Mitchell, Ph.D.
    Secretary, Council on Dental Therapeutics
    American Dental Association
    Chicago, Illinois

Conrad A. Naleway, Ph.D.
    Research Chemist, American Dental Association
    Chicago, Illinois

Ernest Newbrun, D.M.D., Ph.D.
    Professor, Division of Oral Biology
    Department of Stomatology
    University of California, San Francisco
    San Francisco, California

Michael G. Newman, D.D.S.
    Adjunct Professor, Department of Periodontics
    School of Dentistry
    University of California, Los Angeles
    Los Angeles, California

Arthur J. Nowak, D.M.D.
    Professor, Department of Pedodontics
    College of Dentistry
    University of Iowa
    Iowa City, Iowa

Dorothy A. Perry, R.D.H., Ph.D.
    Adjunct Assistant Professor, Department of Periodontics
    School of Dentistry
    University of California, Los Angeles
    Los Angeles, California

Louis Ripa, D.D.S.
    Professor and Chairman, Department of Children's Dentistry
    State University of New York at Stonybrook
    School of Dental Medicine
    Stonybrook, New York

J. Keith Roberts, D.D.S.
    Private Practice in Pediatric Dentistry
    Bloomington, Indiana

Michael Roberts, D.D.S.
    Chief, Patient Care Section, CIPCB
    National Institute of Dental Research
    Bethesda, Maryland

Leon M. Silverstone, D.D.Sc., Ph.D.
    Associate Dean for Research, University of Colorado Health Sciences Center
    Denver, Colorado

Neil Smithwick, D.D.S.
    13th District Trustee, American Dental Association
    Sunnyvale, California

William R. Snaer, D.D.S.
    Private Practice in Pediatric Dentistry
    Pasadena-Arcadia, California

John W. Stamm, D.D.S.
    Professor and Chairman, Department of Community Dentistry
    McGill University
    Quebec, Canada

George K. Stookey, Ph.D.
    Professor, Department of Preventive Dentistry
    Indiana University School of Dentistry
    Indianapolis, Indiana

Norman Tinanoff, D.D.S.
    Associate Professor, Department of Pediatric Dentistry
    The University of Connecticut Health Center
    Farmington, Connecticut

Carl A. Verrusio, Ph.D.
    Secretary, Council on Dental Research
    American Dental Association
    Chicago, Illinois

James S. Wefel, Ph.D.
    Associate Professor, Department of Pedodontics and Dow's Research Institute
    The University of Iowa
    Iowa City, Iowa

Stephen H. Y. Wei, D.D.S.
    Professor and Head, Department of Children's Dentistry and Orthodontics
    The Prince Philip Dental Hospital, University of Hong Kong, Hong Kong
    Formerly Professor and Chairman, Division of Pediatric Dentistry
    Department of Growth and Development, School of Dentistry
    University of California, San Francisco
    San Francisco, California

Stephen S. Yuen, D.D.S.
    Private Practice
    Hayward, California

# *Invités*

Robert W. Beck, D.D.S.
    Chief, Dental Head Start Program, Rockville, Maryland

William B. Bock, D.D.S.
    Chief, Dental Disease Prevention Activity, Centers for Disease Control, Atlanta, Georgia

James Clark, D.D.S.
    President, American Society of Dentistry for Children, Dubuque, Iowa

Richard Ahlfeld, D.D.S.
    School of Dentistry, University of The Pacific, San Francisco, California

Alice Horowitz, R.D.H.
    National Institute of Dental Research, Bethesda, Maryland

Herschel S. Horowitz, D.D.S.
    Chief, Clinical Trials Section, National Institute of Dental Research, Bethesda, Maryland

Robert Isaacson, D.D.S., Ph.D.
    Professor and Chairman, Department of Growth & Development, School of Dentistry, UCSF, San Francisco, California

Reginald Louie, D.D.S.
    Regional Dental Consultant, Region IX, National Health Service Corps, San Francisco, California

Dale F. Redig, D.D.S.
    Executive Director, California Dental Association, Sacramento, California

Paul Robertson, D.D.S.
   Professor and Chairman, Department of Stomatology, University of California, San Francisco, San Francisco, California

Ira Shannon, D.D.S.
   Professor of Biochemistry, University of Texas, and Director, Oral Disease Research Lab, VA Medical Center, Houston, Texas

Samuel J. Wycoff, D.D.S.
   Department of Community Dentistry, University of California, San Francisco, San Francisco, California

# SOMMAIRE

*Présentation des invités, des conférenciers et objectif de la conférence:*

    *présentation et objectif de la conférence, xix*
        Stephen Wei

    *ouverture et bienvenue, xxi*
        John Green

    *bienvenue au nom de l'Association Dentaire Américaine, xxii*
        Neil Smithwick

    *bienvenue au nom du Service de Santé Publique des Etats-Unis, xxiii*
        Robert Mecklenburg

## SECTION I

Modérateur : James W. Bawden

| | | | |
|---|---|---|---:|
| Chapitre | 1. | Programme d'homologation des produits fluorés de l'Association Dentaire Américaine<br>Edgar W. Mitchell. . . . . . . . . . . . . . . . . | 3 |
| Chapitre | 2. | Evaluation critique des applications professionnelles des fluorures en application topique<br>James S. Wefel. . . . . . . . . . . . . . . . . | 9 |
| Chapitre | 3. | Le fluorure d'étain en odontologie clinique<br>Norman Tinanoff. . . . . . . . . . . . . . . . . | 21 |
| Chapitre | 4. | Les rôles des traitements et des pâtes prophylactiques dentaires dans la prévention de la carie dentaire<br>Louis W. Ripa. . . . . . . . . . . . . . . . . | 33 |

## SECTION II
### Modérateur : J. Michael Allen

Chapitre 5. Les additifs fluorés et les sources alimentaires de fluor
Katherine Kula et
Stephen H. Y. Wei . . . . . . . . . . . . . . . 53

Chapitre 6. Les bains de bouche fluorés
James P. Carlos . . . . . . . . . . . . . . . . 73

Chapitre 7. Les fluorures en thérapeutique parodontale
Michael G. Newman
Dorothy A. Perry
Fermin A. Carranza, et
John E. Mazza. . . . . . . . . . . . . . . . . 83

Chapitre 8. L'effet des fluorures sur les caries radiculaires et la sensibilité radiculo-dentinaire
Ernest Newbrun . . . . . . . . . . . . . . . . 95

## SECTION III
### Modérateur : Harry M. Bohannan

Chapitre 9. Tous les dentifrices fluorés sont-ils les mêmes?
George K. Stookey . . . . . . . . . . . . . . . 109

Chapitre 10. Les méthodes de laboratoire pour l'évaluation des dentifrices fluorés et des autres agents
Conrad A. Naleway . . . . . . . . . . . . . . . 137

Chapitre 11. Fluorures et reminéralisation
Leon M. Silverstone . . . . . . . . . . . . . . . 159

Chapitre 12. Les nouveaux agents fluorés et leurs modes d'administration
John W. Stamm . . . . . . . . . . . . . . . . 181

## SECTION IV
### Modérateur : Carl A. Verrusio

Chapitre 13. Les applications cliniques du fluor pour les patients particuliers
James J. Crall et Arthur J. Nowak . . . . . . . . . . 199

# SECTION V

Discussion-Débat

Robert Boyd
Rella R. Christensen
Jon T. Kapala
Corrine H. Lee
Weyland Lum
Martin L. MacIntyre
Michael Roberts
J. Keith Roberts
William R. Snaer
Stephen S. Yuen

Président
Stephen H. Y. Wei

Questions libres et forum, 229

Index, 241

# *Présentation et objectif de la conférence*

## Stephen H. Y. Wei

Au nom du comité d'organisation, constitué par l'Ecole Dentaire de Californie, San Francisco, et l'Association Dentaire Américaine (ADA), je voudrais vous souhaiter la bienvenue sous le soleil resplendissant de Californie et dans cette merveilleuse cité de San Francisco. Nous attendons tous beaucoup de ces deux jours au cours desquels il nous sera donné d'entendre des communications scientifiques rigoureuses, de participer à des discussions stimulantes, de voir disparaître des points de controverse et enfin d'apprendre comment tirer profit, dans notre exercice clinique, de ces nouvelles connaissances.

Il s'est écoulé 10 ans depuis la dernière conférence importante sur les fluorures qui s'est tenue dans le cadre du Séminaire International sur les Fluorures et la Prévention de la Carie Dentaire et dans l'état du Maryland. Depuis cette conférence, un grand nombre de produits nouveaux ont été proposés à la profession dentaire (Fluorigard, ACT, et la commercialisation du $SnF_2$ à 0,4%). L'effet anti-plaque des fluorures n'avait pas alors été pleinement exploré de même n'étions-nous pas convaincus que les fluorures puissent avoir un effet quelconque sur la gingivite ou la maladie parodontale. L'importance des fluorures dans le processus de reminéralisation est certainement beaucoup mieux admise aujourd'hui qu'il y a dix ans. Actuellement de très nombreux fabricants de dentifrice proclament que l'un des effets majeurs de leur produit repose sur la capacité de leur dentifrice à reminéraliser les lésions carieuses débutantes de l'émail. Lors de la dernière conférence, le système de libération retard des fluorures mis au point par l'Institut National de la Recherche Dentaire n'en était même pas au stade de la conception et les fils et résines imprégnés de fluorures n'en étaient qu'aux stades de développement. Depuis cette dernière conférence la recherche et les mises en oeuvre ont été considérables. Il apparaît donc opportun et nécessaire de procéder à une revue de tous ces progrès.

Au cours de cette conférence nous insisterons plus particulièrement sur les utilisations cliniques des fluorures, notamment en cabinet dentaire. Les hygiénistes dentaires et les praticiens sont souvent déroutés et dans l'impossibilité de déterminer les meilleurs produits et leur rapport efficacité/coût. Ils sont confrontés à des informations contradictoires selon les produits. La profession dentaire doit faire un choix en terme de goût, de viscosité, de coût, d'acceptation par le patient et enfin distinguer entre la supériorité revendiquée en laboratoire et l'efficacité en clinique. Le but de cette conférence est de répondre à un grand nombre de ces questions pratiques.

L'organisation de cette conférence trouve sa justification dans le nombre considérable de demandes d'inscription. Nous avions l'intention de limiter le nombre d'inscriptions à 200 et finalement nous l'avons porté à 300 alors que nous avions plus de 350 demandes. Le nombre de demandes d'inscription témoigne du grand intérêt que suscite le sujet.

Lorsque j'ai pris contact avec les conférenciers, c'est avec enthousiasme qu'ils acceptèrent d'apporter leur contribution. Ils tombèrent tous d'accord avec moi pour dire que les sujets qui leur avaient été assigné nécessitaient une importante revue de la littérature et un effort de clarification. Les conférenciers ont tous effectué un travail exceptionnel comme le prouve la haute qualité de leurs manuscrits. Nous avons également des présidents de séance tout à fait exceptionnels tels les Drs Jim Bawden, Harry Bohannan, Carl Verrusio, et le Capitaine Mike Allen. Tous ces présidents de séance sont intéressés au plus haut point par les sujets traités puisqu'ils ont été ou sont actuellement responsables de programmes en tant que cliniciens ou organisateurs de programme et chercheurs dans ce domaine.

L'industrie est elle aussi très intéressée par ces sujets. Nous aimerions remercier les industriels pour leur généreuse contribution à cette conférence et j'ai le plaisir de saluer et de remercier les représentants des dix Sociétés présentes, j'ai nommé le Docteur Richard Brogle de la Block Drug Company Inc., à Mr Bud Tarrson de la John O. Butler Company, au Docteur Tony Volpe de la Colgate-Palmolive Company, à Mr Hod Moses des Laboratoires Hoyt, au Docteur Hazen Baron de la Johnson & Johnson Health Care Company, au Docteur George Baker de la Mead Johnson & Company, à Mr Bob Perry de la Oral B Company, à Mr Bob Lehnhoff de la Procter & Gamble Company, à Mr Dennis Groat des Laboratoires Scherer, et à Mr Joe Clark de la Warner Lambert Company.

J'aimerais également remercier les membres du comité d'organisation en la personne du Docteur Marty MacIntyre du Service de Santé Publique des Etats-Unis, du Docteur Weyland Lum, pédodontiste à San Francisco, du Docteur Edgar Mitchell du Conseil des Thérapeutiques Dentaires, et du Docteur Carl Verrusio du Conseil de la Recherche Dentaire de l'ADA.

J'aimerais aussi remercier Mlle Betty Rojas et son équipe de la section de Dentisterie Postgraduée de UCSF qui nous a aidé à organiser cette conférence. Mes remerciements, et non les moindres, iront enfin à Madame Martie Van Gorp, ma secrétaire, qui a fait un travail difficile et considérable pour cette conférence.

J'ai maintenant le plaisir de vous présenter le Dr John Greene qui va au nom de l'Université de Californie (San Francisco), vous souhaiter la bienvenue.

# *Ouverture et bienvenue*

## John C. Green

L'Université de Californie San Francisco, a le plaisir, en collaboration avec l'ADA et avec le Service de Santé Publique des Etats-Unis, de parrainer cette Conférence sur les utilisations cliniques des fluorures.

Depuis quelques années des progrès spectaculaires ont été réalisés dans le domaine de la prévention de la carie dentaire, tant dans ce pays qu'à l'étranger.

Des rapports provenant du monde entier font état du déclin rapide de la fréquence carieuse notamment dans les pays industrialisés. Mais tout en nous félicitant de nos victoires, il serait tentant de devenir complaisant avec nous-mêmes et d'admettre que la bataille contre la carie est terminée. Nous devons cependant prendre conscience que la diminution que nous observons ne se poursuivra pas automatiquement de façon linéaire jusqu'à la disparition complète de la carie. Des efforts soutenus et de la part de tous seront nécessaires pour maintenir cette tendance encourageante dans la bonne direction. Toute forme de complaisance doit être évitée jusqu'à ce que cette affection qui constitue un problème de santé publique majeur soit éliminé. J'ai la certitude que cet auditoire serait d'accord pour affirmer que les lésions carieuses sont encore d'apparition trop fréquente et que tant que cela sera le cas nous nous devons de poursuivre nos efforts de prévention.

Le but de cette conférence est de faciliter l'obtention d'un effet maximum en clinique de l'agent préventif de la carie le plus efficace dont nous disposons à savoir le FLUOR. En outre les effets du fluor sur la gingivite et la santé du parodonte seront explorés. Jusqu'à présent ce champs d'investigation n'a pas fait l'objet de suffisamment d'attention.

Si cette conférence réussit à atteindre son objectif, nous nous quitterons en ayant acquis une meilleure compréhension des utilisations des fluorures en odontologie clinique et certains points d'ombre concernant ce domaine auront été dissipés.

Je tiens à féliciter le Dr Wei et lui exprimer ma gratitude ainsi qu'à tous ceux qui ont participé à l'organisation de cette conférence et rassemble un tel aéropage d'experts pour traiter de ce sujet d'actualité.

# *Bienvenue au nom de l'Association Dentaire Américaine*

## Neil SMITHWICK

L'ADA a le très grand plaisir de se joindre à nos collègues de l'Université de Californie et du Service de Santé Publique des Etats-Unis pour parrainer cette conférence décisive sur les utilisations cliniques des fluorures en odontologie. Le Président Wei a su rassembler les meilleurs chercheurs et les meilleurs experts sur le sujet qui vont faire de cette conférence un véritable "état des connaissances". Je vous transmets les compliments du Président Don Bentley et des Membres du Conseil d'Administration, et nous vous souhaitons une conférence féconde, instructive et stimulante.

# *Bienvenue au nom du Service de Santé Publique des Etats-Unis*

## Robert MECKLENBURG

C'est un plaisir pour moi d'être parmi vous et de vous souhaiter la bienvenue de la part du Dr C. Everett Koop, le Chirurgien Général du Service de Santé Publique des Etats-Unis. C'est un privilège pour le Service de Santé Publique d'être le co-parrain de cette importante réunion. Cette manifestation est un exemple de plus de l'esprit de coopération qui prévaut pour l'odontologie entre le gouvernement fédéral, les institutions d'enseignement, l'industrie et la profession dentaire. Une telle coopération a, par le passé, démontré son efficacité pour la protection et l'amélioration de la santé publique.

Il est maintenant évident pour tous que la santé bucco-dentaire du peuple américain s'est considérablement améliorée au cours de la fin de ce siècle. Cela n'est pas le fait du hasard mais le résultat de la volonté des personnels de santé et de l'aide d'une population mature.

Se préoccuper de la santé bucco-dentaire devint un sujet d'importance nationale vers la fin des années 1940. Avant cela les problèmes dentaires étaient considérés essentiellement comme étant d'ordre personnel. Au cours de la deuxième guerre mondiale, il est apparu que l'unique raison majeure qui motivait les réformes militaires était une mauvaise santé bucco-dentaire. Parmi les différents corps, la pathologie dentaire et parodontale mettait hors de service un nombre intolérablement élevé de soldats tant au cours des manoeuvres qu'en action de combat. La santé bucco-dentaire devint alors une question de sécurité nationale.

Les études épidémiologiques engagées après la guerre ont montré que 95% de la population était atteinte de carie dentaire. Il était très fréquent d'atteindre l'âge de 20-24 ans avec quatre dents manquantes. La moitié de la population était atteinte par la maladie parodontale avant l'âge de cinquante ans et la majorité présentait une édentation d'au moins une arcade.

Dès que la santé bucco-dentaire fut considérée comme un problème de santé publique la profession dentaire, responsable et motivée par la population porta le débat au Congrès des Etats-Unis. Le Congrès et la population purent alors entendre que "si tous les praticiens de ce pays s'assignaient pour tâche de restaurer toutes les dents cariées en commençant par la côte Est et en se dirigeant vers l'Ouest, ils devraient, parvenus à Pittsburg, Pennsylvanie, rebrousser chemin, retourner sur la côte Est et recommencer". En conséquence de quoi, le Congrès mit en place des organisations fédérales au sein du Service de Santé Publique avec pour mission d'aider les Etats, les municipalités et la profession dentaire à résoudre ce problème.

En juin 1948, l'Institut National de la Recherche Dentaire du Service de Santé Publique des Etats-Unis fut fondé et devenait le troisième des Instituts Nationaux de la Santé. Un mois plus tard, en juillet 1948, un million de dollars fut alloué au secteur dentaire, cela représentait une somme considérable pour l'époque. Une année plus tard, en juin 1949, une subdivision de la Santé Publique Dentaire et une autre pour les Ressources Dentaires furent créés. En juin 1950, le Chirurgien Général se déclara publiquement favorable à la fluoration des eaux de boisson considérant ce moyen comme le plus efficace, le plus inoffensif et le moins coûteux pour prévenir la carie dentaire.

Nous savons tous ce qui s'est passé ensuite. Les praticiens de la Santé Publique, les agents de santé municipaux et les responsables de collectivités locales engagèrent le long processus de mise en place de la fluoration. Plus de la moitié de la population put alors bénéficier d'une eau de boisson fluorée. Au cours de ces mêmes années, la recherche a mis au point un variété de moyens permettant d'administrer l'ion fluor là où il était nécessaire. Aujourd'hui ce coup d'oeil sur un passé récent peut nous donner l'impression du devoir accompli. La population a été bien servie. Les mesures de prévention contre la carie dentaire ont permis d'économiser chaque année de 4 à 5 billions de dollars, sans compter les avantages considérables mais impalpables perçus par le public.

Alors pourquoi sommes-nous ici? Parce que nous ne pouvons admettre que la profession dentaire n'accomplisse sa tâche qu'à moitié. Il est techniquement possible de ramener la carie dentaire au rang de maladie rare en utilisant les moyens actuellement disponibles. Au cours de ces dernières années la fréquence carieuse chez les sujets de 17 ans est tombée de 17 à 11 dents ce qui témoigne d'une tendance très satisfaisante. Cependant la profession dentaire tout comme la population ne peut se contenter de ce résultat obtenu pas plus que la médecine ne se satisferait de constater que telle maladie osseuse évolutive ne détruit plus que 11 doigts et orteils au lieu de 17.

Cette conférence va permettre de proposer une variété de méthodologies et leurs bases scientifiques afin que la santé bucco-dentaire maintienne ses acquis et puisse progresser encore. Les données scientifiques qui s'accumulent indiquent que l'utilisation de doses infimes de fluor tout au long de la vie est nécessaire pour maintenir la protection des dents contre la carie dentaire. C'est le maintien de cet usage permanent et optimum qui doit demeurer au centre de notre attention et non les moyens utilisés pour l'obtenir. Il appartient à la profession d'orchestrer la combinaison des méthodes permettant les utilisations les mieux tolérées, les plus praticables et les plus accessibles pour le grand public. Aucune méthode ne peut être la meilleure en toutes circonstances.

Compte tenu du niveau de santé bucco-dentaire déjà atteint je me dois de vous féliciter pour votre insatisfaction et votre recherche de la vérité basée sur la recherche scientifique. Votre présence ici est la preuve de vos recherches et de votre sens de la responsabilité professionnelle.

Au nom du Service de Santé Publique, je félicite le Dr Wei qui a su réunir autant de conférenciers éminents; l'Université de Californie à San Francisco et l'industrie pour l'intérêt et l'aide qu'ils ont manifesté et tous ceux qui ont efficacement oeuvré pour faire de cette conférence une réalité.

# Section I

JAMES BAWDEN, MODÉRATEUR

# Chapitre 1
## *Programme d'homologation des produits fluorés de l'Association Dentaire Américaine*

### Edgar W. MITCHELL

En 1930, l'Association Dentaire Américaine (ADA) créa un organisme pour évaluer les produits pharmaceutiques dentaires et les agents cosmétiques dentaires. Cet organisme, qui devint ultérieurement le Conseil des Thérapeutiques Dentaires, avait également pour mission de fournir des informations relatives aux produits dentaires tant aux praticiens qu'au grand public. Cet organisme avait aussi pour fonction d'encourager la recherche sur les produits lorsqu'un complément d'information était nécessaire. Le Conseil fut fondé parce que l'Association estimait nécessaire de mettre en oeuvre une procédure d'évaluation et d'appréciation professionelle au sein de la panoplie confuse des "médicaments" et des "médicaments brevetés" qui étaient commercialisés. La promotion publicitaire de certains de ces produits était trompeuse; certains autres présentaient un intérêt douteux ou apparaissaient dangereusement toxiques. Notre discussion permettra de déterminer si un tel programme demeure aujourd'hui aussi utile à la profession dentaire qu'il l'était en 1930. Un panorama actualisé du programme d'homologation des médicaments dentaires, y compris des produits fluorés, vous sera présenté.

Le Conseil des Thérapeutiques Dentaires de l'ADA a été fondé en 1930 et reçut pour mission de la Chambre des Délégués d'étudier, d'évaluer et de diffuser l'information concernant les agents thérapeutiques dentaires et leurs auxiliaires, d'une part, et les agents cosmétiques dentaires qui étaient proposés au public et à la profession, d'autre part. En outre, le Conseil se devait d'encourager la recherche dans le domaine des thérapeutiques dentaires au sein des formations de recherche universitaires et industrielles. Aujourd'hui les activités du Conseil se développent essentiellement dans le cadre de cinq programmes multidisciplinaires. Ces programmes sont les suivants :

(1) Programme d'évaluation de la santé.
(2) Service de contrôle du mercure.
(3) Organisation de colloques et de rencontres parrainés ou co-parrainés par le Conseil ayant pour objet les médicaments et d'autres sujets d'intérêt marquant pour la profession.
(4) Diffusion des résultats des activités du Conseil.
(5) Programme d'évaluation et d'homologation des produits.

## Programme d'Evaluation de la Santé

Le Programme d'Evaluation de la Santé a été dirigé par le Conseil depuis le début des années 1960. Ce programme est reconduit au cours de chaque Session Annuelle. Il est financé par le Fond Américain pour la Santé Dentaire et des subventions privées. Il permet à tout praticien inscrit à la Session Annuelle de l'ADA de procéder à un bilan de santé. L'un des objectifs de ce programme est d'encourager les dentistes à prendre conscience de leur propre santé et de les encourager à aller au delà de ce dépistage en procédant à un examen complet par l'intermédiaire de leur médecin habituel. C'est grâce à ce programme que l'ADA a pu prendre connaissance de l'état de santé des dentistes, de leurs affections caractéristiques et des médicaments qu'ils utilisent. A partir des prélèvements sériques effectués dans le cadre de ce programme, l'ADA a ainsi constaté que ses membres présentaient une susceptibilité relativement élevée à la maladie parodontale ainsi qu'à l'hépatite B. Cette information permit d'encourager vivement les membres de cette profession à se faire vacciner dès que le vaccin contre l'hépatite B devint disponible. L'Association apprit également par l'intermédiaire du Programme d'Evaluation de la Santé que les dentistes n'étaient pas plus atteints par les affections cardio-vasculaires que le reste de la population.

## Service de Contrôle du Mercure

Le Programme d'Evaluation de la Santé s'est également donné pour tâche d'analyser la présence de mercure dans les urines, ce qui amena le Conseil à ouvrir un deuxième programme. Ce programme est le Service de Contrôle du Mercure. L'analyse du mercure effectuée dans le cadre du Programme d'Evaluation de la Santé a montré que les dentistes éliminent par les voies urinaires 3 à 5 fois plus de mercure que la moyenne de la population et cela parce qu'ils sont exposés professionellement au mercure contenu dans l'amalgame dentaire au cours des obturations ou des dèsobturations.

Le Conseil des Thérapeutiques Dentaires offre aux praticiens et aux membres de leur personnel auxiliaire de bénéficier du Service de Contrôle du Mercure moyennent une inscription participative. Une cotisation a été demandée pour couvrir le coût de fonctionnement du programme. Les échantillons d'urine nous sont adressés par la poste, analysés dans notre laboratoire et les résultats sont envoyés aux praticiens et aux membres de leur personnel. Dès leur inscription, les praticiens et leur personnel reçoivent le matériel adéquat pour recueillir les prélèvements urinaires ainsi qu'un questionnaire permettant de déterminer les caractéristiques fondamentales de leur exercice ainsi que leur type d'activité. Six analyses de l'urine sont effectuées pour déterminer le taux de mercure. Des conseils pour mettre en place des mesures de précaution contre le mercure mis au point par le Conseil des Matériaux Dentaires, des Instruments et des Equipements sont fournis à chaque inscrit.

## Organisation de colloques et de rencontres

La troisième activité du Conseil est d'organiser des colloques, des rencontres et des séminaires sur des sujets concernant des thérapeutiques ou des exercices particuliers et qui ne sont traités par aucune autre agence de l'Association. Par exemple, en 1982, le Conseil, avec l'Université d'Illinois, a parrainé un colloque sur l'hépatite B. Ce colloque fut à l'origine des recommandations du Conseil pour contrôler l'hépatite infectieuse et rendre impérative l'utilisation du vaccin. D'autres colloques parrainés ou co-parrainés par le Conseil des Thérapeutiques Dentaires furent organisés, telle la conférence de la Session Annuelle de 1982 sur les caries radiculaires, leur traitement, leur prévention et leur contrôle. Une rencontre s'est tenue dans le cadre de la Session Annuelle de 1985 à Dallas concernant les patients atteints de maladies cardio-vasculaires, et la façon de leur prodiguer des soins dentaires. Une conférence sur l'évaluation clinique des agents anti-carieux s'est tenue à l'ADA en 1983. Un colloque est programmé dans le cadre de la Session Annuelle de 1985 à San Francisco pour traiter de l'anesthésie générale et de la sédation consciente chez le patient ambulatoire.

## Information

Le quatrième secteur d'activité du Conseil consiste à communiquer avec la profession et le public. Cette communication s'effectue essentiellement par cinq voies. Trois d'entre elles sont représentées par les publications du Conseil y compris le guide des Thérapeutiques Dentaires Thérapeutiques Homologuées, qui en est maintenant à sa 39ième édition. Ce manuel comprend une liste des produits ainsi qu'une brève description du rôle de ces produits dans la pratique dentaire. Je traiterai plus en détail la partie consacrée aux produits fluorés. Le Conseil a décidé de procéder à une réédition de cet ouvrage et la 40ième édition vient d'être envoyée à l'imprimeur (1984 marque le 50ième anniversaire de cet ouvrage). Des rapports sont également publiés dans le Journal de l'Association Dentaire Américaine dans la partie réservée aux rapports du Conseil. Ces rapports ont valeur de recommandations et de documents officiels émanants des différents conseils de l'Association. "Contrôle de l'infection dans le cabinet dentaire" est un exemple de rapport du Conseil publié en 1978 et intégré dans le guide des Thérapeutiques Dentaires Homologuées, ouvrage publié par le Conseil des Thérapeutiques Dentaires.

Chaque année une liste actualisée des produits homologués est publiée dans le Journal. Le troisième vecteur de communication qui permet au Conseil de diffuser ses recommandations et directives est représenté par les Nouvelles de l'ADA, qui sont publiées deux fois par mois. Dans les derniers numéros des Nouvelles de l'ADA, le Conseil a publié des comptes rendus destinés à la profession et concernant la marque d'alphaprodine Nisentil utilisé comme analgésique dans la technique de sédation consciente et l'agent révélateur de plaque FD&C Rouge 3.

Le Conseil des Thérapeutiques Dentaires répond également aux demandes d'information des média, journaux, magazines, et programmes d'information. Le Conseil collabore avec d'autres équipes de l'ADA pour répondre aux demandes des média. Le Conseil participe aussi à la préparation de brochures vendues aux dentistes et qui les aident à expliquer à leurs patients les différents aspects que peut offrir la pratique dentaire.

## Programme d'Homologation des Produits

La cinquième activité du Conseil et la plus importante en terme de temps et d'effort est consacrée au Programme d'Homologation des Produits. L'objectif de ce programme est de passer en revue et d'évaluer l'innocuité et l'éfficacité des produits et de faire connaître les résultats de cette évaluation à la profession et au grand public. Ce sont les fabricants qui testent leurs produits pour qu'ils correspondent à ces critères et qui, de leur propre initiative, les soumettent à l'approbation du programme.

Certaines évaluations de produits sont effectuées dans le laboratoire du Département de Chimie du Conseil au siège de l'ADA. Le Dr Naleway, qui est le Directeur de ce Département, exposera dans le Chapitre 10 les différents types d'études analytiques auxquelles il procède pour le Conseil. Ces études sont le plus souvent menées à la demande du Conseil pour déterminer si le produit est véritablement actif ou pour vérifier une seule des propriétés que revendique le produit. Actuellement le laboratoire du Conseil procède à de nombreux tests d'évaluation concernant les produits fluorés. Pour le moment, chaque produit fluoré soumis pour la première fois au Conseil ou représenté pour renouvellement est évalué pour déterminer sa teneur en fluor. Certains produits sont aussi testés pour évaluer leur propension à fixer le fluor sur la dent. Seuls les comprimés fluorés ne sont pas évalués de façon régulière. Le Conseil a classé les produits fluorés homologués en six catégories. Ces catégories sont:

I. Fluor sous forme de complément au régime alimentaire
    (1) comprimés — 9 produits
    (2) liquides (pastilles ou bains de bouches) — 8 produits

II. Bains de bouche au Fluorure de Sodium (NaF)
    (1) à usage quotidien — 0,05% NaF — 8 produits
    (2) à usage hebdomadaire — 0,2% NaF — 3 produits

III. Solutions de Fluoro-Phosphate Acidulé (APF)
    (1) solutions à appliquer en cabinet ou par gouttières — 1,23% F, 1% $H_3PO_4$ — 6 produits
    (2) bains de bouche à usage quotidien — 0,05% F, 0,01% $H_3PO_4$ — 4 produits

IV. Gels de Fluoro — Phosphate Acidulés
    (1) administration par gouttières en cabinet — 1,23% F, 1% $H_3PO_4$ — 27 produits

V. Préparations à base de Fluorure d'Etain ($SnF_2$)
    (1) bain de bouche de $SnF_2$ — usage quotidien — 1 produit
    (2) gels de $SnF_2$ — usage quotidien — 3 produits

VI. Dentifrices au fluor
    (1) NaF — 2 produits
    (2) $Na_2PO_3F$ — 5 produits

Les bains de bouche à base de fluorure d'étain, de fluoro-phosphate acidulé et les pâtes prophylactiques fluorées utilisables en cabinet ne sont pas pour le moment homologuées par le Conseil. A ce jour les produits appartenant à cette catégorie et soumis au Conseil ne s'appuyaient pas sur des études cliniques suffisantes pour attester de leur efficacité. De ce fait, le Conseil n'avait pas de bases suffisantes pour estimer ou prévoir leur efficacité clinique.

Dans le passé, tous les produits fluorés évalués par le Conseil l'avaient été sur la base d'études cliniques au cours desquelles ils avaient été employés. Cela n'est plus le cas pour plusieurs de ces catégories et risque de ne plus l'être pour les autres si le Conseil continue d'admettre que les résultats des tests de laboratoire sont suffisants pour prédire l'efficacité clinique du produit. Certains produits, se référant à des études antérieures et ayant à peu près la même formule sont maintenant homologués par le Conseil tels les compléments fluorés, les bains de bouche de fluorure de sodium à usage quotidien ou hebdomadaire, certains produits à base de fluoro-phosphate acidulé et les bains de bouche et les gels de fluorure d'étain à usage quotidien.

Le Conseil envisage pour le moment l'homologation des dentifrices fluorés sur la base des résultats de laboratoire. Les principes directeurs qu'utilisera le Conseil pour évaluer les dentifrices à partir de méthodes de laboratoire ont été communiqués aux parties intéressées pour avis et seront vraisemblablement adoptés cette année. Le Conseil incite maintenant son personnel à étudier la possibilité d'évaluer les pâtes prophylactiques fluorées sur la base des résultats de laboratoire. Les produits nouveaux contenant des agents fluorés actifs nouveaux ou des produits déjà existants mais proposés pour des utilisations ou à des doses différentes de celles étayées par des études cliniques préexistantes, nécessiteront toujours une évaluation clinique pour être considérés par le Conseil.

Le Conseil a également fait savoir qu'il se devait aussi de tester et d'évaluer les produits fluorés qui ne lui avaient pas été soumis par le fabricant. Cette évaluation constituera un prolongement à ces nouvelles directives et se présentera essentiellement sous la forme d'un commentaire précisant si le produit contient un taux de fluor biodisponible adéquat et si ce fluor est en mesure d'atteindre sa cible à savoir la dent.

La participation des fabricants à ce programme d'homologation leur octroie le droit d'assortir leurs produits du Sceau d'Homologation du Conseil lors de leur mise en vente au public ou à la profession. C'est en effet la détermination du Conseil et de l'Association d'indiquer aux dentistes et au public que les produits qui portent le Sceau d'Homologation se sont révélés efficaces et sans danger et que les informations promotionelles qui accompagnent ces produits sont exactes. Lorsqu'un produit portant le Sceau est commercialisé de manière équivoque, la profession dentaire doit s'y opposer en faisant appel à l'ADA. Toujours dans le cadre du Programme d'Homologation, le Conseil et son personnel surveillent les publicités se rapportant aux produits homologués. Le lecteur de ces publicités, qu'elles soient destinées au grand public ou aux dentistes doit avoir la certitude que tout ce que prétend cette publicité est exact et non mensonger. Le Conseil espère que vous, utilisateurs professionnels des produits dentaires, tiendrez compte de l'existance de ce Sceau d'Homologation pour les produits que vous utilisez dans votre exercice et que vous recommanderez à vos patients les produits qui portent ce Sceau d'Homologation. Nous avons les mêmes objectifs que vous, obtenir des produits efficaces que les patients utiliseront de manière adéquate pour obtenir un résultat maximum.

# Chapitre 2
## *Evaluation critique des applications professionnelles des fluorures en application topique*

### James S. WEFEL

Ce chapitre passe en revue les techniques d'application et les utilisations des produits à base de fluorure de sodium (NaF), de fluorure d'étain ($SnF_2$), et de fluoro-phosphate acidulé (APF). Les propriétés des gels de fluoro-phosphate acidulé seront discutées en terme de pH, de concentration, de viscosité, de goût, et d'édulcorants. Des modifications dans les formules d'origine ont été introduits, telles qu'une augmentation du pH, une diminution de la concentration, une haute viscosité, ainsi que des caractéristiques thixotropiques. L'effet de ces nouvelles formules sur leur efficacité sera examiné. L'efficacité des applications topiques de fluor chez l'adulte, dans les régions où l'eau est fluorée, pour les programmes de santé publique et dans le cadre d'un exercice privé, sera également évaluée.

Depuis l'apparition des fluorures à usage topique dans les années 1940, des tests cliniques d'efficacité, l'exploitation de nouveaux agents et le développement de différentes méthodes d'application ont été étudiés pour rechercher le meilleur agent topique fluoré. Maintenant, nous pouvons bénéficier du fluor topique à partir de l'eau de boisson, des additifs fluorés, des dentifrices fluorés, des bains de bouche fluorés, et des agents administrés professionnellement dans les cliniques dentaires ou en cabinet. La littérature est riche de centaines d'articles relatifs à l'utilisation des agents fluorés topiques et en faire un synthèse représente une tâche gigantesque. Heureusement, ce chapitre se limite aux applications de fluor topique par les professionnels. Des revues de la littérature récentes concernant les techniques d'application, les produits disponibles et l'efficacité clinique ont été publiées par Ripa,[1] Brudevold et Naujoks,[2] Clarkson et Wei,[3] Wei,[4] Horowitz,[5] et d'autres encore. Je me baserai sur ces travaux pour parler de l'efficacité reconnue et des méthodes d'application du fluorure de sodium, du fluorure d'étain, et du fluoro-phosphate acidulé. Je tenterai également de vous donner des compléments d'information relatifs aux produits actuellement disponibles, à leurs propriétés et leur efficacité dans plusieurs situations cliniques.

### Agents fluorés topiques homologués

La 39ième Edition des *Thérapeutiques Dentaires Homologuées* propose une liste des préparations pour le fluorure de sodium en solution, le fluorure d'étain en solution

**Tableau 2-1.** Résumé des essais cliniques portant sur l'utilisation de solutions aqueuses de NaF, SnF$_2$ ou FPA appliquées sur les dents permanentes d'enfants vivant dans des régions non fluorées, et par des praticiens. (D'après Ripa, L. W., Int. Dent. J., **31**, 105-120, 1982.)

| Durée de l'étude (années) | Nombre de groupes en traitement | | | Moyenne des résultats en terme de réduction des caries (CAOS) (%) | | |
|---|---|---|---|---|---|---|
| | NaF | SnF$_2$ | FPA | NaF | SnF$_2$ | APR |
| 1 | 12 | 9 | 8 | 30 | 39 | 35 |
| 2 | 9 | 8 | 10 | 28 | 27 | 30 |
| 3+ | 4 | 1 | 9 | 29 | 8 | 20 |
| 1–3+ | 25 | 18 | 27 | 29 | 32 | 28 |

et le FPA en solution et en gel, homologuées par l'Association Dentaire Américaine (ADA). Initialement, les agents fluorés topiques étaient présentés sous forme de solutions et devaient donc être badigeonnés à la surface des dents préalablement séchées. La concentration en fluor, la technique d'application, la durée d'application, la fréquence du traitement et la durée de l'étude, constituent des critères qui sont apparus variables dans les essais cliniques et de ce fait ne permettent pas de procéder à des comparaisons critiques directes entre les différentes études. D'autres facteurs importants relatifs à la population étudiée doivent être pris en considération dans le protocole expérimental, tel, l'âge, le niveau socio-économique, l'incidence carieuse et l'hygiène buccale. Ces paramètres peuvent expliquer, au moins en partie, les différences de pourcentage correspondant à la réduction des caries relevées dans la littérature. Il apparaît cependant nécessaire de procéder à une évaluation globale de l'efficacité de ces agents. L'article de Ripa[1] est sans doute le plus récent et fait la synthèse de 35 études cliniques comportant 74 groupes expérimentaux. En terme d'efficacité clinique, des résultats identiques furent ainsi obtenus à la suite de l'application par un praticien de solutions aqueuses de NaF, SnF$_2$ et FPA. Le Tableau 2-1 nous montre que la diminution du CAOS correspondait à 29% pour le NaF, 32% pour le SnF$_2$ et à 28% pour le FPA.

**Tableau 2-2.** Durée de la persistance de l'effet anti-carieux à la suite de traitements fluorés topiques. (Remanié après Brudevold, F., Naujoks, R. Caries Res. **12**, 52-64, 1978).

| | Traitements | | Durée de l'étude (années) | Nombre d'années après la fin du traitement | Sujets | | Réduction du CAOS, % | |
|---|---|---|---|---|---|---|---|---|
| | Agent | Nombre | | | Nombre | Âge (années) | Immédiatement en fin de traitement | Après la fin du traitement |
| Bibby et Turesky (1947)[6] | 0,1% NaF | 6 | 2 | 3 | 39 | 10 à 12 | 32 | 19 |
| Syrrist et Karlsen (1954)[7] | 2% NaF | 7 | 2 | 3 | 116 | 12 | 47 | 21 |
| Sundvall-Hagland (1955)[8] | 2% NaF | 4 | 1 | 2 | 107 | 3 à 5 | 19 | 12 |
| Houwink et al. (1947)[9] | 4% SnF$_2$ | 18 | 9 | 5 | 15 | 1 à 7 | 36 | 25 |
| Horowitz et Kau (1974)[10] | FPA | 3 | 3 | 2,5 à 3 | 108 | 10 à 12 | 35 | 31 |
| | FPA | 6 | — | 2,5 à 3 | 92 | 10 à 12 | 49 | 43 |
| | FPA gel | 3 | — | 2,5 à 3 | 105 | 10 à 13 | 26 | 21 |

Les études concernant la persistance de l'efficacité des agents fluorés sont moins nombreuses et ont été résumées par Brudevold et Naujoks.[2] Les résultats de ces études permettent de constater une diminution de l'efficacité deux ans après le traitement comme on pouvait s'y attendre, mais chose importante, ils démontrent aussi la persistance d'un effet anti-carieux significatif (10 à 40%) (Tableau 2-2). Le FPA permet d'obtenir un effet anti-carieux de plus longue durée en raison vraisemblablement de la plus grande quantité de fluor déposée dans l'émail.

Autre aspect important de l'application de fluor topique, c'est son action sur les dents en cours d'éruption observée dans cette étude. Bien que les résultats portent sur un nombre de patients ou de dents beaucoup trop faible, il est apparu que l'effet réducteur de carie était plus marqué sur les dents récemment apparues sur l'arcade que sur les dents matures (Tableau 2-3). Indépendant du type de fluorure employé et se manifestant avec une grande variété de véhicules du fluor, cet effet, se situe entre 40 et 50%.[3,12] Bien que tous ces agents présentent une efficacité clinique équivalente, les produits à base de FPA sont devenus l'agent de choix. L'explication repose en grande partie sur les caractéristiques plus séduisantes du FPA comparativement à celles du

Tableau 2-3. Effet des traitements fluorés topiques sur les dents récémment évoluées. (D'après Brudevold, F., Naujoks, R. Caries Res. **12**, 52–64, 1978.)

| | *Traitement* | *Durée de l'étude (années)* | *Réduction des caries* | |
|---|---|---|---|---|
| | | | *Dents ayant terminé leur éruption* | *Dents en cours d'éruption* |
| Averill et al. (1967)[11] | NaF topique | 2 | 12 | 43 |
| Horowitz et Heifetz (1969)[12] | $SnF_2$ topique | 1 | 21 | 61 |
| DePaola et Mellberg (1973)[13] | FPA pâte prophylactique | 2 | 21 | 36 |
| Downer et al. (1976)[14] | F pâte prophylactique + FPA gel + $Na_2PO_3F$ dentifrice | 3 | 31 | 56 |

$SnF_2$ mais aussi à l'incorporation d'agents gélifiants. L'application de gel de FPA par gouttière, élimine la nécessité de procéder dent par dent et de ce fait, fait gagner du temps au personnel dentaire et au patient qui a recours à ce type de traitement. Les applications de gel de FPA par gouttières étant pratiques et permettant de gagner du temps, leur utilisation semble se développer aux Etats-Unis.

*Les gels de FPA*

*Les modifications de composition.* Initialement, la solution de FPA contenait 1,23% de F provenant du NaF et du HF ainsi que 0,1 M d'acide ortophosphorique et son pH final était de 3,2. Cette formule permet d'obtenir des concentrations de fluor élevées au sein d'un environnement acide de nature à favoriser l'incorporation du fluor.

Le phosphate, pensait-on, avait un effet ionique commun et favorisait la formation de fluoroapatite. Il y a 6 solutions de FPA et 27 gels de FPA homologués listés dans la 39ième édition des *Thérapeutiques Dentaires Homologuées*. La formule des gels fait apparaître 1,23% de F, 1% de $H_3PO_4$ un gélifiant à base cellulose. Le pH annoncé se situe entre 3,2 et 3,4 alors que les valeurs homologuées vont de 3 à 4 avec une viscosité de 7.000 à 20.000 centipoises.

*Les diminutions de concentration et le pH.* Shannon et Edmonds[15] ont utilisé des réductions de solubilité de l'émail pour étudier l'effet obtenu avec des préparations de FPA diluées cinq fois. Toutes les solutions de FPA diluées furent maintenues à un pH de 3 et aucune perte de l'effet réducteur de la solubilité ne fut observé même à des concentrations aussi faibles que 0,25%. Dans le cadre de ces études, une solution de fluor à 0,12% se révéla beaucoup moins protectrice. Dans une étude identique, Shannon et Edmonds[16] ont également évalué les modifications de pH ainsi que la concentration en fluor. Plusieurs bains de bouche du commerce, qui présentaient des valeurs de pH plus élevées puisqu'ils étaient déstinés à l'usage familial, furent testés. Il est alors apparu un fait important, à savoir que lorsque le pH d'une solution à 0,6% de fluor était porté à 4,9%, la réduction de la solubilité de l'émail diminuait notablement.

Aux Pays Bas, plusieurs études utilisant des solutions à faibles concentrations de fluor ont été réalisées également. Dijkman et coll.[17] ont comparé l'incorporation du fluor provenant de solutions de FPA dont la concentration en fluor allait de 1,23% à 0,11% et avec un pH de 4.0. La quantité de fluor incorporé "sur" ou "dans" l'émail n'est pas apparue significativement différente en fonction des différentes préparations de gel. La profondeur de la lésion, ainsi que le contenu minéral de la lésion, furent les deux critères retenus par Sluiter et Purdell-Lewis[18] pour comparer le FPA à la concentration de 0,4%, 0,1%, et de 0,4% en fluor. Ces auteurs purent ainsi montrer que seule une solution de FPA à 4% de fluor permettait le développement des lésions les moins profondes et en tirèrent la conclusion que pour les applications topiques sous forme de gel la plus faible concentration en fluor devait être de 0,4%.

Les tests in vitro précédemment mentionnés ne peuvent être considérés comme étant concluants en termes de réduction des caries, nous devons donc attendre le résultat des tests cliniques avant de conclure quoi que ce soit. Au cours du récent Congrès de l'IADR à Dallas, Hagan et coll.[19] ont présenté les résultats obtenus après deux ans d'utilisation d'un gel thixotropique de FPA à demi concentration (0,6 F) et à pleine concentration (1,23% F). Cette étude, effectuée sur un population qui ne bénéficiait pas d'eau fluorée, a montré que le groupe expérimental placebo avait enregistré une augmentation moyenne du CAOS de 4,39 alors que le groupe qui avait reçu du FPA à 1,23% enregistrait une augmentation de 3,08 et que le groupe qui avait reçu le même FPA mais à 0,6% de fluor enregistrait une augmentation de 3,31. Cela représentait une réduction statistiquement significative de 30% et 25% par rapport au groupe témoin mais pas statistiquement différente entre les deux groupes expérimentaux. Les auteurs suggèrent d'utiliser un échantillon plus important pour déterminer, si véritablement la moindre efficacité constatée avec le gel fluoré à demi concentration, est une tendance ou une donnée.

Considérant les résultats obtenus in vitro et in vivo, il me semble personnellement que l'agent topique fluoré à demi concentration est aussi efficace que le gel de FPA à 1,23% traditionnel pourvu que le pH demeure à 4.0 ou en dessous.

*La viscosité*. La plupart des gels fluorés homologués par l'ADA, utilisent la cellulose de carboxyméthyl en tant que base gélifiante. Comme nous l'avons mentionné précédemment, la viscosité devrait demeurer dans une fourchette allant de 7.000 à 20.000 centipoises. Récemment, des gels thixotropiques, dont la viscosité varie en fonction de la pression, ont été présentés. Ces agents présentent l'avantage de pouvoir se fluidifier sous l'effet des forces masticatoires et donc de pénétrer plus facilement entre les dents.

De même, en dehors de tout pression exercée, le gel est plus visqueux et reste dans la gouttière sans couler dans la gorge du patient. Les tests in vitro portant sur les gels de FPA habituels et thixotropiques montrent une incorporation et une rétention de fluor identique.[20] Des résultats similaires ont été enregistrés par Wei et Connor[21] à la suite d'applications in vivo du gel habituel et thixotropique. Ces auteurs observèrent toutefois un retour aux valeurs d'avant traitement après 7 jours. L'efficacité clinique d'un gel thixotropique et d'une solution de FPA ont été comparées par Cobb et coll.[22] sur une population déficiente en apport fluoré et présentant une incidence carieuse élevée. Malheureusement ces deux agents furent appliqués avec un coton tige pour limiter les paramètres expérimentaux. En dépit de l'inconvénient de ne pas avoir appliqué le gel thixotropique sous pression masticatoire, les deux types de gel entraînèrent une réduction de 35% de l'incidence carieuse après deux ans. Rappelons que Hagan et coll.[19] avaient constaté une réduction de 30% et 25% après usage de gels thixotropiques de FPA à demi et pleine concentration.

Toutes ces études semblent montrer que les gels thixotropiques de FPA ont un effet identique à celui des gels conventionnels mais pas supérieur que cela soit in vitro ou in vivo. On peut cependant toujours s'intérroger quant à la capacité de pénétration inter-proximale de l'agent thixotropique. Le practicien peut donc choisir le type de gel de FPA en fonction de son coût, de son acceptation par le patient, et de sa facilité d'emploi.

*Les applications multiples*. Une autre façon d'augmenter la teneur en fluor de l'émail et espérons le, de réduire la carie, consiste à multiplier les applications sur une courte période. L'intérêt de ce mode d'utilisation est d'obtenir une persistance des effets protecteurs. Cinq traitements quotidiens consécutifs à base de gel de FPA ou de gel amino-fluoré est inefficace après deux ans en termes de réduction des caries. Le gel d'amino-fluor et pas celui à base de FPA, a permis de réduire les caries occlusales de façon significative.[23] Shern et coll. affirment que, "bien que le gel de FPA soit sans ou de peu d'efficacité pour les populations qui manifestent une faible incidence carieuse, il a été démontré qu'il procure une protection substantielle aux populations présentant une forte incidence carieuse." Cette affirmation peut être utile à l'avenir pour les essais cliniques.

Une autre étude[24] a permis de comparer l'effet d'applications par gouttière d'un gel de FPA d'une durée de 5 minutes réparties sur 10 jours d'école consécutifs avec un bain de bouche quotidien fait à l'ecole et avec la combinaison des deux méthodes. Les résultats obtenus avec la combinaison des deux méthodes sont apparus significatifs dès le 12ème mois, signalons toutefois que des résultats significatifs furent obtenus avec les trois méthodes après 23 mois. Cette étude a été conduite dans une région à forte incidence carieuse comme en témoigne le groupe placebo qui présentait une augmentation moyenne du COS de $9.11 \pm 0,63$. L'augmentation du COS était de

7,37 ± 0,52 après deux ans pour le groupe qui reçut le gel. Les moyennes non pondérées indiquent que 1,29 surfaces ont été préservées avec le gel et 2,81 surfaces l'ont été avec le gel et le bain de bouche combinés. Cela représentait 16% et 34% pour la combinaison des deux. Dans ce contexte de forte incidence carieuse, un nombre significatif de surfaces n'ont pas eues à être obturées.

De façon générale, les applications multiples de gel de FPA, sur une période de temps courte, ne constituent pas une technique très en vogue aux Etats Unis. Horowitz et coll.[25] et Heifetz et coll.[26] ont publié des essais identiques comportant une prophylaxie par le patient et le brossage avec du FPA et effectués à la Nouvelle Orléans et à Sao Paulo. Quinze manipulations de brossage ont été effectuées 5 fois au cours de chaque année scolaire à un interval d'approximativement deux mois. La solution de FPA utilisée était à demi concentration alors que le gel de FPA était à pleine concentration. Les résultats ne mirent en évidence aucune différence dans l'augmentation du nombre des caries au terme des deux années qu'a duré l'étude de la Nouvelle Orléans mais par contre une réduction significative des caries de l'ordre de 19 à 33% pour l'étude menée à Sao Paulo sur une population à forte incidence carieuse. Comme l'a déclaré Horowitz[25] "... on peut dire en conclusion que des manipulations supervisées de brossage avec du fluor et pratiquées à peu près cinq fois par an n'entraînent qu'une inhibition limitée du nombre de caries dentaires". De même, Mellberg et coll.[27] ont déclaré, "les résultats permettent de penser que, dans une région bénéficiant du fluor dans l'eau et *lorsque l'incidence carieuse est faible*, il serait difficile de mettre en évidence un effet anti-carieux à long terme en augmentant la concentration en fluor dans l'émail sain par une courte série d'applications topiques de fluor auto-administrées."

### Efficacité de la thérapeutique préventive personnalisée

Comment peut-on utiliser au mieux les informations dont nous disposons concernant les applications topiques de fluor pratiquées par les praticiens? Quelle est l'efficacité de ces agents compte tenu des modifications qui affectent le profil de l'incidence carieuse?

De façon générale, les essais cliniques les plus récents révèlent que la diminution moyenne des caries, après application de gels fluorés par le praticien, est inférieure à 30% (Tableau 2-4). Bien sûr, Ripa[1] a résumé les résultats se rapportant aux essais utilisant le gel de FPA et observe que la réduction des caries est "quelque peu inférieure (22%) à celle obtenue après badigeonnage d'une solution aqueuse de FAP". Il est impossible de savoir si ceci est dû à la technique d'application, au gel lui-même, ou

**Tableau 2-4.** Études portant sur l'efficacité des gels fluorés appliqués professionnellement depuis 1975 et démontrant une réduction marginale des caries.

| Études | Âge | n | Applications par an | Durée | % Réduction (CAOD) | (CAOS) |
|---|---|---|---|---|---|---|
| Shern et al. (1976)[23] | 6-13 | 468 | 5[a] | 2 | + 0,5 | — |
| Zahran (1976)[28] | 7-9 | 1027 | 2 | 4 | 3 | 4,5 |
| Mainwaring et Naylor (1978)[29] | 11-15 | 1718 | 2 | 3 | — | 14 |
| DePaola et al. (1980)[24] | 12-14 | 128 | 10[b] | 2 | — | 14 |
| Haupt et al. (1983)[30] | 9-13 | 1519 | 2 | 2 | — | 11 |

[a] Les 5 traitements ont été administrés quotidiennement et consécutivement uniquement au cours de la première année.
[b] Les 10 traitements ont été administrés quotidiennement et consécutivement uniquement au cours de la première année.

au fait que l'on ait procédé à une seule application annuelle. Clarkson et Wei[3] font également état d'une réduction moyenne des caries de 25% avec les gels de FPA. L'importance d'un nettoyage prophylactique avant une thérapeutique au fluor topique a été étudiée et il apparaît que ce nettoyage était sans ou de peu d'effet avant une application topique de fluor.[30]

Il faut toutefois remarquer que dans l'étude précédemment citée, le groupe témoin n'a pas été constitué par randomisation, ce qui peut avoir influencé les résultats. Haupt et coll. ont fait remarquer "que ce mode de traitement eut été plus efficace s'il avait ciblé des sujets cario-sensibles et non tous les enfants".

*Populations présentant une faible incidence carieuse*

Que se passe-t-il lorsque l'incidence carieuse est faible? A cet égard deux types de population peuvent être considérés, à savoir les adultes et d'autre part des individus qui ont passé toute leur vie dans une région dite fluorée. Dans les deux cas, le nombre d'essais cliniques est limité et rend toute conclusion difficile. Parmi les neufs études[31-39] portant sur des adultes et qui firent l'objet d'une synthèse par Swango[40] et avant lui par Ripa,[1] cinq font état d'une réduction de moins de 16% et quatre d'une diminution significative. Etant donné que l'efficacité des applications topiques de fluor chez l'adulte demeure équivoque, seuls les adultes qui manifestent une incidence carieuse moyenne ou élevée devraient bénéficier de ce type de traitement. Comme l'ont écrit Clarkson et Wei,[3] "Ceux qui ne sont pas susceptibles à la carie dentaire tirent si peu de bénéfice de ces traitements qu'il semble préférable de consacrer le temps correspondant à renforcer d'autres aspects de l'odontologie préventive." Par contre, ce que l'on ignore toujours, c'est l'effet des applications topiques de fluor sur les caries radiculaires. Si les caries radiculaires répondaient comme les caries coronaires aux applications topiques de fluor, il serait judicieux de procéder à des applications topiques de fluor pour cette partie de la population également. Il est tout à fait clair que nous avons encore du travail à faire dans ce domaine.

Il en est de même quant à l'utilisation des applications topiques de fluor dans les régions dites fluorées. Etant donné leur faible rapport coût/efficacité, les applications topiques de fluor ne peuvent être recommandées comme mesure de santé publique, mais réservées aux patients présentant des caries actives. Le taux de caries étant déjà très faible dans les régions dites fluorées (1 CAOS/an), une efficacité clinique identique, disons de l'ordre de 30% par des applications topiques de fluor par des praticiens, permettrait de ne protéger que 0,3% de surface. Cependant, les essais cliniques d'efficacité des applications topiques de fluor par le praticien ne révèlent qu'une réduction moyenne des caries d'environ 12%.[1-4] Même si ce résultat est statistiquement significatif, il n'est pas cliniquement significatif. De ce fait, les applications topiques de fluor par le praticien doivent être personnalisées dans les régions dites à fluoration optimale. On peut également objecter que si l'incidence carieuse dans les régions dites non fluorées a baissé au point d'être identique à celle observée dans les régions dites fluorées et ce, en termes de CAOS, l'importance des applications topiques de fluor par le praticien apparaît peu significative dans ces régions également.

Ceci est dû dans une large mesure au faible indice carieux ainsi qu'à l'usage généralisé d'une grande variété de véhicules du fluor (bains de bouche, dentifrices).

Cette froide évaluation concernant la diminution, cliniquement significative de la carie dentaire par la pratique d'application topique de fluor par les praticiens, mérite d'être tempérée par certains aspects moins tangibles de la prévention par le fluor. Alors même que l'utilisation des fluorures en application topique pour les sujets à faible incidence carieuse ne permet que de préserver que quelques dixièmes d'une surface dentaire, quel prix ou quelle valeur attachons-nous à une dent non restaurée? Dès que le processus restaurateur est engagé, une certaine fraction de tissu sain est normalement éliminée et si ensuite l'obturation s'avère non hermétique ou si l'on observe une récidive de carie, alors cette même dent nécessitera une dépense supplémentaire, un investissement de temps, et même causera peut être une certaine douleur. Il est tout à fait compréhensible, que dans le cadre des programmes de santé publique, on ne puisse prendre en charge les applications topiques de fluor par les praticiens étant donné leur coût important et leur faible efficacité en termes de réduction des caries. L'auto-administration de fluor apparaît comme le moyen le plus pratique dans le cadre de ces programmes.

Le mode d'action du fluor appliqué topiquement doit également être pris en considération dans une thérapie préventive. Si l'on part du principe que l'un des mécanismes d'action essentiel du fluor s'exerce sur le développement des lésions débutantes de l'émail, alors le fluor doit être extrêmement efficace pour empêcher la progression des lésions. Cet effet est obtenu soit en favorisant la reminéralisation soit en réduisant la deminéralisation et entraîne l'arrêt de développement de la lésion ou sa réparation. Les expérimentations menées in vitro par Silverstone et coll.,[41] ont démontré qu'une seule ppm de fluor combinée à du calcium et du phosphate permettait de reminéraliser les lésions débutantes de l'émail. Ce processus de reminéralisation contrebalance les phases quotidiennes de deminéralisation.

Il semble donc possible d'empêcher la progression d'une lésion débutante objectivable histologiquement jusqu'à son stade d'objectivation clinique justifiant un traitement restaurateur. Si l'on admet que la plupart des surfaces inter-proximales présentent des lésions débutantes indétectables cliniquement, il semble donc prudent de poursuivre les applications topiques de fluor pour maximiser le potentiel de reminéralisation. La seule question qui se pose est de savoir quel est le véhicule le plus approprié? Etant donné que les phases de deminéralisation interviennent quotidiennement et que la concentration en fluor utilisable est très faible, il semble donc que les agents à usage fréquent et à faible concentration puissent être les plus efficaces. Dans le cadre de cette stratégie, le patient peut être motivé pour coopérer à cette démarche préventive.

*Populations présentant une forte incidence carieuse*

Quelles méthodes doit-on mettre en oeuvre pour les sujets à forte incidence carieuse? Certains sujets, qu'ils soient adultes ou ayant résidés toute leur vie dans une région dite fluorée ou bien encore les sujets à haut risque comme ceux par exemple qui présentent une diminution du flux salivaire, ont grand besoin de profiter de la thérapie préventive par le fluor. Cette thérapie doit être instituée de façon personnalisée pour correspondre aux besoins du patient, son aptitude à s'y conformer et à son activité carieuse en fonction de son âge. J'ai la conviction que la thérapie par le fluor doit prendre pour cible, les patients à haut risque, les dents à haut risque, et les surfaces dentaires à haut risque. Les applications topiques de fluor qu'elles soient administrées en cabinet ou en clinique doivent être mises en oeuvre dès que les dents commencent leur éruption dans la cavité buccale. Les résultats des essais cliniques relevés dans la littérature montrent clairement que le degré maximum de protection, presque 50%, est obtenu lorsque les dents sont en cours d'éruption.

D'autres études montrent également que le fluor est plus efficace sur les surfaces lisses que sur les surfaces à puits ou à fissures. Ceci constitue un double avantage puisque ces surfaces lisses sont les moins sensibles à la carie mais aussi les plus difficiles à restaurer. Les surfaces proximales, de par leur zone de contact favorisant la colonisation des micro-organismes, constituent des surfaces à haut risque. A cet égard, le gel de FPA appliqué par gouttière, entre certainement en contact avec les surfaces vestibulaires et linguales, mais peut-être pas avec les faces proximales. Une étude in vitro réalisée dans notre laboratoire,[42] sur un modèle expérimental, a permis de montrer qu'une portion de surface située sous le point de contact n'était jamais baignée par le gel, qu'il soit thixotropique ou conventionnel. Cette faible pénétration du gel dans cette zone extrêmement sensible peut s'expliquer par le fait que dans notre modèle expérimental, il ne pouvait y avoir de dilution salivaire. Je pense que nous devons revenir à l'usage du fil, non seulement avant l'application du gel, mais aussi pendant et après l'application du gel. Cette technique permet de faire diffuser le gel dans les espaces inter-proximaux sans pour cela dépendre de la dilution salivaire pour obtenir une diffusion du gel. Pour qu'il soit réellement bénéfique, le fluor doit d'abord atteindre les zones à risque pour agir. Des techniques et des méthodes d'application particulières doivent être mises au point pour des populations à risque et médicalement particulières, (voir Chapitre 13). Dans le cadre des thérapies préventives administrées par les praticiens, je me dois, sous peine de négligence, de mentionner les "sealants". Ces agents efficaces devraient être employés en combinaison avec un programme de thérapie préventive. Comme je l'ai déjà mentionné, le fluor est moins efficace dans les zones de puits et de fissures, ce qui confère aux "sealants" une importance croissante en termes de prévention. En conclusion, l'emploi de gel de FPA, le passage du fil associé au gel dans les espaces inter-proximaux ainsi que les "sealants", sont recommandés dans le cadre de la thérapie préventive administrée par les praticiens.

*Remerciements*

Ce travail a été financé en partie par l'allocation USPHS-DE04486 de l'Institut National de Recherche Dentaire, Institut National de la Santé, Bethesda, MD20205.

## REFERENCES

1. Ripa, L. W. : Professionally (operator) applied topical fluoride therapy : A critique. Clin. Prev. Dent., 4 : 3-10, 1982.
2. Brudevold, F., Naujoks, R. : Caries-preventive fluoride treatment of the individual. Progress in caries prevention. Caries Res., 12 (Suppl. 1) : 52, 1978.
3. Clarkson, B. H., Wei, S. H. Y. : Topical fluoride therapy. *In* Pediatric Dentistry, ed. R. E. Stewart, K. C. Barber, T. K. Troutman, S. H. Y. Wei. St. Louis, C. V. Mosby Co., 1982.
4. Wei, S. H. Y. : The potential benefits to be derived from topical fluorides in fluoridated communities. *In* International Workshop on Fluorides and Dental Caries, Reduction, ed. D. Forrester, E. Schulz, Jr., University of Maryland, 1974. pp. 178-258.
5. Horowitz, H. S. : A review of systemic and topical fluorides for the prevention of dental caries. Community Dent. Oral Epidemiol., 1 : 104-114, 1973.

6. Bibby, B. G., Turesky, S. S. : A note on the duration of caries inhibition produced by fluoride applications. J. Dent. Res., 26 : 105–108, 1947.
7. Syrrist, A., Karlsen, K. : A five-year report on the effect of topical application of sodium fluoride on dental caries experience. Br. Dent. J., 97 : 1–6, 1954.
8. Sundvall-Hagland, I. : Sodium fluoride application to the deciduous dentition: A clinical study. Acta Odontol. Scand., 13 : 5–14, 1955.
9. Houwink, B., Backer-Dirks, O., Kwant, G. W. : A nine-year study of topical application with stannous fluoride in identical twins and caries experience five years after ending the application. Caries Res., 8 : 27–38, 1974.
10. Horowitz, H. S., Kau, M. C. : Retained anticaries protection from topically applied acidulated phosphate fluoride: 30- and 36-month post-treatment effects. J. Prev. Dent., 1 : 22–27, 1974.
11. Averill, H. M., Averill, J. E., Ritz, A. G. : A two-year comparison of three topical fluoride agents. J. Am. Dent. Assoc., 74 : 996–1001, 1967.
12. Downer, M. C., Holloway, P. J., Davies, T. G. H. : Clinical testing of a topical fluoride preventive programme. Br. Dent. J., 141 : 242–247, 1976.
13. Shannon, I. L., Edmonds, E. J. : Enamel solubility reduction by acidulated phosphate fluoride (APF) treatment. Community Dent. Oral Epidemiol., 6 : 12–16, 1978.
14. Shannon, I. L., Edmonds, E. J. : Effect of pH and fluoride concentration on enamel solubility reduction by APF solutions. Dent. Hyg., 52 : 231–235, 1978.
15. Dijkman, A. G., Tak, J., Arends, J. : Comparison of fluoride uptake by human enamel from acidulated phosphate fluoride gels with different fluoride concentrations. Caries Res., 16 : 197–200, 1982.
16. Sluiter, J. S., Purdell-Lewis, D. J. : Lower fluoride concentration for topical application. Caries Res., 18 : 56–62, 1984.
17. Hagan, P., Rozier, G., Bawden, J. W. : Caries preventive effects of full- and half-strength topical acidulated phosphate fluoride. J. Dent. Res., 63 : 772, 1984.
18. Wefel, J. S., Wei, S. H. Y. : In vitro evaluation of fluoride uptake from a thixotropic gel. Pediatr. Dent., 1 : 97–100, 1979.
19. Wei, S. H. Y., Connor, C. J., Jr. : Fluoride uptake and retention in vivo following topical fluoride applications. J. Dent. Res., 62 : 830–832, 1983.
20. Cobb, B. H., Rozier, G. R., Bawden, J. W. : A clinical study of the caries preventive effects of an APF solution and APF thixotropic gel. Pediatr. Dent., 2 : 263–266, 1980.
21. Shern, R. J., Duany, L. F., Senning, R. S., Zinner, D. D. : Clinical study of an amine fluoride gel and acidulated phosphate fluoride gel. Community Dent. Oral Epidemiol., 4 : 133–136, 1976.
22. DePaola, P. F., Soparkar, M., Van Leeuwen, M., DeVelis, R. : The anticaries effect of single and combined topical fluoride systems in school children. Arch. Oral Biol., 25 : 649–653, 1980.
23. Horowitz, H. S., et al. : Evaluation of self-administered prophylaxis and supervised toothbrushing with acidulated phosphate fluoride. Caries Res., 8 : 39, 1974.
24. Heifetz, S. B., Horowitz, H. S., Driscoll, W. S. : Two-year evaluation of self-administered procedure for the topical application of acidulated phosphate fluoride : Final report. J. Public Health Dent., 30 : 7, 1970.
25. Mellberg, J. R., et al. : Short intensive topical APF applications and dental caries in a fluoridated area. Community Dent. Oral Epidemiol., 6 : 117–120, 1978.
26. Zahran, M. : Effect of topically applied acidulated phosphate fluoride on dental caries. Community Dent. Oral Epidemiol., 4 : 240–243, 1976.
27. Mainwaring, P. J., Naylor, M. N. : A three-year clinical study to determine the separate and combined caries inhibiting effects of sodium monofluorophosphate toothpaste and an acidified phosphate fluoride gel. Caries Ref., 12 : 202–212, 1978.
28. Haupt, M., Koenigsberg, S., Shey, Z. : The effect of prior toothcleaning on the efficacy of topical fluoride treatment. Clin. Prev. Dent., 5 : 8–10, 1983.
29. Carter, W. J., et al. : The effect of topical fluoride on dental caries experiences in adult females of a military population. J. Dent. Res., 34 : 73–76, 1955.
30. Harris, N. O., et al. : Stannous fluoride topically applied in aqueous solution in caries prevention in a military population. USAF Technical Documentary Report No. SAM-RDR-64-26, 1964.
31. Klinkenberg, E., Bibby, B. G. : The effect of topical applications of fluorides on dental caries in young adults. J. Dent. Res., 29 : 4–7, 1950.

32. Kutler, B., Ireland, R. L.: The effect of sodium fluoride on the dental caries experience in adults. J. Dent. Res., *32*: 458–462, 1953.
33. Muhler, J. C.: The effect of a single topical application of stannous fluoride on the incidence of dental caries in adults. J. Dent. Res., *37*: 415, 1958.
34. Muhler, J. C., et al.: The arrestment of incipient dental caries in adults after the use of the three different forms of $SnF_2$ therapy; results after 30 months. J. Am. Dent. Assoc., *75*: 1401–1407, 1967.
35. Rickles, H. N., Becks, H.: The effects of an acid and a neutral solution of sodium fluoride on the incidence of dental caries in young adults. J. Dent. Res., *30*: 757–765, 1951.
36. Scola, F. D., Ostrom, C. A.: Clinical evaluation of stannous fluoride when used as a constituent of a compatible prophylactic paste, as a topical solution, and in a dentifrice in naval personnel. J. Am. Dent. Assoc., *77*: 594–597, 1968.
37. Arnold, F. A., Dean, H. T., Singleton, D. E.: The effect on caries incidence of a single topical application of a fluoride solution to the teeth of young males of a military population. J. Dent. Res., *23*: 155–162, 1944.
38. Swango, P. A.: The use of topical fluorides to prevent dental caries in adults: A review of the literature. J. Am. Dent. Assoc., *107*: 447–450, 1983.
39. Silverstone, L. M., et al.: Remineralization of natural and artificial lesions in human dental enamel in vitro. Caries Res., *15*: 138–157, 1981.
40. Goodman, S. D.: An in vitro model to assess the interproximal gel coverage and fluoride uptake following a topical fluoride application. M.S. Thesis, University of Iowa, 1983.

Chapitre 3
# *Le Fluorure d'étain en odontologie clinique*

## Norman TINANOFF

Un ensemble de preuves mettent en évidence les propriétés anti-plaque du fluorure d'étain ($SnF_2$) même à des concentrations de bains de bouche. Par le passé, ces effets anti-plaque étaient considérés comme étant non spécifiques ; des donnés récentes ont montré que le *Streptococcus mutans*, micro-organisme buccal le plus étroitement associé à la carie dentaire, est l'objet d'une diminution plus marquée comparativement aux autres germes de la cavité buccale. Le fluorure d'étain semble agir plus sur la croissance et les propriétés d'adhésion des bactéries que par effet bactéricide. Les propriétés anti-plaque du fluorure d'étain dépendent d'un certain nombre de facteurs qui sont : la fréquence d'utilisation, la concentration, et la stabilité du produit commercialisé. D'autres recherches sont nécessaires pour établir de plus amples corrélations entre les propriétés anti-plaque du fluorure d'étain et les paramètres cliniques de développement des caries et de la gingivite.

Le fluor (F), en composé et forme variée, est l'agent qui s'est avéré le plus efficace pour prévenir la carie dentaire. Les mécanismes par lesquels cet ion réduit les caries, est généralement attribué à ses inter-actions physico-chimiques avec l'émail. Des recherches récentes s'orientent cependant vers les effets des composés fluorés sur le métabolisme bactérien. Il est maintenant établi que l'ion fluor peut altérer le métabolisme bactérien à faible concentration et se révéler bactéricide à de plus fortes concentrations. Cependant, nous savons désormais de plus en plus qu'il y existe un composé fluoré spécifique, le fluorure d'étain, qui manifeste des propriétés anti-microbiennes plus efficaces que le fluorure de sodium (NaF). Ces effets anti-microbiens du fluorure d'étain semblent affecter favorablement certains paramètres cliniques tels que l'indice de plaque, l'indice gingival, et l'augmentation carieuse.

L'essentiel des données concernant les effets anti-bactériens du fluorure d'étain a été acquis depuis 1975. C'est encore trop récent pour que la plupart de ces résultats aient pu être synthétisés ou reproduits par des chercheurs différents, c'est pourquoi la communauté scientifique admet avec réserve les propriétés anti-plaque potentiellement importantes du fluorure d'étain. Fait intéressant, de nombreux praticiens, ayant eu connaissance des premiers résultats favorables issus de la recherche, ont d'ores et déjà commencé à utiliser le fluorure d'étain en tant qu'agent anti-bactérien dans leur exercice. L'objet d'un symposium tel que celui-ci, est de permettre aux chercheurs de confirmer et d'évaluer objectivement les résultats scientifiques récents. Cet "état des connaissances" doit faire l'objet d'une diffusion rapide auprès des odontologistes pour éviter tout dépérissement ou retour de pendule en matière de traitement dentaire.

Le but de cette revue de la littérature est de faire la jonction entre les chercheurs et les cliniciens. Nous allons donc passer en revue les évidences actuelles concernant les propriétés anti-plaque du fluorure d'étain en insistant plus particulièrement sur son effet spécifique à l'égard du *Streptococcus mutans*, le germe associé à la carie dentaire. D'autres participants à ce symposium traiteront des effets du fluorure d'étain sur des micro-organismes pathogènes associés à la gingivite et à certaines formes de maladies parodontales. Nous aborderons, en outre, les facteurs qui déterminent les propriétés anti-microbiennes du fluorure d'étain tels que, la fréquence d'emploi, la stabilité du composé, la concentration et les formules commerciales.

## Les effets anti-plaque spécifiques du fluorure d'étain

De nombreuses études, tant sur l'animal qu'en clinique, démontrent que le fluorure d'étain réduit la plaque dentaire. König,[1] en 1969, a été le premier à faire état d'une inhibition de la plaque chez le rat à la suite de l'application quotidienne de $SnF_2$ à 0,1% sur les molaires et pendant 35 jours. Aucun groupe expérimental dans cette étude n'ayant été traité par le fluorure de sodium, il était impossible de déterminer si l'effet constaté était le fait de l'étain ou des ions fluor.[1] Des études ultérieures ont montré que ces effets anti-microbiens étaient obtenus avec le fluorure d'étain mais pas avec le fluorure de sodium. Andres et coll. ont montré que l'utilisation quotidienne de fluorure d'étain en bain de bouche diminuait le nombre des bactéries salivaires de 99% alors que le fluorure de sodium à la même concentration en ion fluor était sans effet.[2] Une différence dans le phénomène d'accumulation de la plaque fut aussi comparativement mesurée chez un sujet après rinçage avec une solution à 100 ppm de F, soit sous forme de NaF, soit sous forme de $SnF_2$. A partir de critères analysés en microscopie électronique, il est apparu que la formation de la plaque était fortement réduite avec le bain de bouche au fluorure d'étain. Les quelques bactéries qui demeuraient présentes à la surface de l'émail de ces sujets n'étaient pas agglutinées, ce qui permet de penser que le fluorure d'étain intervient dans l'adhésion et la cohésion bactérienne.[3]

Les preuves concernant la capacité du fluorure d'étain de réduire la formation de la plaque ont été maintes fois reproduites. Une seule application de $SnF_2$ à 8% a permis d'obtenir une réduction du poids de la plaque et de l'indice de surface de plaque dans un groupe de 25 enfants.[4] D'autres études cliniques ont montré que des dentifrices contenant du fluorure d'étain manifestaient des propriétés anti-plaque.[5,6,7] Dans une étude permettant de comparer l'effet de bains de bouche bi-quotidiens de fluorure d'étain à 0,2% ou à 0,3% il est apparu que le $SnF_2$ manifestait des propriétés anti-plaque comparables à celles de la chlorhexidine à 0,1% ($C_{22}H_{30}CL_2N_{10}$).[8] De même, des bains de bouche bi-quotidiens de $SnF_2$ à 0,04% ou à 0,1% ont permis de réduire de façon significative l'indice de plaque dans le cadre d'études à court terme.[9,10]

Dans une étude qui porte sur le fluorure d'étain, utiliser l'indice de surface de plaque comme critère de réduction non spécifique de la plaque n'est probablement pas l'idéal.

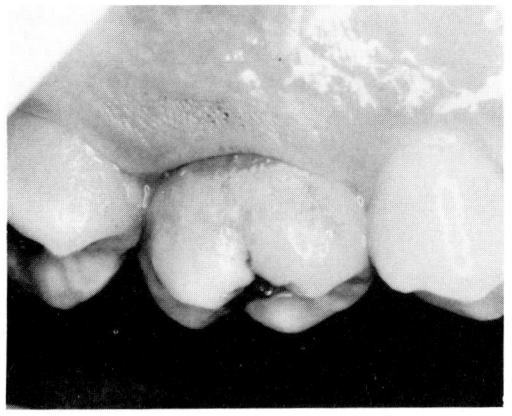 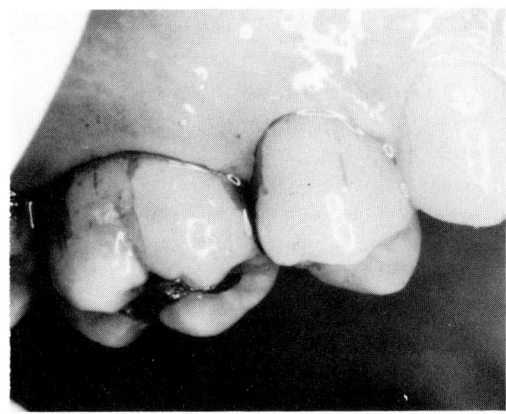

**Fig. 3-1.** Dépôts présents à la surface d'une première molaire permanente objectivés par une solution révélatrice chez un sujet qui s'est abstenu de toute mesure d'hygiène buccale pendant 1 semaine mais qui s'est rincé deux fois par jour soit (a) avec un placebo, soit (b) avec une solution de $SnF_2$ à 0,04%.

En effet, le fluorure d'étain[11,12] favorise la formation de la pellicule à la surface des dents qui peut être prise pour de la plaque, notamment si l'on utilise des solutions révélatrices pour objectiver les dépôts dentaires (Fig. 3-1A, B). Ce dépôt non bactérien peut considérablement s'épaissir sur des surfaces incorrectement brossées, ou si le patient n'emploie pas régulièrement des dentifrices contenant des abrasifs (Fig. 3-2).

Au fur et à mesure que ces dépôts pelliculaires s'épaississent, ils apparaissent jaunes ou bruns clair, en raison de l'étain présent dans la pellicule et qui réagit avec les sulfides de la cavité buccale.[13] La coloration dentaire extrinsèque consécutive à l'emploi de fluorure d'étain demeure minime, mais pourrait être de nature à fausser un essai clinique car les examinateurs peuvent s'avérer incapables de rester "aveugles".

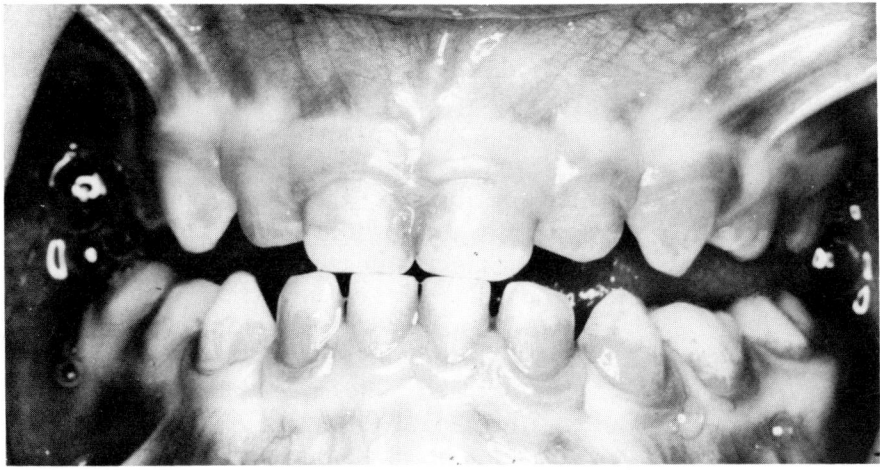

**Fig. 3-2.** La pellicule objectivée par une solution révélatrice chez un sujet qui s'est seulement brossé avec un gel de $SnF_2$ à 0,4%.

## Les effets spécifiques sur le *Streptococcus mutans*

La bactérie, *Streptococcus mutans*, est essentielle dans l'initiation des caries des surfaces lisses et dans l'augmentation des caries de fissures.[14] Une population relativement élevée de ce germe dans la cavité buccale correspond à une augmentation de l'incidence carieuse,[15,16] et de ce fait les sujets qui présentent plus de 200.000 *S. mutans*/ml de salive apparaissent comme des sujets à risque pour le développement de nouvelles lésions carieuses.[17] La réduction de la flore buccale par des agents anti-bactériens non spécifiques (antiseptiques et antibiotiques), permet d'agir sur l'activité carieuse. La chlorhexidine, employée comme inhibiteur non spécifique de la plaque, s'est également révélée capable d'empêcher le développement de lésions débutantes.[19] Sur le plan biologique, il apparaît cependant plus acceptable de considérer que la suppression ou l'élimination du *S. mutans* sans pour autant réduire le nombre de bactéries non pathogènes serait bien meilleure que l'approche chimiothérapeutique non spécifique pour la prévention des caries dentaires.

L'emploi du fluorure d'étain pour éliminer le *Streptococcus mutans*, a été mentionné pour la première fois par Keen et coll., en 1976.[20] Ces chercheurs avaient observé une diminution du *S. mutans* chez cinq sujets après traitement avec une pâte prophylactique contenant du $SnF_2$ à 9% et par des applications de 15 secondes avec une solution de $SnF_2$ à 10%. Ils démontrèrent ultérieurement qu'une solution de $SnF_2$ à 10%, véhiculée par le fil dentaire dans les espaces inter-proximaux, réduisait le nombre de *S. mutans* significativement plus qu'avec un fil imprégné de sérum.[21] Malheureusement, ces études ne permettent pas de déterminer clairement s'il s'agit d'une réduction spécifique du *S. mutans*, puisque les possibles modifications qui auraient pu porter sur d'autres aspects de la micro-flore buccale n'ont pas été évaluées.

Une réduction véritablement sélective du *Streptococcus mutans* par le fluorure d'étain ressort pour la première fois d'une étude portant sur des sujets présentant des caries rampantes et qui procédèrent à un bain de bouche bi-quotidien à base, soit de fluorure de sodium acidulé, soit à base de fluorure d'étain ajusté à 200 ppm de F. Après 1, 3 et 6 mois, les sujets qui s'étaient rincés avec le fluorure d'étain présentaient une réduction significative du nombre de *Streptococcus mutans* salivaires, alors que le total des colonies en voie de formation dans la salive ainsi que les lactobacilles salivaires n'avaient pas été affectés par les bains de bouche au fluorure d'étain.[22]

Svangberg et Rôlla ont observé chez 11 sujets à qui il avait été demandé de procéder à un bain de bouche bi-quotidien avec du fluorure d'étain à 0,2% que le *Streptococcus sanguis* et le *S. mutans* avaient beaucoup plus diminué dans les échantillons de plaque que dans la totalité des colonies en voie de formation.[23] Cet effet sélectif du fluorure d'étain sur le *S. mutans* fut également observé à la suite d'applications de fluorure d'étain à 8% pratiquées professionellement. Ce traitement topique a, en effet, permis de réduire le nombre de *S. mutans* dans la plaque et dans la salive mais il s'est révélé sans effet sur le *S. sanguis* et le lactobacille.[24] Par ailleurs, chez 12 malades cancéreux, des applications de gel de $SnF_2$ à 0,4% pendant 5 à 10 minutes par jour ont permis d'empêcher l'augmentation des *S. mutans* habituellement associée à la radio-thérapie. Chez trois de ces patients, le *S. mutans* n'était plus détectable. Cependant le fluorure d'étain n'a manifesté aucun effet sur le lactobacille.[25]

Cette suppression du *Streptococcus mutans* par le fluorure d'étain constitue le centre d'intérêt récent de nos investigations cliniques. Nous avons poursuivi notre évaluation des caries rampantes chez des patients qui procédaient à des bains de bouche soit de NaF soit de SnF$_2$ à 200 ppm de F. Au terme de deux ans, le groupe qui avait procédé aux bains de bouche de fluorure d'étain présentait toujours une suppression sélective du *S. mutans*. Le groupe qui avait employé le fluorure d'étain manifestait aussi une incidence carieuse significativement plus faible que le groupe qui avait utilisé le fluorure de sodium, ce qui pourrait traduire la diminution de la population des *S. mutans*.[26] Au cours d'une autre étude, nous avons apprécié chez des sujets âgés vivant dans un établissement spécialisé l'effet d'un brossage bi-quotidien avec un gel de SnF$_2$ à 0,4%. Ces brossages, avec du fluorure d'étain et poursuivis pendant trois semaines, ont permis de réduire de 75 fois le nombre de *S. mutans* salivaire sans pour autant modifier le nombre total de colonies en voie de formation.[27] Des études à plus long terme sont nécessaires sur une telle population pour déterminer si cette réduction des *S. mutans* est de nature à réduire l'incidence des caries radiculaires. Enfin, nous avons procédé à l'investigation de la libération contrôlée du fluorure d'étain en tant que mode d'administration. Des sujets dont une molaire avait été restaurée temporairement avec un ciment contenant du fluorure d'étain présentèrent une réduction de la population des *S. mutans* après deux semaines sans modification du nombre des *Streptococcus sanguis* ni du nombre total des colonies en voie de formation.[28] Le Tableau 3-1 résume toutes ces études qui font état d'une diminution sélective du *S. mutans*.

Tableau 3-1. Études mettant en évidence une diminution sélective des *S. mutans* après utilisation de préparations au SnF$_2$.

| Enquêteurs | Nombre de sujets utilisant le SnF$_2$ | Durée de l'étude | Fréquence | Concentration en SnF$_2$ | Mode d'administration |
|---|---|---|---|---|---|
| Tinanoff et al. (1982) | 12 (caries rampantes) | 6 mois | 2×/jour | 0,08 | bain de bouche |
| Svangberg et Rölla (1982) | 11 | 3 jours | 2×/jour | 0,2 | bain de bouche |
| Svangberg et Westergren (1983) | 8 | 1 mois | 3× | 8,0 | application par un praticien |
| Klock et Tinanoff (1984) | 12 (caries rampantes) | 2 ans | 2×/jour | 0,08 | bain de bouche |
| Tinanoff et al. (1984) | 7 | 2 semaines | continue | (0,3 ppm) | gouttières |
| Keene et al. (1984) | 12 (patients cancereux) | 1 an | 1×, 5-10 min | 0,4 | gouttières |
| Potter et al. (1984) | 14 (personnes âgées placées dans une institution) | 3 semaines | 2×/jour | 0,1 | badigeon |

Des études ont été menées in vitro pour tenter de déterminer comment le fluorure d'étain agit sur le *Streptococcus mutans*. Des modifications concernant la croissance et l'adhérence du *S. mutans* ont été associées à l'accumulation d'étain dans ces cellules.[29] Le fluorure d'étain à des concentrations supérieures à 125 ppm de F manifeste une action bactéricide à l'égard du *S. mutans* alors qu'à des concentrations plus faibles de F (10 ppm), il entraîne chez le *S. mutans* une altération dans la production de DNA et du glucane.[30] Cependant, la raison pour laquelle les propriétés anti-microbiennes du fluorure d'étain s'exercent essentiellement sur le *S. mutans* demeure obscure. Une explication consisterait à dire qu'un bain de bouche de fluorure d'étain inhibe la formation d'acide dans la plaque pendant plusieurs heures et que l'élévation du pH qui en découle est de nature à créer un milieu écologiquement défavorable pour le S. mutans.[23] Les surfaces dentaires qui ont été désinfectées par un agent anti-microbien tel que le fluorure d'étain sont plus aisément recolonisées par le Streptococcus sanguis en raison de sa forte population dans la cavité buccale, cela pourrait être une autre explication.[24] Il serait utile de procéder à des études permettant de comparer le potentiel d'altération de la croissance que manifesterait le fluorure d'étain à l'égard du S. mutans, S. sanguis, S. mitis des lactobacilles, etc. pour déterminer comment le fluorure d'étain agit préférentiellement sur les différentes souches buccales et aussie quel est le caractère spécifique du S. mutans qui le rend sensible au fluorure d'étain.

### Les facteurs cliniques importants concernant les effets anti-plaque du fluorure d'étain

#### Fréquence d'utilisation

La fréquence d'utilisation d'un agent anti-microbien buccal est lié à sa "substantivité" c'est à dire à son association prolongée avec les surfaces buccales. De nombreux agents anti-microbiens ont été essayés dans le but de réduire la plaque. Cependant la rétention buccale de la majorité de ces produits est seulement transitoire et de ce fait ils manifestent une faible inhibition de la plaque. La chlorhexidine est une exception car étant fortement absorbée sur les surfaces buccales, il constitue un réservoir d'activité anti-microbienne.[31] Il apparaît que le fluorure d'étain est également retenu de manière prolongée dans la cavité buccale. Il est apparu qu'in vitro, le Streptococcus mutans était capable d'incorporer de grandes quantités d'étain lorsqu'on l'exposait au fluorure d'étain[29] et l'on sait que les propriétés anti-bactériennes du fluorure d'étain sont directement proportionnelles à la rétention d'étain.[32] Cliniquement, la rétention d'étain dans la plaque de sujets ayant procédé à des bains de bouche de $SnF_2$ à 0,2% est de l'ordre de 40% après 7 heures.[33]

Il semble clair que la "substantivité" du fluorure d'étain dilué implique que cet agent soit utilisé fréquemment pour manifester ses propriétés anti-bactériennes. Les études faisant état des effets anti-plaque du fluorure d'étain mettaient en oeuvre, soit une seule application de $SnF_2$ à 8 ou 10%, soit une utilisation de solution de fluorure d'étain plus diluée (0,04 à 0,4%) à raison de deux fois par jour. Aucun effet anti-bactérien n'a été enregistré dans une étude faisant état d'une seule utilisation par jour d'une solution de fluorure d'étain à 0,1%.[34] Afin d'examiner la relation entre la fréquence d'utilisation et l'efficacité du fluorure d'étain sur la flore buccale, nous avons comparé sur 17 sujets l'effet d'un brossage avec du fluorure d'étain à 0,4% soit une soit deux fois par jour. Les sujets qui procédèrent à un brossage bi-quotidien présentèrent une forte réduction du nombre des Streptococcus mutans dans la salive alors que ceux qui n'avaient brossé qu'une fois par jour présentaient une réduction bien moindre (Fig. 3–3). Ces études montrent que la "substantivité" du fluorure d'étain dilué implique que cet agent soit utilisé deux fois par jour pour révéler des propriétés anti-bactériennes.

#### Stabilité

Nous savons depuis longtemps que le fluorure d'étain est hydrolisé dans un environnement aqueux, ce qui a pour effet de transformer les ions stanneux en hydroxide stanneux insoluble. L'aspect quelquefois un peu troublé d'une solution aqueuse de fluorure d'étain est probablement dû au précipité d'hydroxide stanneux. L'instabilité du fluorure d'étain peut être réduite en maintenant le pH initial de la solution (pH 3,2 pour SnF$_2$ à 0,4%), en n'ajoutant pas d'ions étrangers à la solution (abrasifs comme dans les dentifrices, tampons, etc.), ou en ne préparant pas une solution très diluée. La stabilité du fluorure d'étain peut être considérablement améliorée en conservant

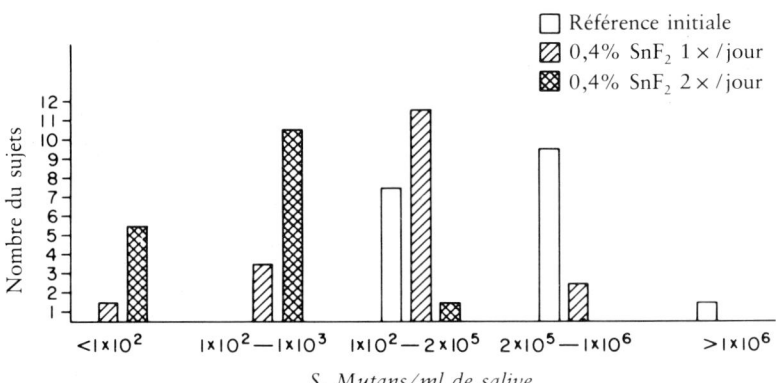

**Fig 3-3.** Dix-sept sujets classés en fonction de la population de *S. mutans* / ml de salive, selon qu'ils se sont brossés une ou deux fois par jour avec de SnF$_2$ à 0,4%.

la solution dans des flacons en plastique et en ajoutant de la glycerine ou des éléments insolubles dans l'eau pour diminuer l'activité de l'ion stanneux libre et ce faisant réduire le taux d'hydrolyse.[35]

Nous avons examiné l'effet du pH d'une solution de fluorure d'étain sur ses propriétés anti-bactériennes. Le Tableau 3-2 nous montre les résultats d'une expérience au cours de laquelle on a laissé se développer le *Streptococcus mutans* sur un fil en acier

**Tableau 3-2.** Effets des modifications du pH du SnF$_2$ ou du NaF (250 ppm F) sur leurs propriétés anti-bactériennes à l'égard du *S. mutans*.

| | pH de l'agent | pH final du milieu[a] | Valeur de plaque[b] | Poids sec de la plaque (mg) | Sn/mg plaque (μg) |
|---|---|---|---|---|---|
| NaF | 2,0 | 5,70 | 4 | 6,4 ± 0,9 | ND[c] |
| | 6,0 | 5,09 | 4 | 6,5 ± 0,3 | ND |
| SnF$_2$ | 2,0 | 7,32 | <1 | 1,8 ± 0,1 | 15,8 ± 2,9 |
| | 3,0 | 7,26 | <1 | 2,4 ± 0,5 | 36,8 ± 7,9 |
| | 4,0 | 7,03 | 1 | 2,6 ± 0,5 | 33,3 ± 4,4 |
| | 5,0 | 6,51 | 3 | 5,7 ± 0,4 | 20,1 ± 0,4 |
| | 6,0 | 5,87 | 4 | 5,9 ± 0,8 | 3,6 ± 0,7 |

[a] pH initial 7,5
[b] Mesurée selon la méthode de McCabe
[c] Non détecté
N = 3, $\bar{x}$ ± DS

inoxydable, ce qui constitue un modèle expérimental pour évaluer l'inhibition bactérienne (Fig. 3-4). Comme le montrent les valeurs de plaque obtenues soit visuellement soit par évaluation du poids sec, les bactéries présentes sur les fils immergés dans le $SnF_2$ à 0,1% et dont le pH était égal ou inférieur à 4, ont été les plus affectées par des contacts intermittents avec le fluor. Le fluorure d'étain à pH 5 et 6 ainsi que le fluorure de sodium aux mêmes pH ont peu d'influence sur la croissance microbienne. Le rapport d'association entre l'augmentation des dépôts d'étain dans les bactéries (Sn/mg de plaque) et les propriétés anti-microbiennes du fluorure d'étain ressort aussi de cette étude. Cette expérience démontre clairement que le maintien d'un pH approprié dans une solution de fluorure d'étain est critique pour sa stabilité ainsi que pour ses propriétés anti-bactériennes ultérieures.

*La concentration*

La capacité du fluorure d'étain à réduire la colonisation des bactéries sur l'émail apparaît également proportionnelle à sa concentration. Les études in vitro ont montré que le fluorure d'étain à 0,1% manifeste des propriétés anti-bactériennes statistiquement

**Fig. 3-4.** Formation de la plaque à base de *S. mutans* sur des fils d'acier inoxydable exposés à des gels de $SnF_2$ dilués à 0,1% de la "Marque E" (à gauche) ou de la "Marque F" (au centre) ou exposés à une eau témoin (à droite). La "Marque E" dont le pH est plus élevé et qui contient moins d'ions stanneux favorise une certaine accumulation bactérienne sur le fil.

plus marquées qu'une solution à 0,04%. Le rôle de la concentration du fluorure d'étain a aussi été observé cliniquement. Les dentifrices qui contiennent du fluorure d'étain à 0,14% manifestent des propriétés inhibitrices de la plaque alors que ceux contenant du $SnF_2$ à 0,03% n'en manifestent aucune.[5] La démonstration la plus convaincante concernant l'importance de la concentration du fluorure d'étain a été donnée par Svatun et coll.[8] Dans cette étude, 12 sujets ont procédé à des bains de bouche bi-quotidiens soit avec un placebo soit avec de la chlorhexidine à 0,1% ($C_{22}H_{30}CL_2N_{10}$), du

**Tableau 3-3.** Valeur du pH et du pourcentage théorique en fluor ou en ions stanneux de six gels commerciaux de $SnF_2$ à 0,4%.

|  | Marque A | Marque B | Marque C | Marque D | Marque E | Marque F |
|---|---|---|---|---|---|---|
| Dates de Péremption | 8/85-11/85 | 7/86-8/87 | 11/84-2/85 | 12/85 | 11/86-1/87 | 4/86-6/86 |
| pH 1:1 | 3,8-4,1 | 4,1-4,5 | 3,2-3,3 | 4,2-4,5 | 4,5-4,8 | 2,9-3,1 |
| $F^-$ % | 92-96 | 85-93 | 97-99 | 99-106 | 95-100 | 102-117 |
| $Sn^{++}$ % | 21-51 | 49-77 | 69-82 | 85-91 | 85-95 | 99-102 |

$SNF_2$ à 0,2% ou du $SnF_2$ à 0,3%. Les valeurs moyennes de l'indice de plaque furent les suivantes: 0,35 avec le $SnF_2$ à 0,2%; 0,20 avec le $SnF_2$ à 0,3%; 0,12 avec $C_{22}H_{30}CL_2N_{10}$; 1,02 avec le placebo. Pour optimaliser les effets anti-plaque du fluorure d'étain, sa concentration a été portée à 0,4% dans la plupart des études les plus récentes, c'est à dire la même concentration en ion fluor que celle des dentifrices contenant du fluor.

*Les formules commerciales*

Afin d'obtenir du fluorure d'étain stable, les fabricants préparent une solution non aqueuse en incorporant le fluorure d'étain à de la glycérine anhydre à des températures voisines de 300°F. La solution peut être épaissie par des liants, et des agents colorants et aromatiques sont également ajoutés pour répondre aux préférences des consommateurs. Apparemment ce procédé de fabrication est difficile à contrôler étant donnée la grande variabilité entre les fabricants, entre les méthodes et même entre les lots provenant de la même origine (Tableau 3-3). Cette fabrication peut poser des problèmes, tels que les hautes températures qui peuvent hydrolyser l'étain ou volatiliser le fluor, une fabrication pas absolument anhydre, un mauvais contrôle de la qualité et l'ignorance des conditions de fabrication requises (pH et température).

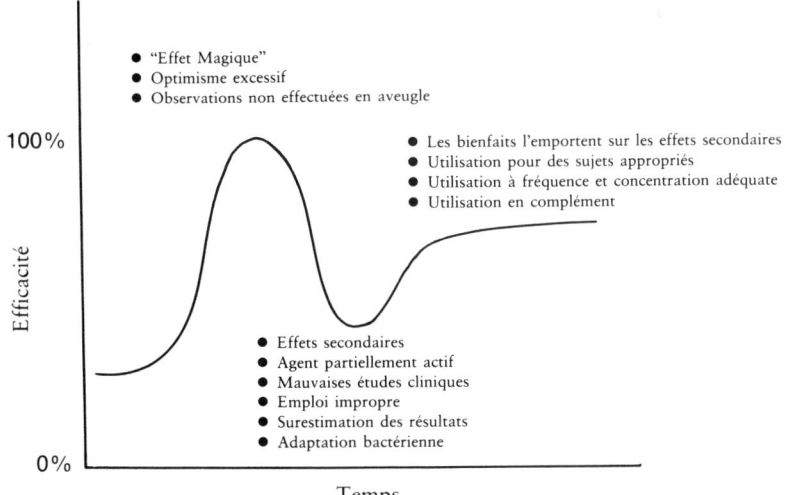

**Fig. 3-5.** Courbe caractéristique d'acceptation de nombreux médicaments nouveaux. A l'enthousiasme du début, succède un désenchantement jusqu'à ce que des modalités d'emploi adéquates soient instituées.

Ces erreurs de fabrication peuvent donner naissance à des produits ne présentant pas l'intégralité des propriétés anti-bactériennes (Fig. 3-4). Une compagnie a fait breveter sa technique de fabrication, ce qui, selon lui, lui permet de fabriquer un produit plus stable (Marque F dans le Tableau 3-3).

## Conclusions

L'emploi de préparations à base de fluorure d'étain en odontologie apparaît considérablement réactualisé en raison de ses apparentes propriétés anti-microbiennes. Ce composé intégré dans l'exercice dentaire depuis de nombreuses années n'a donné lieu à aucun effet défavorable. L'étain, bien qu'il soit un métal lourd, est sans danger même lorsqu'il est ingéré. Une alimentation normale comporte des centaines de milligrammes d'étain par jour dont l'essentiel provient des produits de conserve. La concentration en fluor du SnF2 à 0,4% est égale à celle des dentifrices fluorés et qui sont généralement considérés comme étant sans danger.

Les effets secondaires, comme des colorations ou bien encore un arrière goût métallique, pourraient détourner certains patients de les employer. A la suite de nos essais cliniques, il ressort que de nombreux patients font part d'un "sentiment de bouche propre" lorsqu'ils utilisent le fluorure d'étain ce qui prouve qu'ils ne s'en plaignent pas.

Il est certain que les propriétés anti-microbiennes du fluorure d'étain doivent faire l'objet de recherches supplémentaires. Des études in vitro et in vivo sont nécessaires pour mieux comprendre comme et dans quelle limite, le fluorure d'étain entraîne une réduction sélective des bactéries apparemment pathogènes de la cavité buccale. Les études cliniques doivent également être poursuivies pour connaître les effets à long terme de cet agent sur les paramètres cliniques ainsi que les manifestations buccales qui pourraient le mieux bénéficier d'une thérapeutique par le fluorure d'étain. Une meilleure connaissance des concentrations appropriées, des fréquences d'emploi, des méthodes d'administration et de l'association du fluorure d'étain avec d'autres modes de traitement permettra d'utiliser cet agent de la façon la plus utile et la plus efficace pour la prévention de la carie dentaire et des maladies parodontales (Fig. 3-5).

## REFERENCES

1. König, K. G. : Dental caries and plaque accumulation in rats treated with stannous fluoride and penicillin. Helv. Odontol. Acta, 6 : 40-44, 1959.
2. Andres, C. J., Shaffer, J. C., Windeler, A. S., Jr. : Comparison of the antibacterial properties of stannous fluoride and sodium fluoride mouthwashes. J. Dent. Res., 53 : 457-460, 1974.
3. Tinanoff, N., Brady, J. M., Gross, A. : The effect of NaF and $SnF_2$ mouthrinses on bacterial colonization of tooth enamel: TEM and SEM studies. Caries Res., 10 : 415-426, 1976.
4. Caldwell, P. E., Crawford, J. J., Hicks, E. P., Stanmeyer, W. R. : Topical stannous fluoride effect on the adherence of dental plaque. AADR Abstract No. 576, 1977.
5. Svatun, B. : Plaque-inhibiting effect of dentifrices containing stannous fluoride. Acta Odontol. Scand., 36 : 205-210, 1978.
6. Bay, I., Rölla, G. : Plaque inhibition and improved gingival condition by use of a stannous fluoride toothpaste. Scand. J. Dent. Res., 88 : 313-315, 1980.
7. Ogaard, B., Gjermo, P., Rölla, G. : Plaque-inhibiting effect in orthodontic patients of a dentifrice containing stannous fluoride. Am. J. Orthod., 78 : 266-271, 1980.
8. Svatun, B., Gjermo, P., Eriksen, H. M., Rölla, G. : A comparison of the plaque-inhibiting effect of stannous fluoride and chlorhexidine. Acta Odontol. Scand., 35 : 247-250, 1977.
9. Tinanoff, N., Hock, J., Camosci, D., Hellden, L. : Effect of stannous fluoride mouthrinse on dental plaque formation. J. Clin. Periodontol., 7 : 232-241, 1980.

10. White, S. T., Taylor, P. P. : The effect of stannous fluoride on plaque scores. J. Dent. Res., 58 : 1850-1852, 1979.
11. Tinanoff, N., Weeks, D. B. : Current status of SnF$_2$ as an antiplaque agent. Pediatr. Dent., 1 : 199-204, 1979.
12. Ellingsen, J. E., Eggen, K. H., Rölla, G. : Surface properties of hydroxyapatite treated with NaF or SnF$_2$. IADR Abstract No. 435, Dallas, 1974.
13. Vogel, R. I. : Intrinsic and extrinsic discoloration of the dentition — a literature review. J. Oral Med., 30 : 99-104, 1975.
14. Tanzer, J. M. : Essential dependence of smooth surface caries on, and augmentation of fissure caries by, sucrose and *Streptococcus mutans* infection. Infect. Immun., 25 : 526-531, 1979.
15. Klock, B., Krasse, B. : Effect of caries-preventive measures in children with high numbers of S. mutans and lactobacilli. Scand. J. Dent. Res., 86 : 221-230, 1978.
16. Köhler, B., Pettersson, B., Bratthall, D. : *Streptococcus mutans* in plaque and saliva and the development of caries. Scand. J. Dent. Res., 89 : 19-25, 1981.
17. Maltz, M., Zickert, I., Krasse, B. : Effect of intensive treatment with chlorhexidine on the number of *Streptococcus mutans* in saliva. Scand. J. Dent. Res., 89 : 445-449, 1981.
18. Handelman, S. L., Mills, J. R., Hawes, R. R. : Caries incidence in subjects receiving long term antiobiotic therapy. J. Oral Ther. Pharm., 2 : 338-345, 1966.
19. Löe, H., von der Fehr, F. R., Rindom-Schiott, C. : Inhibition of experimental caries by plaque prevention. The effect of chlorhexidine mouthrinses. Scand. J. Dent. Res., 80 : 1-9, 1972.
20. Keene, H. J., Shklair, I. L., Hoerman, K. C. : Partial elimination of *Streptococcus mutans* from selected tooth surfaces after restoration of carious lesions and SnF$_2$ prophylaxis. J. Am. Dent. Assoc., 93 : 382-383, 1976.
21. Keene, H. J., Shklair, I. L., Mickel, G. J. : Effect of multiple dental floss-SnF$_2$ treatment on *Streptococcus mutans* in experimental plaque. J. Dent. Res., 56 : 21-27, 1977.
22. Tinanoff, N., Manwell, M. A., Camosci, D. A., Klock, B. : Microbiologic effect of SnF$_2$ vs NaF mouthrinse after 6 months. IADR Abstract No. 517, New Orleans, 1982.
23. Svanberg, M., Rölla, G. : *Streptococcus mutans* in plaque and saliva after mouthrinsing with SnF$_2$. Scand. J. Dent. Res., 90 : 292-298, 1982.
24. Svanberg, M., Westergren, G. : Effect of SnF$_2$ administered as a mouthrinse or topically applied on *Streptococcus mutans, Streptococcus sanguis*, and lactobacilli in dental plaque and saliva. Scand. J. Dent. Res., 91 : 123-129, 1983.
25. Keene, H. J., Fleming, T. J., Brown, L. R., Dreizen, S. : Lactobacilli and *S. mutans* in cancer patients using fluoride gels. IADR Abstract No. 429, Dallas, 1984.
26. Klock, B., Tinanoff, N. : Effect of SnF$_2$ on different microorganisms and caries incidence in adults. IADR Abstract No. 331, Dallas, 1984.
27. Potter, D. E., et al. : SnF$_2$ as an adjunct to toothbrushing in an elderly institutionalized population. Special Care in Dentistry.
28. Tinanoff, N., Seigrist, B., Lang, N. P. : Safety and antibacterial properties of controlled release SnF$_2$. IADR Abstract No. 332, Dallas, 1984.
29. Tinanoff, N., Camosci, D. A. : Microbiological, ultrastructural, and spectroscopic analyses of the anti-tooth-plaque properties of fluoride compounds in vitro. Arch. Oral Biol., 25 : 531-543, 1980.
30. Ferretti, G. A., Tanzer, J. M., Tinanoff, N. : The effect of fluoride and stannous ions on *Streptococcus mutans* : Viability, growth, acid, glucan production, and adherence. Caries Res., 16 : 298-307, 1982.
31. Rölla, G., Löe, H., Schiott, C. R. : The affinity of chlorhexidine for hydroxyapatite and salivary mucins. J. Periodont. Res., 5 : 90-95, 1970.
32. Camosci, D. A., Tinanoff, N. : Anti-bacterial determinants of stannous fluoride. J. Dent. Res.
33. Attramadal, A., Svatun, B. : Uptake and retention of tin by *S. mutans*. Acta Odontol. Scand., 38 : 349-354, 1980.
34. McHugh, W. D., Eisenberg, D. H., Leverett, D. H., Jensen, O.E. : Microbial plaque composition after daily rinsing with SnF$_2$ and NaF. IADR Abstract No. 204, Sydney, 1983.
35. Hefferren, J. J. : Qualitative and quantitative tests for stannous fluoride. J. Pharm. Sci., 52 : 1090-1096, 1963.

## Chapitre 4
## *Les rôles des traitements et des pâtes prophylactiques dentaires dans la prévention de la carie dentaire*

## Louis W. RIPA

Dans ce chapitre, les rôles des traitements et des pâtes prophylactiques dentaires dans la prévention de la carie seront passés en revue. De nombreuses méthodes prophylactiques tant pour le patient que pour les praticiens ont été préconisées pour la prévention de la carie dentaire; bien que nous ne possédions que peu de preuve pour établir le bien fondé de ces méthodes, il a été conclu que les pâtes dentaires prophylactiques ne jouaient pas de rôle directe dans la prévention des caries. Bien que la présence de fluor dans certaines pâtes prophylactiques sous-entendent un effet cariostatique, l'efficacité de ces pâtes n'a pas été établi. Le fluor dans les pâtes prophylactiques peut cependant être utile pour restituer le fluor de l'émail éliminé de sa surface au cours du polissage.

Les pâtes prophylactiques dentaires contiennent une grande variété de matériaux abrasifs qui sont utilisés pour nettoyer la couronne clinique des dents. Ces pâtes prophylactiques éliminent aussi de la surface des dents les colorations extrinsèques, la pellicule salivaire, et la plaque bactérienne. Etant donné leur caractère abrasif, ces pâtes peuvent éliminer de petites fractions de la structure dentaire ce qui permet de polir la surface de l'émail.[1]

Les pâtes prophylactiques sont proposées avec ou sans fluor. Etant donnée la relation étiologique qui existe entre la plaque bactérienne et la gingivite d'une part et la carie d'autre part, les pâtes prophylactiques dentaires ont fait l'objet d'études dans le cadre des programmes mis en place pour contrôler la maladie gingivale, la carie dentaire ou les deux. Elles ont également été utilisées tant par les praticiens que par les patients eux-mêmes.

Cette revue se limitera au rôle de la prophylaxie dans l'inhibition des caries. Les sujets suivants seront donc traités:

(1) Le potentiel inhibiteur de la carie par des traitements prophylactiques *fréquents* administrés par les praticiens avec des pâtes prophylactiques avec ou sans fluor.

(2) Le potentiel inhibiteur de la carie par des traitements prophylactiques *peu fréquents* administrés par les praticiens avec des pâtes prophylactiques avec ou sans fluor.

(3) Le potentiel inhibiteur de la carie par des pâtes contenant du fluor et auto-administrées.

(4) L'utilisation courante de pâtes prophylactiques avec ou sans fluor préalablement à un traitement topique au fluor par les praticiens.

## Traitement prophylactique fréquent par les professionnels

Les caries dentaires se développent sous une couche de plaque bactérienne acidogène. L'élimination de cette plaque de la surface des dents devrait entraîner une inhibition de la carie. Ce concept fut à la base d'une série d'études entreprises en Suède dans les années 1970 et qui impliquaient de fréquents nettoyages prophylactiques professionnels.

La première de ces études, réalisée par Lindhe et Axelsson, a porté sur des écoliers de Karistad en Suède.[2-5] Par la suite, quatre autres programmes[6-10] ont été mis en place par Lindhe et Axelsson, dont un portait sur des adultes.[9,10] Le "modèle Karistad" a été le précurseur d'au moins 12 autres études mises en place pour évaluer l'efficacité des prophylaxies fréquentes par les praticiens.[11-23] La plupart de ces investigations se sont déroulées en Suède,[11-14,20,23] Norvège,[17] et Danmark;[15,16,19] en outre, des essais cliniques furent également menés en Grande Bretagne,[21,24] en Nouvelle-Zélande,[22] et au Brésil.[18] (D'autres citations en d'autres langues que l'anglais figurent dans la revue publiée par Bellini et coll.[18])

Pour leur première étude,[2-5] Lindhe et Axelsson ont eu recours à des infirmières dentaires spécialement formées qui ont traité les enfants dans leur école pendant l'année scolaire. Le programme comportait une combinaison de démarches préventives. Les infirmières dentaires procédèrent à des nettoyages dentaires méticuleux en utilisant des cupules caoutchouc et des brossclettes rotatives. Au cours de ce nettoyage, une application topique de fluor fut administrée par incorporation de $Na_2PO_3F$ à 5% dans la pâte abrasive. Des recommandations concernant l'hygiène bucco-dentaire furent données et comportaient notamment la surveillance du brossage par la méthode de Bass et l'usage du fil de soie. Les enfants participants à cette étude bénéficièrent de ce traitement toutes les deux semaines au cours des deux premières années de l'étude. Au cours des deux dernières années la fréquence des traitements fut ramenée au rythme d'un traitement toutes les 4 et 8 semaines. Au terme de ces 4 ans, Axelsson et Lindhe notèrent une augmentation des caries de 0,74 CS/enfant pour le groupe en traitement et de 10,11 CS/enfant pour le groupe témoin. Cette différence d'augmentation de 9,37 en 4 ans entre les deux groupes, représentait une réduction des caries de 93%.[5]

Dans une étude suivante d'Axelsson et coll.,[6] un plan de traitement identique fut employé pour certains groupes d'enfants alors que pour d'autres, le traitement prophylactique fut omis et remplacé par une application topique de gel de chlorhexidine à 0,5%. Les enfants qui reçurent le traitement par la chlorhexidine présentaient une augmentation des caries plus importante que celle notée pour les groupes qui reçurent le traitement prophylactique ce qui démontre l'importance des nettoyages dentaires répétés par l'intermédiaire des praticiens compte tenu de la réduction des caries constatée dans cette étude. A la suite d'une étude portant sur des suédois adultes, Axelsson et Lindhe font état d'une augmentation de la carie de 0,22 surface en 6 ans pour le groupe traité et de 13,72 surfaces pour le groupe témoin, ce qui représente une différence de 98%.[9,10] Dans cette étude, le groupe témoin n'avait reçu aucun soin d'hygiène bucco-dentaire particulier, alors que le groupe expérimental avait fait

**Tableau 4-1.** Résultats des essais cliniques portant sur les nettoyages prophylactiques professionnels fréquents.

| Études | Âge initial des participants (années) | Durée (années) | Fréquence des traitements prophylactiques | Augmentation des surfaces cariées | | Différence | |
|---|---|---|---|---|---|---|---|
| | | | | Témoin | Expérimental | Nbre. surfaces | % |
| Lindhe et Axelsson[2] (1973) | 7-14 | 1 | 1 × / 2 semaines | 3,25 | 0,06 | 3,19 | 98 |
| Axelsson et Lindhe[3] (1974) | 7-14 | 2 | 1 × / 2 semaines | 5,60 | 0,19 | 5,41 | 97 |
| Lindhe et al.[4] (1975) | 7-14 | 3 | 1 × / 4 semaines 1 × / 8 semaines | 8,44 | 0,45 | 7,99 | 95 |
| Axelsson et Lindhe[5] (1977) | 7-14 | 4 | 1 × / 8 semaines | 10,11 | 0,74 | 9,37 | 93 |
| Axelsson et al.[6] (1976) | 13-14 | 2 | 1 × / 2 semaines | 6,4 4,8 | 1,6 2,2 | 4,8 2,6 | 75 54 |
| Axelsson et Lindhe[7] (1975) | 13-14 | 1 | 1 × / 2 semaines[a] | 0,26 | 0,70 | -0,44 | — |
| Axelsson et Lindhe[8] (1981) | 13-14 | 1,5 | 1 × / 2 semaines[b] | N.A. | N.A. | N.A. | N.A. |
| Axelsson et Lindhe[9] (1978) | Adultes | 3 | 1 × / 8 semaines[c] 1 × / 12 semaines | 2,51 | 0,04 | 2,47 | 98 |
| Axelsson et Lindhe[10] (1981) | Adultes | 6 | 1 × / 12 semaines[c] | 13,94 | 0,22 | 13,72 | 98 |
| Hamp et al.[11] (1978) | 10-11 | 3 | 1 × / 3 semaines | 12,8 | 6,3 | 6,5 | 51 |
| Hamp et Johansson[12] (1982) | 16-19 | 3 | 1 × / 3 semaines[d] | 3,3 | 1,0 1,2 2,0 | 2,3 2,1 1,3 | 70 64 39 |
| Badersten et al.[13] (1975) | 10-12 | 1 | 1 × / 4 semaines | 4,5 | 3,4 | 1,1 | 24 |
| Klock et Krasse[14] (1978) | 9-12 | 2 | 1 × / 2 semaines[e] 1 × / 4 semaines 1 × / 4 semaines | 4,28 4,28 2,76 | 0,92 1,46 1,64 | 3,36 2,82 1,12 | 79 66 41 |
| Poulsen et al.[15] (1976) | 7 | 1 | 1 × / 2 semaines | 1,42 | 0,43 | 0,99 | 70 |
| Agerbaek et al.[16] (1978) | 7 | 2 | 1 × / 3 semaines[f] | 2,09 | 1,40 | 0,69 | 33 |
| Kjaerheim et al.[17] (1980) | 7-13 | 2 | 1 × / 2 semaines | 1,61 | 0,57 | 1,04 | 65 |
| Bellini et al.[18] (1981) | 7 | 4 | 1 × / 4 semaines | 1,78 | 0,81 | 0,97 | 54 |
| Vestergaard et al.[19] (1978) | 5-13 | 2 | 1 × / 2 semaines | 1,75 | 1,44 | 0,31 | 18 |
| Gisselsson et al.[20] (1983) | 10-11 | 2 | 1 × / 3 semaines | 4,5 | 1,7 | 2,8 | 62[g] |
| Ashley et Sainsbury[21] (1981) | 11 | 3 | 1 × / 2 semaines | 4,66 | 4,97 | -0,31 | — |
| Craig et al.[22] (1981) | 11-12 | 2 | 1 × / 2 semaines | 2,9 | 2,6 | 0,3 | 10 |
| Zickert et al.[23] (1982) | 13-14 | 2 | 1 × / 4 semaines 1 × / 4 semaines 1 × / 12 semaines 1 × / 12 semaines | 5,4 5,4 7,0 7,0 | 3,2 3,2 3,8 4,2 | 2,2 2,2 3,2 2,8 | 41 41 46 40 |

[a] Les deux groupes ont bénéficié d'un nettoyage prophylactique par un praticien. Le groupe témoin a été traité avec une pâte non fluorée et le groupe expérimental avec une pâte fluorée
[b] Les groupes témoins et expérimentaux ont reçu des traitements portant sur les hémi-arcades supérieures et inférieures
[c] Fréquence des traitements : 1 fois toutes les 8 semaines pendant la première année et 1 fois toutes les 12 semaines ensuite
[d] Trois groupes en traitement : le Groupe A a reçu un traitement prophylactique par un praticien toutes les 3 semaines la première année, toutes les 4 semaines la deuxième et 2 fois au cours de la troisième année. Le Groupe B a reçu le même traitement 1 fois toutes les 3 semaines la première année et 2 fois par an au cours de la deuxième et de la troisième année. Le Groupe C a reçu le même traitement 1 fois toutes les 3 semaines la première année et pas de traitement au cours des deuxième et troisième années
[e] Trois traitements et deux groupes témoins sur la base du nombre de S. mutans et de lactobacilles
[f] La fréquence des traitements a été d'une fois toutes les 2 semaines la première année et d'une fois toutes les 3 semaines au cours de la deuxième année
[g] Cette diminution ne s'est pas maintenue lors de l'évaluation effectuée 2 ans après le traitement et mentionnée dans le même article

l'objet d'un nettoyage dentaire professionel avec une pâte contenant du fluor à des intervalles de 8 et 12 semaines.

D'autres chercheurs ont obtenu soit des résultats statistiquement significatifs mais inférieurs à ceux obtenus par Axelsson et Lindhe en terme de réduction des caries soit des résultats non statistiquement significatifs.[11-23]

Si l'on examine globalement les études mentionnées dans le Tableau 4-1, et sans tenir compte des programmes particuliers, on constate que des traitements prophylactiques professionnels fréquents permettent de réduire de façon significative l'incidence carieuse chez les enfants comme chez les adultes. Dans la majorité de ces études cependant, les participants bénéficièrent d'une multiplicité de modalités préventives incluant une surveillance du brossage et de l'emploi du fil, des conseils d'hygiène bucco-dentaire ainsi que des directives nutritionnelles ce qui empêche d'isoler les effets spécifiques attribuables au nettoyage professionnel. Par ailleurs, dans les études scandinaves, l'exposition au fluor s'est généralement effectuée soit en l'incorporant au traitement lui-même, soit simultanément dans le cadre des programmes de santé publique à l'école auxquels participaient également les enfants. De ce fait, les résultats de l'élimination mécanique de la plaque n'ont pu être isolés de ceux obtenus de par l'effet chimique que le fluor aurait pu avoir sur les dents.

Dans la première étude de Karlstad, une pâte prophylactique contenant du $Na_2PO_3F$ à 5% fut utilisée.[2-5] En outre, les enfants du groupe témoin participèrent à un programme scolaire de surveillance comportant le brossage avec une solution de fluorure de sodium à 0,2%. Etant donné que ce programme se déroulait depuis dix ans, les enfants du groupe témoin comme ceux du groupe traité, tout au moins ceux des grandes classes, avaient profité du programme de brossage avec le fluor avant le début de programme de prophylaxie professionnelle. Dans l'étude de Hamp et coll.,[11] deux types différents de pâte prophylactique contenant du fluor furent utilisés (une pâte pour la première année et une autre pour les deux années suivantes), et les enfants du groupe témoin et du groupe expérimental procédèrent à des bains de bouche avec du NaF à 0,2%. Ajoutons que tous ces enfants avaient participé au programme de bain de bouche au fluor avant le début du programme de prophylaxie professionnelle. Poulsen,[15] Agerbaek,[16] Kjaerheim,[17] Badersten,[13] Vestergaard,[19] et leurs collaborateurs, font état d'études au cours desquelles les enfants participèrent à des programmes scolaires de bains de bouche et de brossage avec du fluor. Les enfants les plus âgés avaient participé aux programmes utilisant le fluor avant d'être traité dans le cadre du programme prophylactique.[17] Dans l'étude menée par Kjaerheim et coll. en Norvège,[17] et par Klock et Krasse en Suède,[14] des "sealants" furent placés sur la face occlusale de leurs dents, soit avant, soit pendant les études, ce qui amène à se demander quelle a pu être l'influence des "sealants" dans le cadre de ces études effectuées dans ces pays.

Lorsque l'on veut évaluer l'efficacité des traitements prophylactiques professionnels fréquents en terme d'inhibition de la carie, il est essentiel de constater que dans les études qui ne faisaient pas appel à des pâtes prophylactiques contenant du fluor et/ou au cours desquelles les enfants ne bénéficiaient pas d'autres méthodes mettant en oeuvre le fluor, aucune différence statistiquement significative de la réduction des caries entre les groupes témoins et expérimentaux n'a pu être enregistrée.[15,16,21,22,24]

Même si les résultats de ces études peuvent être interprétés de façon équivoque, on se doit de procéder à deux constatations qui incitent à ne pas poursuivre ou mettre en oeuvre l'étude de ces méthodes. Ces constatations sont d'une part le déclin de l'incidence carieuse et d'autre part le coût correspondant à 20 nettoyages professionels par an.

Au départ, l'incidence carieuse moyenne des enfants qui ont participé aux études de Axelsson et Lindhe (Tableau 4-1) était élevée, ce qui indiquait que ces populations étaient susceptibles à la carie. En Norvège, en Suède, et au Danmark où l'on a étudié l'effet des nettoyages prophylactiques professionels fréquents, l'incidence carieuse a diminué de 27%[25] à 50%[26] ou plus.[27] En outre, le nombre d'enfants indemnes de caries a doublé au moins dans deux de ces pays.[25,27] Les résultats de Badersten et coll.[13] et ceux de Klock et Krasse[14] montrent que ce sont les sujets qui présentaient la plus forte susceptibilité à la carie qui ont le plus tiré profit de ce programme. Réciproquement, les études de Vestergaard et coll.,[19] de Ashley et Sainsbury,[21,24] et de Craig et coll.[22] ont porté sur des populations présentant une incidence carieuse relativement faible et la fréquence élevée des traitements prophylactiques professionnels n'a entraîné aucun effet significatif. On peut donc concevoir que, compte tenu du déclin de l'incidence carieuse, les résultats de nouvelles études apparaîtraient beaucoup moins spectaculaires.

Etant donné que ce mode de traitement est laborieux, le coût du programme sera relativement plus élevé que celui des programmes scolaires au cours desquels un grand nombre d'enfants peuvent être traités simultanément ou que celui des programmes en cabinet au cours desquels les enfants sont traités individuellement et moins fréquemment.[28] Ainsi, le faible rendement de ce traitement pour les enfants à faible risque d'une part, et son coût élevé lorsqu'il s'adresse à des enfants à haut risque, en font une méthode peu efficace pour la prévention de la carie.

## Traitement prophylactique peu fréquent par les professionnels

Des traitements prophylactiques de routine sont dispensés aux patients au rythme d'une ou deux fois par an. L'influence de ces traitements prophylactiques professionnels et peu fréquents demeure douteuse. En 1966, Bibby a déclaré "la preuve qui permettrait de dire que le traitement prophylactique dentaire . . . empêche la carie dentaire nous fait défaut."[29] Par la suite, Ripa et coll. ont démontré que des traitements prophylactiques effectués par des professionnels à la fréquence de 4 fois l'an, n'avaient aucun effet sur la carie dentaire.[30]

Dans les années 1940, on a tenté d'utiliser la pâte prophylactique comme véhicule du fluor topique. Cette idée d'incorporer le fluor dans la pâte prophylactique était séduisante puisque la pâte s'est révélée comme étant un agent cariostatique efficace pouvant se substituer au traitement en deux temps, prophylaxie suivie de l'application topique de fluor, qui prenait beaucoup de temps mais qui, à l'époque, était préconisé et adopté.

Bibby et coll.[31] furent les premiers à tester le concept précité. Ils utilisèrent une mixture de ponce et de peroxyde d'hydrogène contenant en outre du NaF à 1%.

Au bout d'un an, ils notèrent une réduction des caries de 25% et de 42% correspondant respectivement à une ou deux applications.[31] Ces résultats n'ont cependant pu être confirmés par une seconde étude toujours menée par Bibby.[32]

Aucune étude clinique utilisant les pâtes prophylactiques contenant du fluor ne fut engagée dans les années 1950, peut-être en raison de l'incompatibilité de nombreux abrasifs avec le fluor.[33] Dans les années 1960, l'efficacité clinique des pâtes prophylactiques contenant du fluorure d'étain dont le principe abrasif était à base de silex ou de ponce de lave furent évalués cliniquement[33-40] (Tableau 4-2). Ultérieurement, d'autres études portèrent sur d'autres combinaisons, telle les pâtes contenant du FPA.[43-46]

**Tableau 4-2.** Résultats des essais cliniques portant sur l'administration professionnelle de pâtes prophylactiques fluorées.

| Études | Âge initial des participants (années) | Agent et abrasif | Durée (années) | No. d'applications par an | Réduction des caries % CAOD | CAOS |
|---|---|---|---|---|---|---|
| Population sans eau de boisson fluorée | | | | | | |
| Bibby et al.[31] (1946) | 6-14 | 1% NaF, ponce | 1 | 2 | — | 25 |
|  | 6-14 | 1%NaF, ponce | 1 | 3 | — | 42 |
| Bibby[32] (1948) | 6-15 | 1% NaF, ponce | 1 | 3 | — | 0 |
| Peterson et al.[34] (1963) | 10-13 | 17,5% SnF$_2$, silex | 2 | 2 | 35(39) | 42(34)[a] |
| Scola et Ostrom[35] (1966) | 17-24 | 17,5% SnF$_2$, ponce de lave | 1 | 1 | 12 | 12 |
| Scola et Ostrom[36] (1968) | 17-24 | 17,5% SnF$_2$, ponce de lave | 2 | 1 | 26 | 12 |
| Bixler et Muhler[37] (1964) | 5-18 | 8,9% SnF$_2$, ponce de lave | 1 | 2 | 31 | 35 |
| Bixler et Muhler[38] (1966) | 5-18 | 8,9% SnF$_2$, ponce de lave | 2 | 2 | 30 | 34 |
|  |  |  | 3 | 2 | 33 | 35 |
| Horowitz et Lucye[40] (1966) | 8-10 | 8,9% SnF$_2$, ponce de lave | 2 | 1 | +7,9 | +5,9 |
| Peterson et al.[41] (1969) | 10-13 | 2% KF, H$_3$PO$_4$, ponce de lave | 2 | 1 | 14(12) | 16(15) |
| Szwejda[42] (1971) (1971) | 6-10 | SnF$_2$[b] | 2 | 1 | 13 | 17 |
|  |  |  | 3 | 1 | 17 | 19 |
|  |  |  | 2 | 1 | 9 | 20 |
|  |  |  | 3 | 1 | 19 | 20 |
| Szwejda[43] (1972) | 6-10 | 1,23% FPA, meta-phosphate de sodium | 1 | 1 | 30 | 20 |
|  |  |  | 2 | — | 20 | 18 |
|  |  |  | 3 | — | 23 | 18 |
| DePaola et Mellberg[44] (1973) | 10-13 | 1,23% : FPA, SiO$_2$ | 2 | 2 | 17 | 21 |
| Barenie et al.[45] (1976) | 9-14 | 1,23% FPA, SiO$_2$ | 2 | 2 | +7(+8) | +5(+8) |
| Beiswanger et al.[48] (1980) | 8-16 | 9% SnF$_2$, ZrSiO$_4$ | 1 | 2 | 8 | 17[d] |
|  |  |  | 2 | 2 | 22 | 20 |
|  |  |  | 3 | 2 | 17 | 15 |
| Population avec eau de boisson fluorée à la concentration optimale | | | | | | |
| Gish et Muhler[39] | 6-14 | 8,9% SnF$_2$, ponce de lave | 1 | 2 | 29(45) | 40(42) |
| Peterson et al.[41] (1969) | 11-13 | 2% KF, H$_3$PO$_4$, ponce de lave | 2 | 1 | 19(8) | 15(12) |
| Schutze et al.[46] (1974) | 3-5 | 1,23% FPA, SiO$_2$ | 1 | 3 |  | +16[c] |

[a]Deux examinateurs indépendants
[b]Aucune information donnée quant à la composition de cette pâte
[c]Nettoyage prophylactique suivi d'un bain de bouche de FPA
[d]La concentration en F de l'eau variait de 0,0 à 0,8 ppm
[e]Dents temporaires
NaF = fluorure de sodium; SnF$_2$ = fluorure d'étain; KF = fluorure de potassium; FPA = fluoro-phosphate acidulé; SiO$_2$ = dioxide de silicone; ZrSiO$_4$ = silicate de zirconium

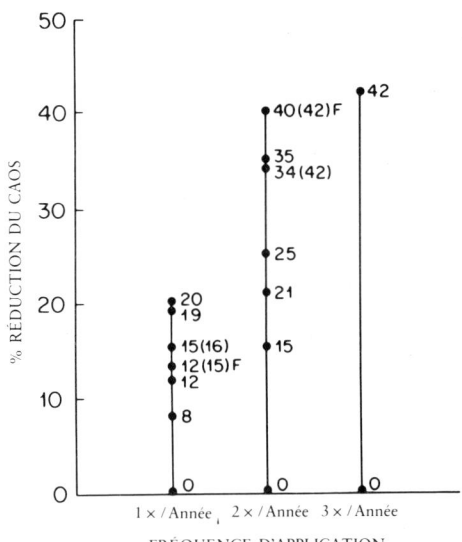

Fig. 4-1. Bien que la réduction des caries semble croître avec la fréquence des applications, il est évident que ces résultats semblent montrer que des traitements professionnels peu fréquents avec des pâtes prophylactiques fluorées donnent lieu à des résultats inconstants.

Bien qu'aux Etats Unis des pâtes prophylactiques contenant du FPA, du $SnF_2$, du NaF, et du $Na_2PO_3F$, aient été mises sur le marché, les études cliniques concernant leur efficacité restent maigres. Trois études ont porté sur des pâtes contenant du FPA et appliquées professionnellement. L'une d'entre elles mit en évidence une faible réduction des caries[44] et les autres ne démontraient aucun effet clinique significatif sur les dents permanentes[45] ou temporaires.[46] A l'exception près d'un bref abstract,[47] on ne compte qu'un seul essai clinique au cours duquel une pâte commercialisée et contenant du fluorure d'étain fut testée dans le cadre d'un programme exécuté par des professionnels.[48] Dans cette étude, l'application de la pâte pendant 3 ans et à 6 mois d'intervalle, est restée inefficace. Cette pâte, qui incorporait comme agent abrasif du silicate de zirconium, a été retirée du marché.

Les résultats cliniques qui figurent sur la Figure 4-1, mettent en évidence la relation entre la fréquence des traitements et l'inhibition des caries; néanmoins, il apparaît que cette méthode d'application du fluor donne lieu à des résultats inconstants. Des applications peu fréquentes d'agents fluorés à forte concentration, comme par exemple des pâtes prophylactiques contenant du fluor, exercent, croit-on, leur influence cariostatique en réagissant avec l'émail ce qui entraîne la formation d'une couche de surface moins soluble aux acides. L'incorporation de fluor par l'émail à partir de l'emploi de pâtes prophylactiques contenant du fluor et notamment du FPA, est un fait démontré.[44,45,49,51] La quantité de fluor incorporé par l'émail à partir de pâtes prophylactiques est inférieur à celui incorporé à partir de solutions acqueuses ou de gels.[49,50] En outre, le fluor incorporé à partir de pâtes prophylactiques, disparait avant la date du traitement suivant c'est à dire, 6 mois après.[51] Comme l'a précisé Mellberg,[52] les ingrédients qui entrent dans la composition d'une pâte prophylactique influencent l'efficacité potentielle du fluor administré topiquement. De ce fait, il n'est pas surprenant de constater que les résultats des études cliniques portant sur les pâtes prophylactiques contenant du fluor soient imprévisibles. A la lumière des résultats des études présentés dans le Tableau 4-2, il apparaît qu'une pâte prophylactique contenant du fluor ne peut être considerée comme l'agent exclusif dans le cadre d'applications topiques de fluor.

### Traitements prophylactiques auto-administrés

Des méthodes d'applications topiques du fluor par auto-administration sont souhaitables dans le cadre de la prévention de la carie car leur coût est inférieur à celui entraîné par des applications professionnelles et de ce fait, un nombre plus important d'enfants peut être traité et cela plus fréquemment que lorsqu'un professionnel intervient.

De façon générale, deux sortes de pâtes prophylactiques contenant du fluor ont été cliniquement testées dans le cadre de programmes au cours desquels les pâtes ont été appliquées sur les dents par les patients eux-mêmes. L'une est une pâte à base

**Tableau 4-3.** Résultats des essais cliniques portant sur l'auto-administration de pâtes prophylactiques fluorées.

| Études | Âge initial des participants (années) | Agent et abrasif | Durée (années) | Nombre d'applications par an | Réduction des caries % | |
|---|---|---|---|---|---|---|
| | | | | | CAOD | CAOS |
| Population sans eau de boisson fluorée | | | | | | |
| Muhler et al.[54] (1970) | 6-14 | 9% $SnF_2$, $ZrSiO_4$ | 1 | 1 | 41 | 64 |
| Fleming et al.[55] (1976) | 11-15 | 9% $SnF_2$, $ZrSiO_4$ | 2 | 1 | +3 | +16 |
| | | | 2 | 2 | 24 | 5 |
| Muhler[59] (1976) | 7-13 | $SnF_2$-alkali, aluminium silicate | 1 | 1 | 31 | 33 |
| Horowitz et Bixler[56] (1976) | 9-14 | 9% $SnF_2$, $ZrSiO_4$ | 3 | 2 (1ère année) 1 (2 ème et 3 ème année) | 14(20) | 15(23)[a] |
| Gish et al.[57] (1975) | 6-14 | 9% $SnF_2$, $ZrSiO_4$ | 3 | 2 | 32 | 37 |
| Woodhouse[58] (1978) | 12-13 | 10% $SnF_2$, ZrSiO4 | 3 | 2 | 19 | 16 |
| Mellberg et al.[60] (1974) | 6-14 | 1,23% FPA, $SiO_2$ | 3 | 2 | 14 | 21 |
| Gray et al.[64] (1980) | 10 | 1,23% FPA, abrasif?[b] | 2 | 2 | 24 | 23 |
| Ringleberg et al.[63] (1976) | 5-9 | 2,2% FPA, ponce | 2 | 2 | | 25 |
| Woods et al.[53] (1976) | 5-9 | 10% $SnF_2$, $ZrSiO_4$ | 2 | 3 | 36 | 50 |
| | | | 2 | 3 | 76 (dft) | |
| Long[61] (1972) | 10-13 | 1,23% FPA, $SiO_2$ | 2 | 3 | 17 | |
| Trubman et Crellin[62] (1973) | 8,2 | 1,23% FPA, $SiO_2$ | 3 | 4 | 4 | 10 |
| | | 1,23% FPA, $SiO_2$[c] | 3 | 4 | 25 | 22 |
| Population avec eau de boisson fluorée à la concentration optimale | | | | | | |
| Gunz[65] (1971) | 7-11 | 9% $SnF_2$, $ZrSiO_4$ | 1,2 | 1 | 11 | 11 |
| Lang et al.[66] (1970) | 6-14 | 9% $SnF_2$, $ZrSiO_4$ | 1,5 | 2 | 27(41,41) | 38(42,42)[d] |
| Gish et al.[57] (1975) | 6-14 | 9% $SnF_2$, $ZrSiO_4$ | 3 | 2 | 30 | 25 |

[a] Deux examinateurs indépendants
[b] Suivis d'un bain de bouche au NaF à 1%
[c] Suivis d'une application de gel de FPA par gouttière
[d] Trois examinateurs indépendants
$SnF_2$ = fluorure d'étain; FPA = fluoro-phosphate acidulé; $ZrSiO_4$ = silicate de zirconium; $SiO_2$ = dioxide de silicone

SnF$_2$ à 9% avec comme abrasif du silicate de zirconium (SnF$_2$-ZrSiO$_4$), l'autre à base de FPA à 1,23% avec comme abrasif du dioxide de silicone (FPA-SiO$_2$.

Le Tableau 4-3 fait apparaître les résultats de ces études sur les dents temporaires[53] et permanentes[54-64] compte tenu de la zone dite fluorée[57,65,66] ou non.[53-64] Des résultats d'autres études relatives à l'utilisation de pâtes de SnF$_2$-ZrSiO$_4$ ont été publiés sous une forme incomplète et ne figurent pas sur le Tableau 4-3.[67,68] Les résultats de ces études peuvent attester d'une absence d'effet sur les caries jusqu'à un maximum d'inhibition de la carie pouvant aller jusqu'à 64%. Les résultats cliniques des études du Tableau 4-3 sont également présentés sur la Figure 4-2. Environ les deux tiers des diminutions de la carie consécutives à l'auto-administration de pâtes prophylactiques contenant du fluor correspondent à 25% ou moins. Cependant, la principale différence entre ces études porte sur la fréquence des auto-administrations de pâte (de 1 à 4 fois/an), alors que la fréquence des brossages ne semble pas avoir influencé les résultats. En fait, un examen attentif du Tableau 4-3 et de la Figure 4-2 révèle le caractère peu uniforme et peu prévisible de la diminution carieuse enregistrée. En conséquence, l'auto-administration d'une pâte prophylactique contenant du fluor ne peut être considerée comme étant une méthode fiable pour la prévention de la carie.

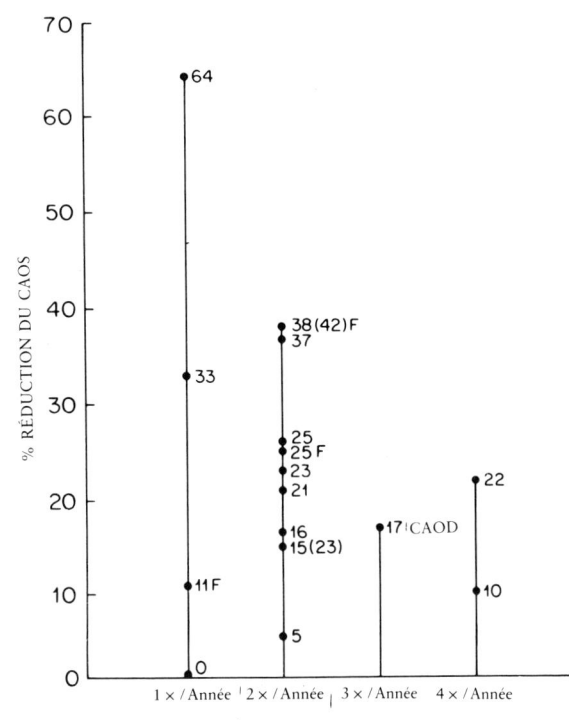

Fig. 4-2. Les résultats cliniques obtenus par l'auto-administration de pâtes prophylactiques fluorées apparaissent peu uniformes.

( ) = Résultats obtenus par un deuxième examinateur indépendant
F = Eau de boisson fluorée disponible
Seuls les résultats finaux des études sont mentionnés

Dans les années 1960 et 1970, un certain nombre "d'opérations brossage" furent engagées dans les écoles et dans d'autres communautés.[67-69] De plus, la Marine des Etats Unis mit en place pour son personnel un programme de prévention de la carie en trois parties qui incluait l'auto-brossage avec une pâte prophylactique contenant du fluor.[78] Les "opérations brossage" en tant que moyen d'évaluation collective pour contrôler la carie, sont en voie de disparition.[79] La raison n'en est pas seulement les résultats équivoques des études sur l'auto-brossage, mais surtout parce que surveiller l'auto-brossage de groupes importants apparaît peu commode comparé à la méthode logistiquement plus simple du bain de bouche. De plus, des manifestations nauséeuses ont, dans certains cas, accompagné l'emploi de la pâte de $SnF_2$-$ZrSiO_4$.[69] Le retrait du marché de la pâte de $SnF_2$-$ZrSiO_4$ a probablement aussi contribué à l'arrêt des "opérations brossage" comme méthode de prévention collective de la carie.

### Traitement préalable à l'application topique de fluor par les professionnels

*Pâtes fluorées*

Nous disposons de huit études cliniques concernant les pâtes prophylactiques contenant du fluor et utilisées pour nettoyer les dents préalablement à l'administration topique d'une solution de fluor par les professionnels[34-40,48,80,81] (Tableau 4-4). Deux de ces études furent menées dans des zones dites fluorées;[39,81] les autres, dans des zones dites non fluorées.[34-38,40,48,80,81]

Les résultats de ces études qui figurent sur le Tableau 4-4 montrent que les deux agents topiques contenant du fluor employés sur le même patient procurent une meilleure protection que celle obtenue par l'utilisation de la seule pâte prophylactique contenant du fluor. Cependant, six sur huit de ces études ne comportaient pas de groupe expérimental pour lequel un traitement prophylactique avec une pâte sans fluor avait été administré avant l'application topique d'une solution aqueuse de fluor.[35-39,81-83]

Ainsi, ces études ne permettent pas de déterminer, si une pâte prophylactique contenant du fluor utilisée en conjonction avec l'application topique d'une solution aqueuse de fluor, entraîne une meilleure protection contre la carie qu'une application professionnelle topique de fluor précédée par l'utilisation d'une pâte sans fluor. Des deux études engagées pour répondre à cette question, aucune n'a pu mettre en évidence que l'association d'un traitement prophylactique professionnel avec une pâte contenant du fluor suivi d'une application topique de fluor puisse être plus efficace qu'une application topique de fluor précédée d'un traitement prophylactique avec une pâte ne contenant pas de fluor.[40,48] Cependant, dans l'une de ces études, aucun des trois groupes expérimentaux ne retire le moindre bénéfice des diverses méthodes de fluoration utilisées.[40]

Il ressort que les études cliniques ne permettent pas de conclure qu'une pâte prophylactique contenant du fluor administrée immédiatement avant une application topique de fluor par un professionnel présente un intérêt cariostatique.

*Pâtes sans fluor*

En se basant sur les premières études cliniques avec le fluorure de sodium,[82,83] il est recommandé de procéder à un nettoyage professionnel des dents préalablement à des applications topiques de fluorure de sodium neutre, de fluorure d'étain et de fluorophosphate acidulé.[84-86] Bien que plusieurs essais cliniques aient porté sur les applications topiques de fluor par les professionnels sans nettoyage prophylactique préalable des dents,[87-90] nous ne disposions jusqu'à une date très récente d'aucune

**Tableau 4-4.** Résultats des essais cliniques portant sur l'emploi combiné de pâtes prophylactiques fluorées et de solutions fluorées aqueuses topiques administrées professionnellement.

| Études | Âge initiale | Traitements fluorés | Durée (années) | No. d'applications par an | Réduction de caries % CAOD | Réduction de caries % CAOS |
|---|---|---|---|---|---|---|
| Population sans eau de boisson fluorée | | | | | | |
| Bixler et Muhler[37] | 5–18 | P | 1 | 2 | 31(39) | 35(34)[a] |
| (1964) | | P + T | | 2 | 46(40) | 48(42) |
| Bixler et Muhler[38] | | P | 2 | 2 | 24(36) | 31(37) |
| (1966) | | P + T | | | 35(46) | 39(43) |
| | | P | 3 | 2 | 29(36) | 29(38) |
| | | P + T | | | 39(58) | 40(56) |
| Scola et Ostrom[35] | 17–24 | P | 1 | 1 | 12 | 12 |
| (1966) | | P + T | | | 47 | 43 |
| Scola et Ostrom[36] | | P | 2 | 1 | 26 | 12 |
| (1968) | | P + T | | | 34 | 27 |
| Peterson et al.[34] | 10–13 | P | 2 | 1 | 28 | 34 |
| (1963) | | P + T | | | 29 | 32 |
| | | P | 2 | 2 | 35 | 42 |
| Horowitz et Lucye[40] | 8–11 | P | 2 | 1 | +8 | +6 |
| (1966) | | T | | | +2 | +8 |
| | | P + T | | | +3 | 1 |
| Downer et al.[80] | 11–12 | P + T + D[b] | 3 | 2 | 34 | 31 |
| (1976) | | | | | | |
| Beiswanger et al.[48] | 8–14 | P | 3 | 2 | 17 | 15 |
| (1980) | | T | | | 47 | 52 |
| | | P + T | | | 45 | 52 |
| Population avec eau de boisson fluorée à la concentration optimale | | | | | | |
| Gish et Muhler[39] | 6–14 | P | 1 | 2 | 29(45) | 40(42) |
| (1965) | | P + T | | | 68(58) | 75(58) |
| Muhler et al.[81] | Étudiants en chirurgie dentaire | P + T + D | 2,5 | 2 | 68 | 64 |
| (1967) | | | | | | |

[a] Deux examinateurs indépendants
[b] $Na_2PO_3F$ est l'ingrédient actif dans D; FPA est l'ingrédient actif dans P et T; dans toutes les autres études $SnF_2$ est l'ingrédient actif dans P, T et D.
P = pâte prophylactique fluorée; T = application topique de fluor par un praticien; D = dentifrice fluoré

étude clinique au cours de laquelle aurait été testée la nécessité de procéder à un nettoyage prophylactique préalable.

Au cours des dix dernières années, des études in vivo[91-94] et in vitro[95-97] ont permis d'évaluer la perméabilité de la plaque et de la pellicule au fluor et d'étudier l'absorption du fluor par de l'émail non préalablement nettoyé. Ces études ont montré que les dépôts organiques qui recouvraient la surface des dents étaient perméables à l'ion fluor et n'empêchaient pas l'incorporation du fluor par l'émail (consulter la revue de la littérature par Ripa[98]).

Stimulés par ces études et par d'autres qui avaient tenté d'analyser les relations de surface entre le fluor, la plaque et l'émail,[99-101] nous avons mis en oeuvre trois essais cliniques indépendants pour évaluer s'il était nécessaire de procéder à un traitement prophylactique préalable à l'application topique de fluor.[102-105] Ces trois études impliquaient des applications topiques bi-annuelles de fluor administrées professionnellement à des écoliers sous forme de gel dans des gouttières. Chacune de ces études comportait trois groupes expérimentaux séparés qui bénéficièrent de nettoyages dentaires selon trois méthodes différentes. Le premier groupe fut l'objet d'un nettoyage prophylactique méticuleux par une hygiéniste et avec une pâte prophylactique contenant ou non du fluor suivi d'une application topique de fluor de 4 minutes avec un gel dans une gouttière. Ce groupe fut considéré comme le groupe témoin positif. Le deuxième groupe procéda au brossage et au passage du fil sous contrôle avec un dentifrice sans fluor et ensuite reçut le même traitement avec le gel en gouttière. Le troisième groupe fut traité avec un gel fluoré en gouttière, sans nettoyage préalable des dents.

Les résultats obtenus au terme de la 2ième et 3ième année sont présentés dans le Tableau 4-5. Ni le type, ni le degré de nettoyage n'ont eu d'effet sur l'efficacité clinique de l'application topique de fluor par des professionnels. Se basant sur ces études, il apparaît que l'étape prophylactique se révèle non nécessaire comme procédure habituelle lorsque l'on procède à une application topique et professionnelle de fluor.

Tableau 4-5. Moyenne de l'augmentation du CAOS chez des enfants recevant professionnellement et bi-annuellement des applications topiques de gel de FPA par gouttière indivuelle.

| Traitement | Ripa et al.[102] (1983) | Houpt et al.[104] (1983)[a] | Katz et al.[105] (1984) | Ripa et al.[103] (1984) |
| | 2 ans | 2 ans | 2,5 ans | 3 ans |
|---|---|---|---|---|
| Prophylactique + topique | 2,12 | 2,05 | 2,23 | 3,33 |
| Nettoyage prophylactique auto-administré + F topique | 1,87 | 2,48 | 2,33 | 3,18 |
| F topique | 2,02 | 2,14 | 2,09 | 3,19 |

[a]L'augmentation chez un quatrième groupe après deux ans a été de 2,5

## Conclusion

Nous avons passé en revue les différentes méthodes à base de pâtes prophylactiques et mises en oeuvre dans les programmes déstinés à limiter la carie dentaire. Ces pâtes ayant pour fonction de nettoyer et de polir les dents, toute réduction de la carie consécutive à leur emploi, devrait être rattachée à l'élimination mécanique de la plaque sur la surface de l'émail. Certaines pâtes prophylactiques pouvant contenir du fluor, un second mécanisme cariostatique potentiel peut être envisagé sous la forme d'une modification chimique de la solubilité de l'émail.

Les différentes manières d'utiliser les pâtes prophylactiques pour la prévention de la carie sont énumérées dans le Tableau 4-6. La plus récente à avoir été utilisée dans un programme, consiste à procéder à des nettoyages professionnels à la fréquence d'un nettoyage toutes les deux semaines. Cette méthode a été étudiée de façon intensive dès son apparition en 1973. Cependant, étant donné la confusion des paramètres dans les protocoles expérimentaux d'un grand nombre de ces expériences et le manque de résultats positifs pour d'autres, les résultats demeurent globalement équivoques. Bien que le traitement prophylactique professionnel apparaisse comme l'approche la plus utile pour les sujets à haut risque carieux mais implique une main d'oeuvre importante, la combinaison actuelle de la diminution de l'incidence carieuse et du développement de la prise de conscience économique a mis cette méthode prématurément hors d'usage.

**Tableau 4-6.** Évaluation des techniques d'emploi des pâtes prophylactiques pour la prévention de la carie.

| Technique | Commentaires |
|---|---|
| Nettoyage prophylactique fréquent (1 à 2 fois par semaine) par un professionnel avec une pâte contenant ou non du fluor. | Résultats équivoques<br>Méthode peu pratique |
| Nettoyage prophylactique professionnel peu fréquent (1 à 2 fois par an) avec une pâte non fluorée | Pas de preuve d'efficacité |
| Nettoyage prophylactique professionnel peu fréquent (1 à 2 fois par an) avec une pâte fluorée | Aucun des produits commercialisés ne s'est montré efficace au cours des multiples essais cliniques contrôlés |
| Nettoyage prophylactique auto-administré avec une pâte fluorée | Aucun des produits commercialisés ne s'est montré efficace au cours des multiples essais cliniques contrôlés |
| Nettoyage prophylactique avec une pâte fluorée préalablement à une application topique de fluor par un professionnel | N'ajoute rien à l'application topique de fluor |
| Nettoyage prophylactique avec une pâte non fluorée préalablement à une application topique de fluor par un professionnel | N'ajoute rien à l'application topique de fluor. Inutile en tant que méthode de routine |

Dans la plupart des cabinets dentaires les traitements prophylactiques sont distribués généralement aux patients sur la base d'une à deux fois par an. Dans le passé, ces traitements constituaient l'essentiel des nombreux programmes scolaires de prévention pour lesquels on faisait appel aux hygiénistes. Curieusement, il n'existe aucune preuve permettant d'établir que ces nettoyages peu fréquents puissent en eux-mêmes être de nature à induire un effet cariostatique. Bien que du fluor ait été inclus dans la formule de certaines pâtes prophylactiques pour donner une meilleure résistance chimique aux dents pendant le nettoyage, il n'existe aucune preuve clinique permettant de dire que son application sporadique (une ou deux fois par an) ait un impact significatif sur la carie. Il convient toutefois de faire une exception puisqu'aucune des pâtes prophylactiques contenant du fluor et commercialisées aux Etats-Unis n'a fait l'objet d'un essai d'efficacité clinique dans le cadre d'un programme mettant en oeuvre des applications professionnelles. Signalons cependant une étude dans laquelle une pâte contenant du FPA a été testée et s'est révélée un peu positive,[44] alors que les autres études ne permettaient d'enregistrer aucun effet positif avec cette même pâte.[45,46] De même, les études cliniques concernant l'auto-application de cette pâte ont fourni des résultats contradictoires.[60-62]

Classiquement, l'application topique annuelle ou bi-annuelle de fluor par les professionnels a toujours été précédée par un nettoyage prophylactique. Des pâtes, contenant ou non du fluor, étaient utilisées pour cela. Aucun type de pâte, évalué par des essais cliniques contrôlés, n'est en mesure d'ajouter un bénéfice quelconque à l'application topique de fluor. Il n'est donc pas judicieux de continuer à procéder à un nettoyage prophylactique préalablement à une application topique de fluor par les professionnels.

*La conclusion de ce bilan est que les pâtes prophylactiques ne jouent aucun rôle direct dans la prévention de la carie.* Ce qui ne veut pas dire que les pâtes prophylactiques ne sont d'aucun intérêt puisqu'elles ont une fonction esthétique en éliminant les colorations dentaires extrinsèques et sont en outre des agents importants pour la méthodologie préventive de la gingivite et des parodontopathies.[106] Les résultats de toutes ces études concernant l'effet cariostatique des pâtes prophylactiques contenant du fluor qu'elles soient auto-administrées ou appliquées par des professionnels vont dans le sens de la Food and Drug Administration des Etats-Unis qui a toujours refusé de reconnaître tout caractère thérapeutique aux pâtes prophylactiques contenant du fluor quelles qu'elles soient et permettent de comprendre pourquoi ces pâtes ne figurent pas sur la liste des agents thérapeutiques homologués par l'ADA.[107]

Etant donné le manque de preuve permettant d'affirmer l'effet cariostatique des pâtes prophylactiques contenant du fluor, leur présence sur le marché peut être mise en question. La réponse à cette question doit aussi tenir compte du fait que le nettoyage mécanique des dents à l'aide de pâtes prophylactiques peut être effectué pour des raisons qui n'ont rien à voir avec la prévention de la carie. Chaque fois que les dents sont polies, une fine couche d'email est abrasée, ce qui entraîne l'élimination du fluor présent à la surface de la dent.[108-111] Bien que cette élimination n'ait jamais été étudiée cliniquement, il est sage de considérer que cette perte du fluor de surface n'est pas souhaitable. Les pâtes prophylactiques contenant du fluor pourraient restituer le fluor éliminé au cours du polissage.[51] La présence de fluor dans ces pâtes ne présente aucun danger et peut même être de quelque utilité, c'est un sentiment qui a déjà été exprimé par d'autres.[48,112] Les ingrédients qui entrent dans la composition des pâtes prophylactiques peuvent limiter la disponibilité du fluor,[52] il est donc impératif de procéder à des tests de bio-disponibilité pour chaque pâte contenant du fluor. Si cette bio-disponibilité peut être établie, alors et seulement dans ce cas, la présence de fluor dans cette pâte peut être justifiée.

**REFERENCES**

1. Mellberg, J. R. : The relative abrasivity of dental prophylaxis pastes and abrasives on enamel and dentin. Clin. Prev. Dent., 6 : 13-18, 1979.
2. Lindhe, J., Axelsson, P. : The effect of controlled oral hygiene and topical fluoride applications on caries and gingivitis in Swedish school children. Community Dent. Oral. Epidemiol., 1 : 9-16, 1973.
3. Axelsson, P., Lindhe, J. : The effect of a preventive programme on dental plaque, gingivitis, and caries in school children. Results after one and two years. J. Clin. Periodontol., 1 : 126-138, 1974.
4. Lindhe, J., Axelsson, P., Tollskog, G. : Effect of proper oral hygiene on gingivitis and dental caries in Swedish school children. Community Dent. Oral Epidemiol., 3 : 150-155, 1975.
5. Axelsson, P., Lindhe, J. : The effect of a plaque control program on gingivitis and dental caries in school children. J. Dent. Res., 56 : C142-C148, 1977.
6. Axelsson, P., Lindhe, J., Waseby, J. : The effect of various plaque control measures on gingivitis and caries in school children. Community Dent. Oral Epidemiol., 4 : 232-239, 1976.
7. Axelsson, P., Lindhe, J. : Effect of fluoride on gingivitis and dental caries in a preventive program based on plaque control. Community Dent. Oral Epidemiol., 3 : 156-160, 1975.
8. Axelsson, P., Lindhe, J. : Effect of oral hygiene instruction and professional tooth cleaning on caries and gingivitis in school children. Community Dent. Oral Epidemiol., 9 : 251-255, 1981.
9. Axelsson, P., Lindhe, J. : Effect of controlled oral hygiene procedures on caries and periodontal disease in adults. J. Clin. Periodontol., 5 : 133-151, 1978.
10. Axelsson, P., Lindhe, J. : Effect of controlled oral hygiene procedures on caries and periodontal disease in adults. Results after six years. J. Clin. Periodontol., 8 : 239-248, 1981.
11. Hamp, S.-E., et al. : Effect of a field program based on systematic plaque control of caries and gingivitis in school children after three years. Community Dent. Oral Epidemiol., 6 : 17-23, 1978.

12. Hamp, S.-E., Johansson, L.-A. : Dental prophylaxis for youths in their late teens. I. Clinical effect of different preventive regimes on oral hygiene, gingivitis, and dental caries. J. Clin. Periodontol., 9 : 22–34, 1982.
13. Badersten, A., Egelberg, J., Koch, G. : Effect of monthly prophylaxis on caries and gingivitis in school children. Community Dent. Oral Epidemiol., 3 : 1–4, 1975.
14. Klock, B., Krasse, B. : Effect of caries-preventive measures in children with high numbers of S. mutans and lactobacilli. Scand. J. Dent. Res., 86 : 221–230, 1978.
15. Poulsen, S., et al. : The effect of professional toothcleansing on gingivitis and dental caries in children after one year. Community Dent. Oral Epidemiol., 4 : 195–199, 1976.
16. Agerbaek, N., Poulsen, S., Melsen, B., Glavind, L. : Effect of professional toothcleansing every third week on gingivitis and dental caries in children. Community Dent. Oral Epidemiol., 6 : 40–41, 1978.
17. Kjaerheim, V., von der Fehr, F. R., Poulsen, S. : Two-year study on the effect of professional tooth cleaning on children in Oppegard, Norway. Community Dent. Oral Epidemiol., 8 : 401–406, 1980.
18. Bellini, H. T., Arneberg, P., von der Fehr, F. R. : Oral hygiene and caries: A review. Acta Odontol. Scand., 39 : 257–265, 1981.
19. Vestergaard, V., Moss, A., Pedersen, H. O., Poulsen, S. : The effect of supervised tooth cleansing every second week on dental caries in Danish school children. Acta Odontol. Scand., 36 : 249–252, 1978.
20. Gisselsson, H., Bjorn, A.-L., Birkhed, D. : Immediate and prolonged effect of individual preventive measures in caries and gingivitis susceptible children. Swed. Dent. J., 7 : 13–21, 1983.
21. Ashley, F. P., Sainsbury, R. H. : The effect of a school-based plaque control programme on caries and gingivitis. Br. Dent. J., 150 : 41–45, 1981.
22. Craig, E. W., Suckling, G. W., Pearce, E. I. F. : The effect of a preventive programme on dental plaque and caries in school children. N. Z. Dent. J., 77 : 89–93, 1981.
23. Zickert, I., Lindvall, A.-M., Axelsson, P. : Effect on caries and gingivitis of a preventive program based on oral hygiene measures and fluoride application. Community Dent. Oral Epidemiol., 10 : 289–295, 1982.
24. Ashley, F. P., Sainsbury, R. H. : Post-study effects of a school-based plaque control programme. Br. Dent. J., 153 : 337–338, 1982.
25. Fejerskov, O., Antoft, P., Gadegaard, E. : Decrease in caries experience in Danish children and young adults in the 1970s. J. Dent. Res., 61 : 1305–1310, 1982.
26. von der Fehr, R. F. : Evidence of decreasing caries prevalence in Norway. J. Dent. Res., 6 : 1331–1335, 1982.
27. Koch, G. : Evidence for declining caries prevalence in Sweden. J. Dent. Res., 61 : 1340–1345, 1982.
28. Bagramian, R. A. : Oral hygiene procedures and pit and fissure sealants. In The Relative Efficiency of Methods of Caries Prevention in Dental Public Health, ed. B. A. Burt. Ann Arbor, The University of Michigan Press, 1978, pp. 123–151.
29. Bibby, B. G. : Do we tell the truth about preventing caries? J. Dent. Child., 33 : 269–279, 1966.
30. Ripa, L. W., Barenie, J. T., Leske, G. S. : The effect of professionally administered biannual prophylaxes on the oral hygiene, gingival health, and caries scores of school children. J. Prev. Dent., 3 : 22–26, 1976.
31. Bibby, B. G., Zander, H. A., McKelleget, M., Labunsky, B. : Preliminary reports on the effect on dental caries of the use of sodium fluoride in a prophylactic cleaning mixture and in a mouthwash. J. Dent. Res., 25 : 207–211, 1946.
32. Bibby, B. G. : Fluoride mouthwashes, fluoride dentifrices and other uses of fluorides in control of caries. J. Dent. Res., 27 : 367–373, 1948.
33. Melberg, J. R., Nicholson, C. R. : In vitro evaluation of an acidulated phosphate fluoride prophylaxis paste, Arch. Oral. Biol., 13 : 1223–1234, 1968.
34. Peterson, J. K., Jordan, W. A., Snyder, J. R. : Effectiveness of stannous fluoride-silex-silicone prophylaxis paste. Northwest. Dent., 42 : 276–278, 1963.
35. Scola, F. P., Ostrom, C. A. : Clinical evaluation of stannous fluoride when used as a constituent of a compatible prophylactic paste, as a topical solution, and in a dentifrice in naval personnel. I. Report of findings after first year. J. Am. Dent. Assoc., 73 : 1306–1311, 1966.
36. Scola, F. P., Ostrom, C. A. : Clinical evaluation of stannous fluoride when used as a constituent of a compatible prophylactic paste, as a topical solution, and in a dentifrice in naval personnel. II. Report of findings after two years. J. Am. Dent. Assoc., 77 : 594–597, 1968.

37. Bixler, D., and Muhler, J. C.: Effect on dental caries in children in a nonfluoride area of combined use of three agents containing stannous fluoride: A prophylactic paste, a solution, and a dentifrice. J. Am. Dent. Assoc., 68: 792–800, 1964.
38. Bixler, D., Muhler, J. C.: Effect on dental caries in children in a nonfluoride area of combined use of three agents containing stannous fluoride: A prophylactic paste, a solution, and a dentifrice. II. Results at the end of 24 and 36 months. J. Am. Dent. Assoc., 72: 392–396, 1966.
39. Gish, C. W., Muhler, J. C.: Effect on dental caries in children in a natural fluoride area of combined use of three agents containing stannous fluoride: A prophylactic paste, a solution, and a dentifrice. J. Am. Dent. Assoc., 70: 914–920, 1965.
40. Horowitz, H. S., Lucye, H.: A clinical study of stannous fluoride in a prophylaxis paste and a solution. J. Oral Ther., 3: 17–25, 1966.
41. Peterson, J. K., Horowitz, H. S., Jordan, W. A., Pugnier, V.: Effectiveness of an acidulated phosphate fluoride-pumice prophylactic paste: A two-year report. J. Dent. Res., 48: 346–350, 1969.
42. Szwejda, L. F.: Fluorides in community programs: Results after four years of study of various agents topically applied by two technics. J. Public Health Dent., 31: 166–176, 1971.
43. Szwejda, L. F.: Fluorides in community programs: A study for four years of the cariostatic effects of prophylactic pastes, rinses, and applications of various fluorides. J. Public Health Dent., 32: 110–118, 1972.
44. DePaola, P. F., Mellberg, J. R.: Caries experience and fluoride uptake in children receiving semiannual prophylaxes with an acidulated phosphate fluoride paste. J. Am. Dent. Assoc., 87: 155–159, 1973.
45. Barenie, J. T., et al.: Effect of professionally applied biannual applications of phosphate-fluoride prophylaxis paste on dental caries and fluoride uptake: Results after two years. J. Dent. Child., 43: 340–344, 1976.
46. Schutze, H. J., Jr., Forrester, D. J., Balis, S. B.: Evaluation of a fluoride prophylaxis paste in a fluoridated community. Can Dent. Assoc. J., 40: 675–683, 1974.
47. Peterson, J. K., Horowitz, H. S., Jordan, W. A., Pugnier, V.: Effectiveness of acidulated phosphate fluoride and stannous zirconium hexafluoride in prophylactic pastes. IADR Programs and Abstracts of Papers, Abstract No. 277, March, 1967, p. 106.
48. Beiswanger, B. B., Mercer, V. H., Billings, R. J., Stookey, G. K.: A clinical evaluation of a stannous fluoride prophylactic paste and topical solution. J. Dent. Res., 59: 1386–1391, 1980.
49. Heifetz, S. B., Mellberg, J. R., Winter, S. J., Doyle, J.: In vivo fluoride uptake by enamel of teeth of human adults from various topical fluoride procedures. Arch. Oral Biol., 15: 1171–1181, 1970.
50. Mellberg, J. R., Nicholson, C. R., Trubman, A.: The acquisition of fluoride by tooth enamel invivo from self-applied APF gel and prophylaxis paste. Caries Res., 7: 173–178, 1973.
51. Mellberg, J. R., Nicholson, C. R., Ripa, L. W., Barenie, J. T.: Fluoride deposition in human enamel in vivo from professionally applied fluoride prophylaxis paste. J. Dent. Res., 55: 976–979, 1976.
52. Mellberg, J. R.: Chemistry of topical fluoride treatment. In Fluoride in Preventive Dentistry: Theory and Clinical Applications ed. J. R. Mellberg, L. W. Ripa. Chicago, Quintessence Publishing Company, Inc., 1983, pp. 151–179.
53. Woods, R., Martin, N. D., Barnard, P. D.: A community dental health project. I. Self-applied $SnF_2$-$ZrSio_4$ prophylactic paste and dental caries in primary school children. Aust. Dent. J., 21: 205–210, 1976.
54. Muhler, J. C., et al.: The clinical evaluation of a patient-administered $SnF_2$-$ZrSio_4$ prophylactic paste in children. I. Results after one year in the Virgin Islands. J. Am. Dent. Assoc., 81: 142–145, 1970.
55. Fleming, W. J., Burgess, R. C., Lewis, D. W.: Effect on caries of self-application of a zirconium silicate paste containing 9 percent stannous fluoride. Community Dent. Oral Epidemiol., 4: 142–148, 1976.
56. Horowitz, H. S., Bixler, D.: The effect of self-applied $SnF_2$-$ZrSiO_4$ prophylactic paste on dental caries: Santa Clara County, California. J. Am. Dent. Assoc., 92: 369–373, 1976.
57. Gish, C. W., Mercer, V. H., Stookey, G. K., Dahl, L. O.: Self-application of fluoride as a community preventive measure: Rationale, procedures, and three-year results. J. Am. Dent. Assoc., 90: 388–397, 1975.

58. Woodhouse, A. D. : A longitudinal study of the effectiveness of self-applied 10 percent stannous fluoride paste for secondary school children. Aust. Dent. J., 23 : 422–428, 1978.
59. Muhler, J. C. : A clinical evaluation of the dental caries experience in children receiving a self-applied stannous fluoride-alkali aluminium silicate prophylactic paste during a twelve-month study period. J. Dent. Child. 43 : 345–346, 1976.
60. Mellberg, J. R., Peterson, J. K., Nicholson, C. R. : Fluoride uptake and caries inhibition from self-application of an acidulated phosphate fluoride prophylaxis paste. Caries Res., 8 : 52–60, 1974.
61. Long, J. G. : Self-applied fluoride paste : Effect on dental caries. J. Public Health Dent., 32 : 161–164, 1972.
62. Trubman, A., Crellin, J. A. : Effect on dental caries of self-application of acidulated phosphate fluoride paste and gel. J. Am. Dent. Assoc., 86 : 153–157, 1973.
63. Ringleberg, M. L., Conti, A. J., Webster, D. B. : An evaluation of single and combined self-applied fluoride programs in schools. J. Public Health Dent., 36 : 229–236, 1976.
64. Gray, A. S., Gunther, D. M., Munns, P. M. : Fluoride paste and rinse in a school dental program. Can. Dent. Assoc. J., 46 : 651–654, 1980.
65. Gunz, G. M. : The effect of self-applied fluoride paste. J. Public Health Dent., 31 : 177–181, 1971.
66. Lang, L. A., Thomas, H. G., Taylor, J. A., Rothaar, R. E. : Clinical efficacy of a self-applied stannous fluoride prophylactic paste. J. Dent. Child., 37 : 211–216, 1970.
67. Muhler, J. C. : Mass treatment of children with a stannous fluoride-zirconium silicate self-administered prophylactic paste for partial control of dental caries. J. Am. Coll. Dent., 35 : 45–47, 1968.
68. Kelley, G. E. : Mass self-administered stannous fluoride prophylactic paste. Can. J. Public Health, 61 : 226–231, 1970.
69. Muhler, J. C. : The clinical demonstration of the mass treatment of children with the $SnF_2$-$ZrSiO_4$ prophylactic paste. Initial observations concerning conduct of the study. J. Indiana Dent. Assoc., 47 : 428–431, 1968.
70. Mercer, V. H., Gish, C. W. : The self-administered stannous fluoride treatment paste for caries prevention in a community. J. Indiana Dent. Assoc., 47 : 432–434, 1968.
71. Schimmele, R. G. : A suggested method for mass application of self-administered prophylactic paste using student auxiliary personnel. J. Indiana Dent. Assoc., 47 : 435–436, 1968.
72. Kelly, G. E. : The Bloomington 'brush-in'. A new experience in dental caries prevention for mass treatment. J. Indiana Dent. Assoc., 48 : 72–75, 1969.
73. Hoffman, E. : Operation 'brush-in'. J. S. Calif. Dent. Hyg. Assoc., 12 : 14–15, 1970.
74. Foster, M. J. : Let's have a brush-in. J. Texas Dent. Hyg. Assoc., 7 : 19, 1970.
75. Story, F. B. : North Carolina's first brush-in. J. NC Dent. Soc., 53 : 15–17, 1970.
76. Smith, C. E. : 'Brush-in' : Self-applied topical fluorides. Ohio Dent. J., 44 : 188–190, 1970.
77. Praven, J. R. : A 'brush-in' with the self-administered stannous fluoride treatment paste. Texas Dent. J., 9 : 10, 1973.
78. Anonyme : Preventive dentistry in the United States Navy. The three-agent program. J. Am. Dent. Assoc. 83 : 994–995, 1971.
79. Horowitz, A. M., Horowitz, H. S. : School-based fluoride programs : A critique. J. Prev. Dent., 6 : 89–94, 1980.
80. Downer, M. C., Holloway, P. J., Davies, T. G. H. : Clinical testing of a topical fluoride caries preventive programme. Br. Dent. J., 141 : 242–250, 1976.
81. Muhler, J. C., Spear, L. B., Jr., Bixler, D., Stookey, G. K. : The arrestment of incipient dental caries in adults after the use of three different forms of $SnF_2$ therapy : Results after 30 months. J. Am. Dent. Assoc., 75 : 1402–1406, 1967.
82. Knutson, J. W., Armstrong, W. D. : The effect of topically applied sodium fluoride on dental caries experience III. Report of findings for the third study year. Pub. Health Rep., 61 : 1683–1689, 1946.
83. Knutson, J. W., Armstrong, W. D., Feldman, V.D. : The effect of topical applied sodium fluoride on dental caries experience IV. Report of findings with two, four, and six applications. Pub. Health Rep., 62 : 425–430, 1947.
84. Knutson, J. W. : Sodium fluoride solutions: Technic for application to the teeth. J. Am. Dent. Assoc., 36 : 37–39, 1948.
85. Horowitz, H. S., Heifetz, S. B. : The current status of topical fluorides in preventive dentistry. J. Am. Dent. Assoc., 81 : 166–177, 1970.

86. Stookey, G. K., Katz, S. : Chairside procedures for using fluorides for preventing dental caries. Dent. Clin. North Am., *16* : 681–692, 1972.
87. Chrietzberg, J. E. : Toothbrushing as a substitute for quick cleansing in the topical fluoride treatment. J. Am. Dent. Assoc., *42* : 435–438, 1951.
88. Cobb, H. B., Rozier, R. G., Bawden, J. W. : A clinical study of the caries preventive effects of an APF solution and an APF thixotropic gel. Pediatr. Dent., *2* : 263–266, 1980.
89. Shern, R. J., Duany, L. F., Senning, R. S., Zinner, D. D. : Clinical study of an amine fluoride gel and acidulated phosphate fluoride gel. Community Dent. Oral Epidemiol., *4* : 133–136, 1976.
90. Hass, R. L. : Effectiveness of a single application of stannous fluoride after toothbrushing. J. Am. Dent. Assoc., *71* : 1391–1395, 1965.
91. Steele, R. C., Waltner, A. W., Bawden, J. W. : The effect of tooth cleaning procedures on fluoride uptake in enamel. Pediatr. Dent., *4* : 228–233, 1982.
92. Tinanoff, N., Wei, S. H. Y., Parkins, F. M. : Effect of a pumice prophylaxis on fluoride uptake in tooth enamel. J. Am. Dent. Assoc., *88* : 384–389, 1974.
93. Seppa, L. : Effect of dental plaque on fluoride uptake by enamel from a sodium fluoride varnish in vivo. Caries Res., *17* : 71–75, 1983.
94. Bruun, C., Stoltze, K. : In vivo uptake of fluoride by surface enamel of cleaned and plaque-covered teeth. Scand. J. Dent. Res., *84* : 268–275, 1976.
95. Joyston-Bechal, S., Duckworth, R., Braden, M. : The effect of artificially produced pellicle and plaque on the uptake of $^{18}F$ by human enamel in vitro. Arch. Oral Biol., *21* : 73–78, 1976.
96. Klimek, J., Hellwig, E., Ahrens, G. : Fluoride taken up by plaque, by the underlying enamel, and by clean enamel from three fluoride compounds in vitro. Caries Res., *16* : 156–161, 1982.
97. Tinanoff, N., Wei, S. H. Y., Parkins, F. M. : Effect of the acquired pellicle on fluoride uptake in tooth enamel in vitro. Caries Res., *9* : 224–230, 1975.
98. Ripa, L. W. : Need for prior toothcleaning when performing a professional topical fluoride application. Review and recommendations for change. J. Am. Dent. Assoc., *109* : 281–285, 1984.
99. Charlton, G., Blainey, B., Schamschula, R. G. : Associations between dental plaque and fluoride in human surface enamel. Arch. Oral Biol., *19* : 139–143, 1974.
100. McNee, S. G., Geddes, D. A. M., Main, C., Gillespie, F. C. : Measurements of the diffusion coefficient of NaF in human dental plaque in vitro. Arch. Oral Biol., *25* : 819–823, 1980.
101. Turtola, L. O. : Enamel microhardness and fluoride uptake underneath fermenting and nonfermenting artificial plaque. Scand. J. Dent. Res., *85* : 373–379, 1977.
102. Ripa, L. W., Leske, G. S., Sposato, A., Varma, A. : Effect of prior toothcleaning on biannual professional APF topical fluoride gel-tray treatments : Results after two years. Clin. Prevent. Dent., *5* : 3–7, 1983.
103. Ripa, L. W., Leske, G. S., Sposato, A., Varma, A. : Effect of prior toothcleaning on biannual professional APF topical fluoride gel-tray treatments : Results after three years. Caries Res. (in press).
104. Houpt, M., Koenigsberg, S., Shey, Z. : The effect of prior toothcleaning on the efficacy of topical fluoride treatment : Two-year results. Clin. Prevent. Dent., *5* : 8–10, 1983.
105. Katz, R. V., Meskin, L. H., Hensen, M. E., Keller, D. : Topical fluoride and prophylaxis : A 30-month clinical trial. J. Dent. Res., *63* : 256 (Abstract 771), 1984.
106. Report of the Working Group on Preventive Dental Services : Preventive dental services : Practices, guidelines, and recommendations. Canada, Minister of Supply and Services, 1980, pp. 85–102.
107. Council on Dental Therapeutics and Council on Dental Materials, Instruments, and Equipment : Clinical products in dentistry. A desktop reference. J. Am. Dent. Assoc., *107* : 857–892, 1983.
108. Biller, I. R., Hunter, E. L., Featherstone, M. G., Silverstone, L. M. : Enamel loss during a prophylaxis polish in vitro. J. Int. Assoc. Dent. Child., *11* : 7–12, 1980.
109. Stookey, G. K. : In vitro estimates of enamel and dentin abrasion associated with a prophylaxis. J. Dent. Res., *57* : 36, 1978.
110. Vrbic, V., Brudevold, F., and McCann, H. G. : Acquisition of fluoride by enamel from fluoride pumice pastes. Helv. Odontol. Acta, *11* : 21–26, 1967.
111. Zuniga, M. A., and Caldwell, R. C. : The effect of fluoride-containing prophylaxis pastes on normal and 'white spot' enamel. J. Dent. Child., *36* : 345–349, 1969.
112. Report of the Working Group on Preventive Dental Services : Preventive dental services : Practices, guidelines, and recommendations. Canada. Minister of Supply and Services, 1980, p. 201.

# Section II

CAPITAINE J. MICHAEL ALLEN, MODÉRATEUR

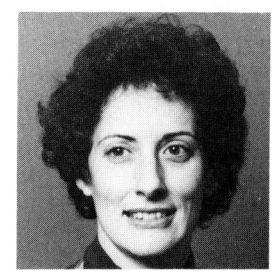

# Chapitre 5
## *Les additifs fluorés et les sources alimentaires de fluor*

### Katherine KULA et Stephen H. Y. WEI

Les additifs fluorés sont, sans aucun doute, à l'origine d'une réduction certaine des caries chez les enfants vivant dans des zones dites à fluoration sous optimale. Bien que le mode d'action topique des additifs fluorés reste mal compris, les comprimés de fluor devraient demeurer dans la bouche le plus longtemps possible avant d'être déglutis afin d'obtenir une haute concentration en fluor dans la salive. Nous savons que l'effet préventif de la carie que l'on constate sur les dents qui ont fait leur éruption au tout début de la prise d'additifs semble décroître dès que cette prise d'additifs est interrompue, il semble donc nécessaire de prescrire du fluor topique après cette interruption.

Actuellement, le tableau de la prescription d'additifs fluorés homologués par l'Association Dentaire Américaine (ADA), préconise d'ajuster la dose de fluor pour les enfants de la naissance jusqu'à 2 ans à 0,25/mg F/jour pour éviter la fluorose. Les études sur l'animal montrent que la fluorose est en rapport avec la dose par kilogramme de poids, bien que la fluorose puisse être aussi associée aux taux de fluor plasmatique élevés et prolongés que l'on observe dans les zones où le fluor est présent à des concentrations plus élevées que la concentration optimale.

Les techniques de l'industrie alimentaire peuvent également être à l'origine de l'introduction de grandes quantités de fluor dans les produits alimentaires pour enfants. La variabilité de l'alimentation, et la disponibilité du fluor à partir de cette alimentation, doit aussi être prise en considération. Les enfants nourris exclusivement avec le lait maternel et vivant dans des zones où l'eau est optimalement fluorée reçoivent de faibles doses de fluor à partir de ce lait. Cependant, l'emploi limité dans le temps d'additifs fluorés ne procure à ces enfants qu'un effet limité en terme de prévention de la carie.

Pendant la grossesse, le placenta humain étant perméable au fluor, la concentration de fluor dans les os et les dents du foetus augmente avec l'âge du foetus. Les concentrations en fluor du sang foetal sont à peu près égales aux concentrations stabilisées de la mère. Toutefois, les augmentations passagères et brutales de la concentration en fluor dans le sang maternel ne se répercutent pas de façon proportionnelle dans le sang foetal. Les résultats des études cliniques concernant l'effet du fluor avant la naissance, demeurent équivoques.

Une diminution significative de l'incidence carieuse peut être obtenue à partir d'une fluoration optimale de l'eau de boisson.[1] Des millions de personnes vivant aux Etats-Unis ou dans d'autres pays, n'ont cependant pas accès à de l'eau de boisson adéquatement fluorée soit par manque d'un dispositif centralisé de distribution des eaux ou bien encore de par la décision prise de ne pas fluorer l'eau. De nombreux essais cliniques ont prouvé que l'emploi post-natal d'additifs fluorés constitue une méthode alternative pour diminuer la carie chez les enfants qui vivent dans des zones où la fluoration est sous-optimale.[2] L'usage prénatal d'additifs fluorés a également été préconisé pour induire le plus tôt possible une prévention de la carie.[3-6]

Le but de ce développement est de passer en revue et de discuter les aspects suivants :

(1) Les additifs fluorés actuellement disponibles sur le marché et le tableau chronologique de leur emploi.
(2) Le besoin en additifs fluoro-vitaminés et les effets topiques de ces suppléments.
(3) L'emploi d'additifs au cours de l'allaitement maternel et le fluor total d'origine alimentaire.
(4) Les bases qui fondent l'emploi d'additifs fluorés avant la naissance.
(5) L'efficacité des additifs fluorés après la naissance.

### Les produits disponibles sur le marché

Une grande variété d'additifs fluorés (F) est disponible sur le marché (Tableaux 5-1 et 5-2). Pour les nourrissons, les jeunes enfants et les sujets qui ont des difficultés à manipuler les comprimés, les additifs sous forme liquide sont préférables. Des additifs liquides sous forme de gouttes et sans vitamine sont aussi proposés aux concentrations suivantes : 0,125 mg F/goutte, 0,25 mg F/goutte et 0,5 mg F/goutte ; les additifs sous forme liquide et sans vitamine sont quant à eux proposés aux concentrations suivantes : 0,25 mg F/ml, 0,5 mg F/0,6 ml et 0,5 mg F/ml. Des additifs en comprimés non vitaminés sont également disponibles pour les sujets plus âgés aux concentrations suivantes : 0,25 mg F, 0,5 mg F ou 1 mg F. Le comprimé à 1 mg F est, soit à base de fluorure de sodium neutre (NaF), soit à base de fluoro-phosphate acidulé (FPA). Les comprimés vitaminés sont seulement proposés aux concentrations de 0,5 mg F ou de 1 mg F. Des bains de bouche de FPA à pH 4, ont été mis au point de telle sorte que le barbotage dans la cavité buccale d'une quantité équivalente à 5-ml exerce un effet topique et que sa déglutition corresponde à 1 mg de F pour une action systémique.

Certains additifs contiennent en outre des agents arômatiques, des colorants, et de petites quantités d'alcool. Du saccharose, du dextrose, du mannitol, de la glycérine et de la saccharine sont ajoutés en quantité variable aux préparations pédiatriques fluoro-vitaminées (les comprimés de Vi-Daylin contiennent 250 mg de saccharose/comprimé ; les comprimés de Poly-Vi-Flor, 225 mg de saccharose/comprimé et 225 mg de dextrose/comprimé ; les gouttes poly-vitaminées de Vi-Penta-F, 687,5 mg de glycérine/ml et 3 mg de saccharine/ml).[7] De nombreux produits sont proposés sans sucre, sans saccharine ou sans colorants pour les enfants dont les parents exigent de telles formules. La nécessité d'incorporer des agents arômatiques aux additifs fluorés est discutable puisque la stimulation salivaire consécutive à l'emploi de comprimés arômatisés a été mise en cause pour expliquer les faibles concentrations de fluor dans la salive.[8,9] L'influence sur l'effet cariostatique demeure cependant totalement inconnue.

Toutes les préparations fluoro-vitaminées contiennent de la vitamine A, D, et C dont la quantité peut varier d'un produit à l'autre. Certains additifs fluoro-vitaminés peuvent contenir aussi des associations de vitamine E, $B_1$, $B_3$, $B_5$, $B_6$, $B_{12}$ et/ou du fer.

La multiplicité des formules prête à confusion lorsqu'on est amené à rédiger une prescription générique. Ces prescriptions génériques sont souvent mal rédigées parce

**Tableau 5-1.** Les additifs fluorés disponibles sous forme liquide associés ou non à des vitamines. Basé sur des informations provenant de *Facts and comparisons*, *Physicians' desk reference* et *Accepted dental therapeutics*.

| Forme | Dose | Marque | Firme | Quantité |
|---|---|---|---|---|
| Gouttes[a] | 0,125 mg F/goutte (0,275 mg NaF/goutte) | Karidium[d] | Lorvic | 30/60 ml |
| | | Luride[d] | Hoyt | 30 ml |
| | 0,25 mg F/goutte (0,55 mg NaF/goutte) | Fluoritab | Fluoritab | 19 ml |
| | | Flura Drops[d] | Kirkman | 24 ml |
| | | Pediaflor | Ross | 50 ml |
| | 0,5 mg F/ml (1,1 mg NaF/ml) | Pediaflor | Ross | 50 ml |
| Gouttes vitaminées | 0,25 mg /ml (0,55 mg NaF/ml) | Abdec with Fluoride Baby Vitamin | Parke-Davis | 50 ml |
| | | Poly-Vit Fluoride | Rugby | 50 ml |
| | | Poly-Vi-Flor 0,25 mg | Mead Johnson | 50 ml |
| | | Tri-Vi-Flor 0,25 mg | Mead Johnson | 50 ml |
| | | Tri-Vi-Flor 0,25 with iron | Mead Johnson | 50 ml |
| | | Vi-Daylin F[b] | Ross | 50 ml |
| | | Vi-Daylin F[c] Iron | Ross | 50 ml |
| | | Vi-Daylin/F ADC | Ross | 50 ml |
| | | Vi-Daylin/F ADC + iron | Ross | 50 ml |
| | 0,5 mg F/0,6 ml (1,1 mg NaF/0,6 ml) | Adeflor | Upjohn | 30 ml/150 ml |
| | | Vi-Penta F Infant | Roche | 30 ml |
| | | Vi-Penta F Multivitamin | Roche | 30 ml |
| | 0,5 mg/ml (1,1 mg NaF/ml | Dentavite | Reid-Provident | 50 ml |
| | | Florvite Pediatric | Everett Labs | 50 ml |
| | | Florvite + Iron Pediatric | Everett Labs | 50 ml |
| | | Ped-Vite with fluoride | Three P | 50 ml |
| | | Polysorbin F | Reid-Provident | 50 ml |
| | | Poly-Vi-Flor 0,5 mg | Mead Johnson | 30 ml/50 ml |
| | | Poly-Vi-Flor with iron | Mead Johnson | 50 ml |
| | | Polyvite with fluoride | Geneva Generics | 50 ml |
| | | Tri-Bay-Flor | Bay | 50 ml |
| | | Trisorbin F | Reid-Provident | 50 ml |
| | | Tri-Vi-Flor 0,5 mg | Mead Johnson | 30 ml/50 ml |
| Bain de bouche | 0,2% F 1 mg F/5 ml FPA | Phos-Flur[d] | Hoyt | 250/500 ml |
| | | NaF Rinse Acidulated | Orachem | 500 ml |
| | | Oral Rinse and Systemic[d] | Pharm. | |

[a] La dose de fluor ionique est mentionnée en premier. Le dosage du composé fluoré est mentionné entre ( ).
[b] Sans sucre ni saccharine
[c] Sans colorant
[d] Homologué par l'ADA

que les praticiens ne connaissent pas la quantité équivalente de fluorure de sodium nécessaire pour obtenir la quantité de fluor souhaitée. Des ordonnances pré-rédigées sont fournies par une firme pharmaceutique et sont souvent utilisées pour faciliter la prescription.

**Tableau 5-2.** Les additifs fluorés disponibles en comprimés associés ou non avec des vitamines. Basé sur des informations provenan de *Facts and comparisons, Physicians' desk reference* et *Accepted dental therapeutics.*

| Forme | Dose | Marque | Firme | Quantité |
|---|---|---|---|---|
| Comprimés | [a]0,25 mg F (0,55 mg NaF) | Luride 0,25 Lozi-Tabs[b,d] | Hoyt | 120 |
| | 0,5 mg F (1,1 mg NaF) | Luride 0,5 Lozi-Tabs[b,d] | Hoyt | 120/1200 |
| | 1 mg F (2,2 mg NaF) | Fluorineed | Hanlon | 100/1000 |
| | | Fluoritab[d] | Fluoritab | 100 |
| | | Flura[c,d] | Kirkman | 100 |
| | | Flura-Loz[c,d] | Kirkman | 100 |
| | | Karidium[d] | Lorvic | 180/1000 |
| | | Luride Lozi-Tabs[b,d] | Hoyt | 120/1000 |
| | | Luride-SF Lozi-Tabs[b,c,d] | Hoyt | 120 |
| | (1 mg FPA) | Phos-Flur[d] | Hoyt | 120/500 |
| Comprimés vitaminés | 0,5 mg F (1,1 mg NaF) | Adeflor Chewable 0,5 mg | Upjohn | 100/500 |
| | | Caritab Softab | Stuart | 100 |
| | | Poly-Vi-Flor Chewable 0,5 | Mead Johnson | 100 |
| | 1 mg F (2,2 mg NaF) | Adeflor Chewable 1 mg | Upjohn | 100/500 |
| | | Dentavite Chewable | Reid-Provident | 100 |
| | | Florvite | Everett | 100/1000 |
| | | Flura-Vite avec fluor | Kirkman | 100 |
| | | Mulvidren-F Softab | Stuart | 100 |
| | | Poly-Vi-Flor Chewable | Mead Johnson | 100/1000 |
| | | Poly-Vi-Flor avec fer | Mead Johnson | 100/1000 |
| | | Tri-Vi-Flor | Mead Johnson | 100/1000 |
| | | Vi-Daylin Chewable | Ross | 100 |
| | | Vi-Penta F Chewable | Roche | 100 |
| | | Vita-Flor | Rugby | 100/1000 |
| | | Vi-Daylin/F et Iron Chewable | Ross | 100 |

[a]La dose de fluor ionique est mentionnée en premier. Le dosage du composé fluoré est mentionné entre ( ).
[b]Sans sucre ni saccharine
[c]Sans colorant
[d]Homologué par l'ADA

Quand on prescrit un additif, son coût devrait être pris en considération. Les comprimés de fluorure de sodium, quelles qu'en soient les concentrations (0,25, 0,5, et 1 mg F/comprimé), provenant de la même firme sont vendus à peu près au même prix. C'est pourquoi, lorsqu'un enfant, en raison de son âge, est justiciable d'une plus forte concentration de fluor, il est bon de prescrire des comprimés à plus forte concentration plutôt que d'augmenter le nombre de comprimés à prendre. Si l'on ne procède pas ainsi, le coût pour les parents est d'environ le double.

Le choix entre des comprimés de FPA et des comprimés de fluorure de sodium neutre peut se faire en fonction de leur disponibilité en pharmacie. Bien qu'initialement le prix des fabricants pour les comprimés de FPA ait été au moins deux fois plus élevé que pour les comprimés de fluor neutre, les prix pratiqués maintenant par les fabricants pour les comprimés de FPA sont quelque peu inférieurs à ceux pratiqués pour les comprimés de fluor neutre. Les effets cariostatiques des comprimés de FPA sont identiques à ceux obtenus avec les comprimés de fluor neutre,[2] bien que l'on note une diminution significative de la concentration en fluor de la salive consécutive à l'emploi de comprimés de FPA comparativement à la concentration de fluor dans la salive après la prise de comprimés à base de fluor neutre.[10] L'importance de cette diminution de la concentration salivaire reste méconnue puisque l'efficacité clinique demeure la même.

### Additifs fluoro-vitaminés

Les associations fluoro-vitaminées sont aussi efficaces que les additifs ne contenant que du fluor.[11] Si les vitamines se révèlaient nécessaires pour des patients vivant dans les zones dont la concentration en fluor des eaux de boisson apparaissait sous-optimale, un additif combiné faciliterait l'administration et procurerait des avantages certains contre la carie.[2]

Bien que les additifs fluoro-vitaminés aient été recommandés pour palier aux réticences associées à la prise d'additifs fluorés, il n'y a que très peu de justifications pour recommander ces additifs aux patients ordinaires. En 1980, le Comité de la Nutrition de l'Académie Américaine de Pédiatrie[13] a examiné pour les Etats-Unis, les besoins des enfants en compléments vitaminés et minéraux. Il n'est apparu aucune évidence justifiant la prescription régulière de compléments vitaminés ou minéraux aux enfants adéquatement nourris, nés à terme et nourris artificiellement tout comme pour la plupart des enfants nourris au sein et nés à terme. Les enquêtes sur la santé et la nutrition menées sur le plan national[14-16] n'ont fait apparaître qu'une très faible indication d'insuffisance vitaminique ou minérale si ce n'est pour le fer. L'absence totale de nourriture est apparue comme étant le seul problème nutritionnel pour les enfants n'ayant pas atteint l'âge scolaire et issus de milieux socio-économiques très défavorisés.

Les additifs poly-vitaminés sont cependant indiqués dans certaines situations, à savoir :

(1) Les enfants ou les adolescents de familles démunies et qui n'ont pas reçu une alimentation adéquate ou qui ont pâti de la négligence ou de sévices parentaux;
(2) Les enfants ou les adolescents anoréxiques ou ceux à petit appétit ou à l'appétit capricieux ou ayant de mauvaises habitudes alimentaires;
(3) Les enfants mis au régime pour cause d'obésité;
(4) Les enfants et les adolescents qui suivent un régime végétarien sans produits laitiers;
(5) Dans certains cas précis d'enfants nourris au sein par des mères malnutries et présentant des insuffisances nutritionnelles.

### Les effets topiques

L'emploi de bains de bouche ou de comprimés fluorés à sucer permettent d'obtenir, par action topique, des effets significatifs. Une réduction de 20 à 80% des caries sur les dents permanentes en cours d'éruption a été constatée dans le cadre de programmes scolaires au cours desquels il était demandé aux enfants de croquer ou de sucer des comprimés avant de les avaler.[17-19] Il convient d'opposer à ces résultats l'absence totale de réduction carieuse observée dans une étude au cours de laquelle il avait été demandé aux enfants d'avaler directement les comprimés.[20] Des effets topiques sont également observés sur les dents temporaires.[2]

Les patients doivent être informés qu'ils doivent sucer ou laisser dissoudre le comprimé plutôt que de l'avaler directement. Les bains de bouche doivent être vigoureusement agités dans la bouche et forcés dans les espaces inter-dentaires. Lorsqu'un additif à la concentration de 1 mg F est dégluti avant d'être mastiqué ou dissous, l'augmentation de la concentration en fluor dans la salive reste faible (moins de 0,05 ppm de F).[21,22] Par contre, lorsque les comprimés sont broyés et sucés puis déglutis ou laissés dissoudre lentement, les concentrations en fluor dans la salive sont augmentées de façon significative pendant au moins 1 heure (12 à 0,4 ppm de F).[10,23] La concentration en fluor salivaire est plus élevée lorsqu'on laisse fondre lentement les comprimés au lieu de les sucer.[8] Il est utile de recommander aux patients de promener le comprimé en dissolution un peu partout dans la bouche pour que le fluor ne reste pas concentré dans la zone où se trouve le comprimé.[23]

Le mode d'action topique des additifs demeure peu clair. Une augmentation de la concentration en fluor de la couche externe de l'émail de dents sur l'arcade peut être considérée comme étant un mécanisme cariostatique pour les dents ayant fait leur éruption.

A cet égard, cependant, les résultats des études demeurent contradictoires. Mellberg et coll.[24] ont observé des différences statistiquement significatives concernant la teneur en fluor des 5 premiers $\mu$m de la couche externe de l'émail chez des enfants ayant reçu des comprimés de fluorure de sodium pendant les trois années correspondant à un programme scolaire en comparaison avec le groupe témoin. Ces résultats n'ont pas été confirmés par Shern et coll.[25] chez des écoliers qui avaient reçu des comprimés de FPA pendant trois ans. Des différences significatives relatives à la concentration en fluor de la couche externe de l'émail chez des enfants de 7 à 12 ans qui avaient ingéré des additifs fluorés depuis la naissance ont fait l'objet de publication.[26] La quantité de fluor incorporée après l'éruption reste imprécise. Cependant, dans une étude qui a duré environ 17 mois et qui a suivi l'interruption de la prise de comprimés, Bruun et coll.[27] n'ont observé aucune différence statistiquement significative dans la couche externe de l'émail des prémolaires d'enfants ayant pris des additifs fluorés en comparaison avec les sujets témoins. Les couronnes des prémolaires étaient formées mais les dents restèrent incluses pendant les 3 années que dura l'étude. La prise de comprimés fut discontinuée soit avant ou au moment de l'éruption des dents.

Les compléments fluorés ne semblent pas affecter de façon significative la colonisation des *Streptococcus mutans* sur les surfaces lisses des dents chez des sujets qui avaient ingéré des additifs fluorés depuis la naissance.[28] Cependant, les pourcentages de *S. mutans* présents dans les fissures des premières molaires permanentes de patients ayant ingéré des additifs sont apparus significativement plus élevés que ceux observés chez les sujets témoins.[28] Les effets préventifs contre la carie observés sur les dents permanentes qui étaient en cours d'éruption au début de la prise d'additifs semblent avoir cessé avec l'arrêt de la prise d'additifs fluorés.[29] Les dents qui restent dans leur follicule pendant les années correspondant à la prise d'additifs bénéficient d'effets préventifs significatifs plus longtemps que celles qui ont effectué leur éruption lorsque la prise d'additif a commencé.[26,29] Il semble nécessaire de procéder à des études complémentaires pour déterminer les effets topiques des additifs fluorés et les moyens de prolonger leurs effets.

## Tableau de prescription actuel du complément en fluor

Le tableau actuel quantitatif de prescription du complément en fluor (Tableau 5-3) a été publié en 1979.[30] La posologie dépend de l'âge de l'enfant et de la concentration en fluor de l'eau de boisson à laquelle il a accès. Les estimations correspondant à la prise quotidienne totale de fluor par des enfants âgés de 1 à 12 ans[31] et vivant dans des zones dites fluorées ont servi de base pour déterminer le dosage quotidien.

Tableau 5-3. Posologie des additifs fluorés.

| Âge (années) | Concentration de fluor dans l'eau (ppm) | | |
|---|---|---|---|
| | <0,3 | 0,3-0,7 | >0,7 |
| 0-2 | 0,25 mg F/jour | 0,0 mg F/jour | 0,0 mg F/jour |
| 2-3 | 0,50 | 0,25 | 0,0 |
| 3-13 | 1,00 | 0,50 | 0,0 |

Dans les régions où l'eau de boisson contient moins de 0,3 ppm F, les enfants âgés de 2 semaines à 2 ans doivent recevoir 0,25 mg/F, alors que les enfants âgés de 2 à 3 ans doivent recevoir 0,5 mg F/jour et les enfants de 3 à 13 ans doivent recevoir 1,0 mg F/jour. Si l'eau de boisson contient de 0,3 à 0,7 ppm F, les enfants en dessous de 2 ans ne doivent pas recevoir de fluor mais ceux, âgés de 2 à 3 ans, doivent recevoir 0,25 mg F/jour et ceux, au dessus de 3 ans, 0,5 mg F/jour. Aucun complément ne doit être prescrit aux enfants vivant dans des régions où la concentration en fluor de l'eau de boisson est supérieure à 0,7 ppm F.

Généralement, le Service local de la Santé ou le Service des eaux fournissent toute information relative à la concentration en fluor de l'eau de boisson. Si toutefois, cette concentration est inconnue, les praticiens doivent avant toute prescription faire procéder à une analyse d'un échantillon d'eau de boisson pour déterminer la concentration en fluor.

La fluorose, caractérisée par des plages d'émail opaques dont la surface varie en fonction de la sévérité de l'atteinte, peut être consécutive à des prescriptions trop massives de compléments fluorés. Bien que les formes discrètes de fluorose puissent passer inaperçues, les formes sévères et moyennement sévères entraînent des colorations et des défauts de l'émail peu esthétiques.

L'effet cariostatique maximum pour les dents temporaires et permanentes est obtenu si les compléments fluorés sont prescrits dès la naissance.[2] Si toutefois cette prescription est différée, les dents permanentes peuvent bénéficier d'effets significatifs.[2]

## Le fluor total

Les concentrations en fluor du lait maternel et du lait de vache sont généralement inférieures à 0,05 mg/litre.[32-35] C'est pourquoi les enfants qui sont exclusivement nourris au lait maternel ou au lait de vache, même s'ils vivent dans des zones dites fluorées, doivent prendre des compléments fluorés.[34] La prescription de compléments pour ces enfants doit cependant s'effectuer avec précaution. Nous avons beaucoup d'informations concernant l'usage additionnel précoce d'aliments pour nouveaux nés[36-40] et nous savons que seulement 10% des enfants sont nourris au sein jusqu'au 4ième mois.[37] Il est donc souhaitable de prendre fréquemment contact avec la mère pour déterminer les modifications apportées au régime alimentaire et donner des instructions strictes concernant l'interruption des compléments si des aliments pour nouveaux nés ou de l'eau de boisson fluorée est ajoutée au régime alimentaire. L'efficacité des compléments fluorés pour les enfants nourris au sein, vivant dans des régions fluorées et qui ingèrent des compléments fluorés seulement pendant quelques mois reste à déterminer, bien que certaines études[41] montrent que la prise de ces compléments pendant seulement quelques mois entraîne une réduction limitée des caries.

L'ingestion de fluor par la mère n'augmente pas de façon appréciable la concentration en fluor du lait maternel[42,43] et ne peut être préconisée pour fournir un complément de fluor aux enfants nourris au sein.

Les aliments manufacturés pour nouveaux nés posent le problème de savoir si les enfants qui les consomment ne reçoivent pas plus de fluor que la quantité optimale qui a été évaluée à 0,5 mg F/jour par MacClure[31] ou de 0,05 à 0,06 mg F/kg par d'autres investigateurs.[2,44]

La concentration en fluor des céréales deshydratées pour enfants, des jus de fruit et des différentes formules de lait est plus élevée si ces produits ont été fabriqués avec de l'eau fluorée que celle des aliments qui ont été préparés avec de l'eau ne contenant pas de fluor.[34,46] Dans les aliments qui contiennent du poulet, la quantité de fluor est plus élevée et plus variable que dans les autres produits carnés en raison de l'inclusion de fragments osseux. La fabrication industrielle semble avoir moins d'effet sur le contenu en fluor des autres types de viandes, sur les légumes et sur les fruits.[46]

D'après les calculs effectués par plusieurs chercheurs, l'absorption maximale et minimale de fluor par les nouveaux nés et les enfants varie en fonction de la méthodologie utilisée pour analyser le fluor et des variétés et quantités spécifiques de chaque aliment composant le régime alimentaire. Bien que Wiatrowski et coll.[45] aient estimé comme étant optimale pour les enfants des doses maximales de fluor beaucoup plus importantes, leur étude n'est plus aujourd'hui prise en considération car leur méthode d'analyse du fluor surévalue les quantités de fluor présentes dans le régime qu'ils avaient mis au point. D'autres chercheurs, font état de quantités totales quotidiennes de fluor absorbé beaucoup plus faibles et ont calculé des absorptions maximales qui dépassaient les valeurs optimales pour les enfants.[34] Un problème particulier se pose pour les enfants vivant dans les zones fluorées et nourris avec des formules concentrées à forte teneur en fluor et diluées dans de l'eau fluorée.[34] Potentiellement, ces enfants ont reçu 2 à 3 fois la dose optimale de fluor. La forte concentration en fluor des formules dites "prêtes à l'emploi" pose un autre problème.[34] Ces formules pourraient très bien être données à des enfants vivant dans des zones à fluoration sous optimale et qui reçoivent des additifs fluorés. A la lumière des résultats de ces études, les industriels des Etats-Unis ont fait savoir qu'ils supprimaient les quantités importantes de fluor dans leurs produits manufacturés. D'autres études portant sur les régimes des nouveaux nés de 6 mois, montrent que, bien que la teneur en fluor total des régimes varie grandement même entre différentes régions dites fluorées, l'absorption quotidienne totale, ne dépasse pas les valeurs optimales.[47]

Les calculs portant sur les valeurs de fluor maximales et minimales ont cependant valeur de limitation. Non seulement les régimes des nouveaux nés sont très variables, mais la quantité et la fréquence d'absorption du fluor à partir des aliments varie également. Nous disposons d'informations concernant les diminutions des taux d'absorption et les quantités de fluor plasmatique chez les sujets qui absorbent le fluor avec le lait.[35,43] Ericsson[35] a montré que l'absorption de fluor à partir d'un lait contenant du fluor était totale mais différée; cependant, d'autres études[43] montrent que l'absorption du fluor à partir d'un lait fluoré restait partielle et que le fluor ionique du lait était partiellement lié.[32,48]

Le fluor des éléments solides est moins disponible que le fluor des éléments liquides. La disponibilité du fluor présent dans l'alimentation dépend des données suivantes: l'existence du produit alimentaire lui-même qui peut agir comme une barrière physique à la diffusion du fluor dans la muqueuse gasto-intestinale; la dissociation et la libération totale du fluor lié aux différents aliments; la présence d'autres ions parasites tels que le calcium, le magnesium et l'aluminium.

Seulement 55% du fluor contenu dans le Pablum, céréale pour bébés contenant de grandes quantités d'os, est absorbé.[47,49] Un sujet qui reçoit 2,5 mg de F à partir d'un concentré de poulet contenant des fragments osseux, présente des concentrations de fluor plasmatiques différées et plus faibles[50] que celles correspondant à un sujet qui a ingéré 2,5 mg de F provenant du NaF de l'eau (Figure 5-1). Le même sujet présentera également des valeurs de fluor plasmatique différées et diminuées après l'ingestion de céréales.[50] Chez l'animal on a pu aussi mettre en évidence la faible disponibilité du fluor plasmatique avec les repas comportant de l'os et des céréales.[51-53] Les aliments comme les céréales et le concentré de poulet ont une forte concentration en fluor et ce fluor qui semble lié à l'os, peut dans un environnement acide, être libéré. Les méthodes d'analyse du fluor qui font appel à la diffusion acide pour libérer le fluor mettent des heures pour libérer totalement le fluor présent dans les aliments.

Les aliments solides contribuent très peu à l'apport quotidien total de fluor.[31,47] Par contre, l'eau et les autres fluides tels que les aliments pré-préparés du commerce et les jus y contribuent grandement.

### Influence du régime alimentaire sur la fluorose

Les concentrations de fluor plasmatique, qui jouent un rôle déterminant dans la fluorose,[54] sont directement liées aux produits alimentaires qu'ils soient sous forme liquide ou solide. La relation entre la fluorose et le régime alimentaire doit être cliniquement recherché. Les régimes qui contiennent de grandes quantités d'os de poisson ont été mis en cause dans la fluorose.[55] Cependant, en termes de fluorose des dents permanentes, aucune différence significative n'a pu être mise en évidence entre des enfants nourris avec des aliments pré-préparés du commerce dilués dans de l'eau du robinet contenant 1 ppm F et ceux qui avaient été nourris au sein.[55a] Quelques publications font état d'une association entre la fluorose humaine et la consommation d'aliments autres que l'eau.[55b] Des études complémentaires sont nécessaires pour déterminer si le contenu en fluor de certains aliments joue un rôle dans l'apparition de la fluorose.

Le poids du sujet rentre aussi en ligne de compte pour la fluorose. Une dose quotidienne de 0,1 à 0,3 mg F/kg peut entraîner une fluorose de l'émail chez le

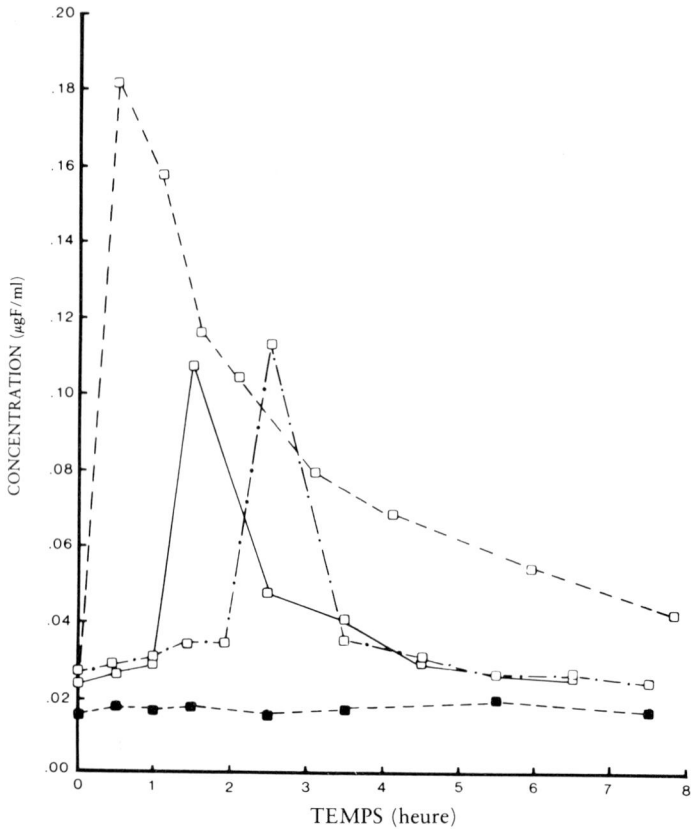

**Fig. 5-1.** Concentration en fluor du plasma à la suite de l'ingestion de 2,5 mg de F sous forme soit de NaF (--) soit de céréale de riz (·-·) ou de poulet (—) comparativement à la concentration de référence (■--)

bétail[56] et chez le rat.[57] Angmar-Manson et Whitford[54] ont estimé qu'une dose quotidienne totale de 0,13 mg F/kg n'était pas ce qui importait en termes de fluorose, mais que l'important était que la dose de 0,13 mg F/kg ait été prise en une seule fois. Des valeurs constantes de 3,3 uM F ont également été associées à la fluorose.[54]

Si l'on admet que cette dose de 0,13 mg F/kg est à l'origine de la fluorose et que nous la transposions à l'homme, alors la dose de 0,25 mg F/jour prise en une seule fois peut causer la fluorose chez des enfants dont le poids de naissance est faible et d'environ 2 kilos. Si l'on se réfère à un tableau de prescription antérieur qui recommandait des doses de 0,5 mg F/jour pour les enfants de 0 à 2 ans, alors les enfants dont le poids est inférieur à 4,2 kg, sont potentiellement susceptibles à la fluorose. Si l'on considère la dose de 0,1 mg F/kg comme étant la dose limite pour la fluorose, alors les enfants de moins de 5,5 kg sont susceptibles de développer une fluorose si on leur prescrit un complément de fluor de 0,5 mg.

Des cas de fluorose ayant été rapportés, le tableau de prescription pour les enfants jusqu'à 2 ans a ramené la dose de 0,5 mg F/jour à 0,25 mg F/jour. Aasenden et Peebles[26] mentionnent l'apparition de fluorose chez 84% de sujets qui avaient absorbé 0,5 mg F de la naissance jusqu'à 3 ans et ensuite 1,0 mg F. Bien que la majorité de ces cas de fluorose apparaissait sous des formes douteuses ou légères, 14% des patients présentaient une fluorose de type modéré. De toute manière, même une dose de

0,25 mg F/jour peut être considérée comme une dose limite puisque des cas de fluorose modérée sont signalés chez des enfants de moins de 24 mois ayant pris des doses de 0,25 mg F/jour.

## Les fluorures avant la naissance

En 1966, la Food and Drug Administration a interdit toute publicité pour les produits fluorés qui prétendaient réduire de façon significative la carie pour la progéniture des femmes enceintes. La sécurité n'était pas à la base de cette décision. L'accent fut mis sur le manque de données concernant leur efficacité clinique. L'efficacité des fluorures avant la naissance demeure un sujet controversé.[59-61]

Une discussion portant sur l'utilisation rationnelle des fluorures, avant la naissance, pour prévenir la carie doit porter sur plusieurs aspects et qui sont les suivants :

(1) Le transport du fluor de la circulation maternelle à la circulation foetale;
(2) Les essais cliniques avec les fluorures avant la naissance.

### Le transfert placentaire du fluor

Plusieurs observations amènent à s'interroger sur la perméabilité du placenta au fluor. Ces observations sont les suivantes :

(1) Le peu d'articles publiés concernant la fluorose sur les dents temporaires;
(2) La forte concentration en fluor du placenta;
(3) Les différences de concentration en fluor dans les tissus durs des foetus qui se sont développés dans des régions présentant des concentrations variées de fluor dans l'eau;
(4) Les faibles concentrations en fluor du sang foetal à la suite de l'introduction de fluor dans la circulation maternelle.

*La fluorose des dents temporaires.* La controverse sur la perméabilité du placenta au fluor provient des premiers rapports contradictoires[62,63] concernant la fluorose sur les dents temporaires. Etant donné que les dents temporaires se minéralisent avant la naissance et que seulement quelques cas de dents temporaires fluorotiques étaient mentionnés dans la littérature, on pouvait supposer que le fluor avait un accès limité au foetus.

Thylstrup[41] a observé que les dents temporaires de tous les enfants vivant dans des régions où l'eau contenait 3,5, 6,0, ou 21,0 ppm de F présentaient des degrés variés de fluorose. Bien que le degré de sévérité des altérations macroscopiques était généralement moins marqué que celui observé sur les dents permanentes correspondantes, le degré de sévérité fut associé à la concentration en fluor de l'eau de boisson. Thylstrup suggéra que l'apparition de la fluorose sur les dents temporaires pourrait être en rapport avec l'épaisseur de l'émail et que chez l'homme il n'existait aucune barrière placentaire au fluor.

*Métabolisme du fluor avant la naissance.* Le métabolisme du complément de fluor apparaît complex et demeure mal connu. Cependant, une brève revue de nos connaissances actuelles concernant le métabolisme du fluor peut améliorer notre compréhension relative au métabolisme du complément de fluor lorsqu'administré avant la naissance. Le complément de fluor est absorbé essentiellement dans l'estomac

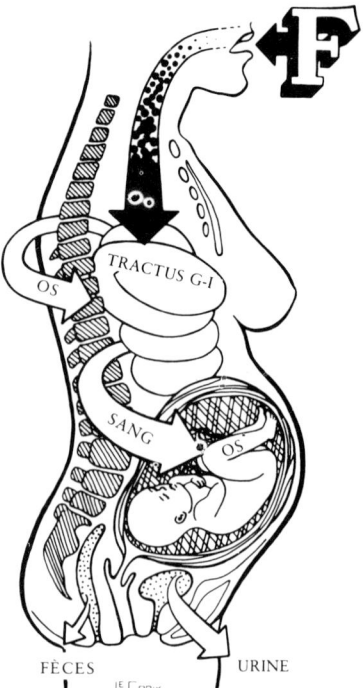

**Fig. 5-2.** La voie métabolique du fluor par voie générale chez la femme enceinte.

de la mère et à un moindre degré dans l'intestin grêle[64,65] (Figure 5-2). Le fluor est supposé diffuser à travers la muqueuse gastrique sous forme de fluorure d'hydrogène[66] puis il est dissocié dans le système circulatoire en ions fluor. Tandis que la concentration du fluor dans le plasma augmente rapidement, sa diffusion dans les fluides extra et intra cellulaires de la mère, son incorporation dans les os de la mère, et son excrétion par les reins ne commence que quelques minutes après son ingestion. Les valeurs maximales de fluor dans le plasma sont atteintes en 30 à 60 minutes,[35] après quoi l'excrétion du fluor contenu dans le plasma dépasse la valeur d'absorption. En fin de compte, l'essentiel du fluor est, soit fixé par les tissus minéralisés, soit éliminé dans les urines,[67] le fluor qui n'a pas été absorbé est éliminé dans les selles.

Le fluor diffuse à travers le placenta, c'est un fait[68-74] (Fig.5-3). La concentration en fluor du sang foetal peut être identique ou ne représenter que moins de 75% de la constante de concentration du sang maternel.[68-70,75] Ces données ont été obtenues sous anesthésie générale sur des femmes enceintes ou sur des moutons. Une étude,[75] qui rapportait un transfert total du fluor dans le foetus, a fait l'objet de critique car c'est le fluor total qui avait été mesuré (et non le fluor ionique) et dont on sait qu'il est le plus facilement échangeable.

Des études antérieures faisaient état de fortes concentrations de fluor dans le placenta et leurs auteurs suggéraient que le placenta agissait soit en tant que barrière pour que ne parviennent au foetus que des éléments traces, soit comme lieu de stockage pour que le foetus dispose du fluor nécessaire à son développement. Toutefois, les fortes concentrations de fluor dans le placenta mature sont en rapport avec les zones de minéralisation qui fixent des quantités de fluor organique croissantes avec l'âge.[68,67]

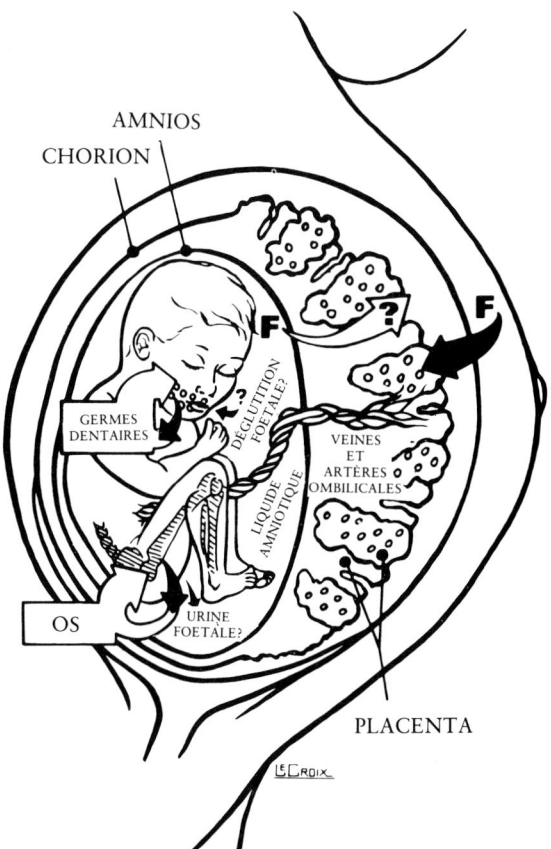

Fig. 5-3. La voie métabolique du fluor administré avant la naissance et chez le foetus.

Le fluor est incorporé par les os et les dents du foetus.[78,80] Les études effectuées sur les foetus humains montrent que la teneur en fluor des os et des dents augmente avec l'âge du foetus et que l'incorporation est plus marquée dans les os que dans les dents.[78,81] Bien que des augmentations significatives de la concentration en fluor dans ces tissus aient été constatées chez des foetus provenant de zones où l'eau était fluorée entre 0,5 et 0,6 ppm de F comparées à celles observées chez des foetus provenant de zones dont l'eau était fluorée de 0,05 à 0,1 ppm de F, Gedalia et coll.[79] estiment que le métabolisme du fluor de l'eau de boisson demeure limité puisqu'ils n'observaient aucune différence significative entre les tissus qui s'étaient développés avec 1 ppm de F et ceux qui s'étaient développés avec 0,5 ou 0,6 ppm de F.

C'est environ à la 14ème semaine in utero que les reins commencent à fonctionner et à excréter des quantités croissantes de fluides dans le fluide amniotique.[82] Parvenu à terme, c'est à peu près 500 ml de fluide amniotique qui sont déglutis par le foetus et probablement réabsorbés par le tractus gastro-intestinal du foetus.[83] Il peut être éliminé via le placenta dans le système circulatoire de la mère ou de nouveau excrété. La signification de ces processus métaboliques du fluor demeure encore inconnue.

*Les fortes concentrations dans le sang maternel.* Le taux de transfert du fluor au foetus au cours des brutales élévations de concentration dans le sang maternel reste l'objet de controverse. La concentration en fluor du plasma chez les sujets qui boivent de l'eau fluorée à des concentrations sous optimales s'élève, en partant de la concentration de base qui est d'environ 0, à 1 ppm de F, jusqu'à un maximum inférieur à 0.07 ppm de F dans les 30 minutes qui suivent l'ingestion de 1,5 mg de F.[84] Le fluor du plasma voit sa concentration décroître rapidement et retrouve sa concentration de base en 7 heures. Cependant, l'ingestion de compléments fluorés contenant seulement 1 mg de F pourrait entraîner des concentrations de fluor plus faibles dans le plasma ainsi que des périodes plus courtes d'élévation de la concentration dans le plasma. Si le complément est absorbé avec un aliment, du lait ou des comprimés riches en calcium, on peut s'attendre à une diminution de la concentration en fluor dans le plasma.[85]

Les études menées sur les femmes, les brebis et les lapines gestantes traitées avec une injection intraveineuse de fluor montrent une élimination rapide par la mère avec une légère augmentation du fluor dans le sang foetal,[71,86] même si l'une de ces études montre chez certaines brebis des valeurs dans le sérum foetal aussi élevées que chez la mère.[70] Généralement, les concentrations en fluor dans le sang foetal ne dépassent pas 25% de la concentration en fluor du sang maternel même si de légères augmentations sont parfois observées.

Les études de Feltman et Kosel[87] montrent que les concentrations de fluor dans le sang foetal augmentent lorsque les mères prennent un comprimé à 1-mg de F ou boivent de l'eau artificiellement fluorée pendant leur grossesse comparativement au sang foetal quand la mère ne consomme pas d'eau fluorée ou ne prend aucun complément fluoré. Cependant, toute comparaison entre les deux groupes témoins s'avère très difficile car les concentrations en fluor de l'eau qu'ils consommaient n'ont pas été communiquées. Les concentrations du fluor chez les mères nous faisaient également défaut.

*Exposition à l'eau fluorée avant la naissance*

L'influence sur la carie dentaire de l'exposition à une eau adéquatement fluorée avant la naissance a fait l'objet de huit études. La combinaison de ces études rend toute conclusion difficile. Blayney et Hill[88] font mention d'une réduction de 30 à 35% des caries sur les dents temporaires d'enfants exposés à de l'eau fluorée avant et après la naissance. Bien que les diminutions de la carie constatées chez les enfants exposés avant et après la naissance sont présentées comme étant significatives, la réalité d'une analyse statistique n'apparaît pas clairement. Tank et Storvick[89] ont aussi comparé les réductions de carie entre des témoins et des enfants exposés au fluor seulement après la naissance et d'autres exposés avant et après la naissance.

Bien qu'ils aient observé une réduction plus marquée dans le groupe exposé avant et après la naissance comparativement au groupe exposé seulement avant, la différence n'était pas significative. Leurs résultats étant consistants avec les études analytiques du fluor des foetus, ces auteurs ont conclu qu'une exposition prénatale au fluor entraînait une réduction marquée de l'incidence carieuse.

Horowitz et Heifitz[90] ont subdivisé une population de plus de 2.500 enfants en cinq groupes sur la base de la durée de leur exposition à l'eau fluorée avant la naissance. Ils ont constaté un rapport faiblement inversé entre l'incidence carieuse sur les dents temporaires et l'exposition prénatale à l'eau fluorée. De faibles différences dans l'incidence carieuse des molaires permanentes furent observées entre les groupes. Ces auteurs ont donc conclu que la relation, si elle existe, entre l'exposition au fluor avant la naissance et l'incidence carieuse sur les canines et molaires temporaires et les premières molaires permanentes était mineure et n'avait aucune signification pratique en termes de prévention de la carie.

Katz et Muhler[91] ont également noté une faible mais significative diminution des caries des dents temporaires chez des enfants dont les mères avaient été exposées avant la naissance à de l'eau fluorée. Ces auteurs indiquent que des études plus développées devraient être engagées pour clarifier leurs résultats car les premières molaires permanentes avaient montré une réduction significative des caries chez les enfants qui avaient été exposés au fluor avant la naissance.

Par contre, Carlos et coll.[92] n'ont observé qu'une différence mineure d'incidence carieuse sur les dents temporaires ou sur des enfants indemnes de carie entre le groupe témoin et les groupes constitués d'enfants ayant été exposés au fluor avant et après la naissance et d'autres exposés seulement après.

A Antigo, Wisconsin, l'augmentation de la carie fut tellement forte après l'arrêt de la fluoration que Lemke et coll.[93] conclurent que l'eau fluorée avant la naissance était inefficace en terme de prévention de la carie. Arnold et coll.[94] ont constaté une réduction de la carie plus marquée chez les enfants exposés à l'eau fluorée avant et après la naissance que chez les enfants exposés à cette eau après la naissance. Lewis et coll.[95] constatent une petite différence entre les besoins en traitement des enfants qui ont reçu de l'eau fluorée avant et après la naissance et ceux qui ne l'avaient reçu qu'après la naissance.

*Les fluorures avant la naissance; études cliniques*

Quelques études seulement ont porté sur l'évaluation clinique de l'efficacité des compléments fluorés avant la naissance. Bien que toutes ces études fassent état d'un effet positif en terme de réduction carieuse, des anomalies dans les protocoles expérimentaux, dans les résultats et les conclusions, atténuent leur crédibilité.

Feltman et Kosel[96] ont étudié trois groupes d'enfants pendant 14 ans : le premier groupe bénéficia d'un complément fluoré seulement avant la naissance, le deuxième reçut un complément avant la naissance et après pendant une période de 3 à 8 ans et le troisième groupe ne reçut aucun complément. Les diminutions carieuses les plus marquées portèrent sur le groupe ayant reçu des compléments avant et après la naissance, bien que des réductions notables aient pu être constatées chez les enfants qui avaient reçu un complément seulement avant la naissance. Cependant, des doutes subsistent quant à la persistance de l'effet bénéfique du fluor avant la naissance au cours des années qui suivent son interruption. L'absence de répartition aléatoire des populations composant les groupes d'études est également sujette à critique.

Hoskova[97] fait mention d'une réduction certaine des caries sur les dents temporaires d'enfants ayant reçu des compléments fluorés avant et après la naissance comparativement au groupe témoin qui ne reçut aucun complément ou encore avec un groupe qui reçut des compléments dans le cadre de programmes institués à la crèche ou au jardin d'enfant. Cet auteur attribue cette réduction plus marquée dans le groupe dit prénatal à la bonne volonté des parents à se soumettre au traitement quotidien à la maison comparativement au traitement administré dans le cadre scolaire et aussi au fait du manque d'administration d'un complément post-natal pendant deux ans au milieu de l'étude.

Kailis et coll.[98] font état d'une réduction significative (82%) des caries sur les dents temporaires d'enfants de 4 à 6 ans qui avaient reçu des compléments avant et dès la naissance comparativement à des enfants qui n'avaient reçu des compléments qu'à partir de leur naissance ou pas de complément du tout. Bien que cette étude comporte un protocole satisfaisant, elle présente un caractère retrospectif puisqu'elle repose sur les souvenirs des parents sur une période de 5 à 7 ans.

Pritchard[99] a également fait état d'une réduction plus marquée sur les dents temporaires d'enfants exposés à des compléments avant et après la naissance comparativement à des enfants qui n'avaient reçu des compléments qu'après la naissance ou pas de complément du tout. Cette étude a été critiquée pour plusieurs raisons : manque d'information concernant la méthodologie, manque de clarté, erreurs dans les tableaux, et affirmations incorrectes dans le texte.

Schutzmannsky[100] fait mention d'une réduction significative des caries sur les canines et molaires temporaires (13%) d'enfants ayant reçu du fluor seulement avant la naissance, d'une réduction de 14% chez les enfants ayant reçu des compléments après et d'une réduction de 30% chez les enfants ayant reçu du fluor avant et après la naissance. Pour les dents permanentes, les réductions respectives étaient de 6%, 39% et 43%. Cette étude a fait aussi l'objet de critiques qui portaient sur l'absence de répartition aléatoire des groupes d'étude, l'absence de prise en compte de la persistance de l'effet cariostatique imputable au complément prénatal seulement et enfin le manque de précisions concernant les tests statistiques.

Une série d'articles publiés par Glenn[3-5] font état de réductions certaines consécutives à l'administration de fluor prénatal dans des régions adéquatement fluorées. De sérieuses réserves portent notamment sur la taille des groupes (dans l'une de ces études, un seul patient a reçu du fluor prénatal), sur les paramètres (les patients qui reçurent du fluor prénatal reçurent aussi du fluor post-natal, de l'eau fluorée et des applications topiques de fluor), les différences d'âge entre les sujets des différents groupes, l'absence de répartition aléatoire, et bien d'autres points. De sérieuses critiques doivent donc être formulées concernant la méthodologie et la validité des conclusions.

Ainsi, nous disposons de peu d'éléments cliniques pour attester de l'effet cariostatique des compléments fluorés pris avant la naissance. La sécurité de la mère et de l'enfant n'est pas en cause. L'emploi de compléments fluorés avant la naissance, notamment dans les régions fluorées, ne peut être recommandée en tant que mesure de santé publique étant donnée les nombreuses réserves que suscitent les études cliniques que nous avons décrites. Une étude clinique de grande envergure est actuellement en cours sous les auspices de l'Institut National de la Recherche Dentaire pour déterminer la réele efficacité du fluor avant la naissance.

**REFERENCES**

1. DHEW Bulletin No. FL-109 : Evaluatory surveys of long-term fluoridation show improved dental health, 1979.
2. Driscol, W. : The use of fluoride tablets for the prevention of dental caries. *In* International Workshop on Fluorides and Dental Caries Reductions, ed. D. Forrester, E. Schulz. Baltimore, Maryland, University of Maryland, 1974, pp. 25–96.
3. Glenn, F. B. : Immunity conveyed by a fluoride supplement during pregnancy. J. Dent. Child., 44 : 391–395, 1977.
4. Glenn, F. B. : Immunity conveyed by sodium-fluoride supplement during pregnancy. Part II. J. Dent. Child., 46 : 17–24, 1979.

5. Glenn, F. B., Glenn, W. D., Duncan, R. C. : Fluoride tablet supplementation during pregnancy for caries immunity : A study of the offspring produced. Am. J. Obstet. Gynecol., *143* : 560-564, 1982.
6. Glenn, F. B., Glenn, W. D., Duncan R. C. : Prenatal fluoride tablet supplementation and improved molar occlusal morphology : Part V. J. Dent. Child., *51* : 19-23, 1984.
7. Schneiweiss, F. : Sweetener content of vitamin preparations. Am. J. Hosp. Pharm., *37* : 1048, 1980.
8. McCall, D., Stephen, K. W., McNee, S. G. : Fluoride tablets and salivary fluoride levels. Caries Res., *156* : 98-102, 1981.
9. Bruun, C., and Givskov, H. : Fluoride concentrations in saliva in relation to chewing of various supplementary fluoride preparations. J. Dent. Res., *87* : 1-6, 1979.
10. Parkins, F. M. : Retention of fluoride with chewable tablets and a mouthrinse. J. Dent. Res., *51* : 1346-1349. 1971.
11. Hennon, D. K., Stookey, G. K., Muhler, J. C. : Prophylaxis of dental caries : Relative effectiveness of chewable fluoride preparations with and without vitamins. J. Pediatr., *80* : 1018-1021, 1972.
12. Margolis, F. J., et al. : Fluoride : Ten-year prospective study of deciduous and permanent dentition. Am. J. Dis. Child., *129* : 794-800, 1975.
13. American Academy of Pediatrics Committee on Nutrition : Vitamin and mineral supplement needs in normal children in the United States. Pediatrics, *66* : 1015-1021, 1980.
14. Dietary Intake Findings, 1971-1974 : National Health Survey. DHEW Publication No. (HRA) 77-1647. Hyattsville, Maryland, National Center Health, Series 11, No. 202, 1977.
15. Owen, G., et al. : A study of nutritional status of preschool children in the United States, 1968-1970. Pediatrics, *53* : 597-641, 1974.
16. Ten-State Nutrition Survey, 1968-70 : Highlights. DHEW Publication No. (HSM) 72-8134. Atlanta, Center for Disease Control, 1970.
17. Stephen, K. W., Campbell, D. : Caries reduction and cost-benefit after 3 years of sucking fluoride tablets daily at school, a double-blind trial. Br. Dent. J., *144* : 202-206, 1978.
18. DePaola, P. F., Lax, M. : The caries-inhibiting effect of acidulated phosphate fluoride chewing tablets : A two-year double-blind study. J. Am. Dent. Assoc., *76* : 554-557, 1968.
19. Driscoll, W. : Effect of acidulated phosphate fluoride chewable tablets in school children : Results after 55 months. J. Am. Dent. Assoc., *94* : 537-543, 1977.
20. Bibby, B. G., Wilkens, E., Witol, E. : A preliminary study of the effects of fluoride lozenges and pills on dental caries. Oral Surg., *8* : 213-216, 1955.
21. Shannon, I. L., Edmonds, F. J. : Effect of fluoride dosage in human parotid saliva fluoride levels. Arch. Oral Biol., *17* : 1303-1309, 1972.
22. Grøn, P., et al. : The direct determination of fluoride in human saliva by a fluoride electrode. Fluoride levels in parotid saliva after ingestion of single doses of sodium fluoride. Arch. Oral Biol., *13* : 203-213, 1968.
23. Shern, R., Kennedy, J., Bowen, W. H. : Fluoride levels of oral fluids from individuals using three regimens. Annual meeting of the USPH Professional Society, 1981, p. 14.
24. Melberg, J. R., Nicholson, C. R., Law, F. E. : Fluoride concentrations in deciduous tooth enamel of children chewing sodium fluoride tablets. J. Dent. Res., *51* : 551-554, 1971.
25. Shern, R., Driscoll, W., Korts, D. : Enamel biopsy results of children receiving fluoride tablets. J. Am. Dent. Assoc., *95* : 310-314, 1977.
26. Aasenden, R., Peebles, T. C. : Effects of fluoride supplementation on deciduous and permanent teeth. Arch. Oral Biol., *19* : 321-326, 1974.
27. Bruun, C., et al. : pre-eruptive acquisition of fluoride by surface enamel of permanent teeth after daily use of fluoride supplements. Caries Res., *17* : 89-91, 1983.
28. Van Houte, J., Aasenden, R., Peebles, T. C. : Oral colonization of *Streptococcus mutans* in human subjects with low caries experience given fluoride supplements from birth. Arch. Oral Biol., *23* : 361-366, 1978.
29. Driscoll, W. S., Heifitz, S. B., Brunelle, J. A. : Caries-preventive effects of fluoride tablets in school children four years after discontinuation of treatments. J. Am. Dent. Assoc., *103* : 878-881, 1981.
30. American Dental Association : *In* Accepted Dental Therapeutics. 37th Ed. Chicago, ADA, 1979.
31. McClure, F. J. : Ingestion of fluorine and dental caries. Quantitative relations based on food and water requirements of children to 12 years old. Am. J. Dis. Child., *66* : 362-369, 1943.
32. Backer-Dirks, O., et al. : Total and free ionic fluoride in human and cows milk as determined by gas-liquid chromatography and the fluoride electrode. Caries Res., *8* : 181-184, 1976.

33. Spak, C. J., Hardell, L. I., DeChateau, P. : Fluoride in human milk. Acta Paediatr. Scand., 72 : 699–701, 1983.
34. Adair, S. M., Wei, S. H. : Supplemental fluoride recommendations for infant based on dietary fluoride intake. Caries Res., 12 : 76–82, 1978.
35. Ericsson, Y. : The state of fluorine in milk and its absorption and retention when administered in milk. Acta Odontol. Scand., 16 : 51–77, 1958.
36. Epps, R., Jolley, M. : Unsupervised early feedings of solids to infants. Med. An. Dis. Columbia, 32 : 493–495, 1963.
37. Fomon, S. E. : What are infants fed in the United States? Pediatrics, 56 : 350–354, 1975.
38. Harris, L., Chan, J. : Infant feeding practices. Am. J. Dis. Child., 117 : 483–492, 1969.
39. Paige, D. : Avoiding overnutrition in infants. In Year One : Nutrition Growth Health, ed. M. Syruck. Columbus, Ohio, Ross Laboratories, 1974, pp. 27–33.
40. Purvis, G. : What nutrients do our infants really get? Infant Nutr., 8 : 28–34, 1973.
41. Thylstrup, A. : Distribution of dental fluorosis in the primary dentition. Community Dent. Oral Epidemiol., 6 : 329–337, 1978.
42. Ekstrand, J. : No evidence of transfer of fluoride from plasma to breast milk. Br. Med. J., 283 : 761–762, 1981.
43. Spak, C. J., Ekstrand, J., Zylberstein, O. : Bioavailability of fluoride added by baby formula and milk. Caries Res., 16 : 249–256, 1982.
44. Farkas, C. S., Farkas, E. J. : Potential effect of food processing on the fluoride content of infant foods. Sci. Total Environ., 2 : 399–405, 1974.
45. Wiatrowski, E., et al. : Dietary fluoride intake of infants. Pediatrics, 55 : 517–522, 1975.
46. Singer, L., Ophaug, R. : Total fluoride intake of infants. Pediatrics, 63 : 460–466, 1979.
47. Ophaug, R. M., Singer, L., Harland, B. F. : Estimated fluoride intake of 6-month old infants in four dietary regions in the U.S. Am. J. Clin. Nutr., 33 : 324–327, 1980.
48. Duff, E. J. : Total and ionic fluoride in milk. Caries Res., 15 : 406–408, 1981.
49. Ham, M., Smith, M. : Fluorine balance studies on three women. J. Nutr., 43 : 225–232, 1954.
50. Kula, K. S., Wei, S. H., Wefel, J. : Availability of fluoride from certain baby foods. J. Dent. Res., 59 : 309, 1980.
51. Richards, A., Fejerskov, O., Ekstrand, J. : Fluoride pharmacokinetics in the domestic pig. J. Dent. Res., 61 : 1099–1102, 1982.
52. Stillings, B. R., et al. : Further studies on the availability of the fluoride in fish protein concentrate. J. Nutr., 103 : 26–35, 1973.
53. Zipkin, I., Lucas, S. M., Stillings, B. R. : Biological availability of the fluoride of fish protein concentrate in the rat. J. Nutr., 100 : 293–299, 1969.
54. Angmar-Manson, B., Whitford, G. M. : Enamel fluorosis related to plasma F levels in the rat. Caries Res., 18 : 25–32, 1984.
55. Pu, M. Y., Lilienthal, B. : Dental caries and mottled enamel among Formosan children. Arch. Oral Biol., 5 : 125–136, 1961.
55a. Ericsson, Y., Ribelius, V. : Wide variations of fluoride supply to infants and their effect. Caries Res., 5 : 78–84, 1971.
55b. Myers, H. : Fluorides and Dental Fluorosis. Monogr. Oral Sci., 7 : 1–74, 1978.
56. Suttie, J. W. : Nutritional aspects of fluoride toxicosis. J. Anim. Sci., 51 : 759–766, 1980.
57. Kruger, B. J. : The effect of different levels of fluoride on the ultrastructure of ameloblasts in the rat. Arch. Oral Biol., 15 : 109–114, 1970.
58. Holm, A. K., Anderson, R. : Enamel mineralization disturbances in 12-year-old children with known early exposure to fluorides. Community Dent. Oral Epidemiol., 10 : 335–339, 1982.
59. Driscoll, W. : A review of clinical research on the use of prenatal fluoride administration for prevention of dental caries. J. Dent. Child., 48 : 109–117, 1981.
60. Glenn, F. B. : The rationale for the administration of NaF tablet supplement during pregnancy and postnatally in a private practice setting. J. Dent. Child., 48 : 118–122, 1981.
61. Thylstrup, A. : Is there a biological rationale for prenatal fluoride administration? J. Dent. Child., 48 : 103–108, 1981.
62. McKay, F. S., Black, G. V. : An investigation of mottled teeth : an endemic developmental imperfection of enamel of the teeth heretofore unknown in the literature of dentistry (I). Dent. Cosmos., 58 : 477–484, 1916.
63. Smith, M. C., Smith, H. B. : Mottled enamel of deciduous teeth. Science, 81 : 77, 1935.

64. Stookey, G., Crane, D., Muhler, J. : Effect of molybdenum on fluoride absorption. Proc. Soc. Exp. Biol. Med., *109* : 580–582, 1962.
65. Wagner, M. : Absorption of fluoride by the gastric mucosa of the rat. J. Dent. Res., *41* : 667–671, 1962.
66. Whitford, G., Pashley, D., Stringer, G. : Fluoride renal clearance : A pH dependent event. J. Physiol., *230* : 527–532, 1976.
67. Gedalia, I., Brzezinski, A., Bercovici, B. : Urinary fluoride levels in women during pregnancy and after delivery. J. Dent. Res., *38* : 548–551, 1959.
68. Shen, Y. W., Taves, D. : Fluoride concentrations in the human placenta and maternal and cord blood. Am. J. Obstet. Gynecol., *119* : 205–207, 1974.
69. Weiss, V., DeCarlini, C. : Placental transfer of fluoride during methoxyflurane anesthesia for cesarean section. Experientia, *31* : 339–341, 1975.
70. Maduska, A. L., et al. : Placental transfer of intravenous fluoride in the pregnant ewe. A. J. Obstet. Gynecol., *136* : 84–86, 1980.
71. Ericsson, Y., Malmnas, C. : Placental transfer of fluoride investigated with $F^{18}$ in man and rabbit. Acta Obstet. Gynecol. Scand., *41* : 144–157, 1962.
72. Bawden, J. W., Wolkoff, A. S., Flowers, C. E., Jr. : $F^{18}$ recovery from fetal lambs following intravenous injection into the ewe. J. Dent. Res., *44* : 1010–1014, 1965.
73. Murray, M. M. : Maternal transference of fluoride. J. Physiol., *87* : 388–393, 1936.
74. Knouff, R. A., et al. : Permeability of placenta to fluoride. J. Dent. Res., *15* : 291–294, 1936.
75. Armstrong, W. D., Singer, L., Makowski, E. L. : Placental transfer of fluoride and calcium. Am. J. Obstet. Gynecol., *107* : 432–434, 1970.
76. Gardner, D. E., et al. : The fluoride content of placental tissue as related to the fluoride content of drinking water. Science, *115* : 208–209, 1952.
77. Ericsson, Y., Ulberg, S. : Auto radiographic investigations of the distribution of $F^{18}$ in mice and rats. Acta Odontol. Scand., *16* : 363–365, 1958.
78. Gedalia, I. : The fluoride content of teeth and bones of human fetuses. Arch. Oral. Biol., *9* : 331–340, 1964.
79. Gedalia, I., Zukerman, H., Leventhal, H. : Fluoride content of teeth and bones of human fetuses : In areas with about 1 ppm of fluoride in drinking water. J. Am. Dent. Assoc., *71* : 1121–1123, 1965.
80. Brzezinski, A., Bercovici, B., Gedalia, I. : Fluorine in the human fetus. Obstet. Gynecol., *15* : 329–331, 1960.
81. Gedalia, I., Placental transfer of fluoride in the human fetus at low and high $F^-$ intake. J. Dent. Res., *43* : 669–671, 1964.
82. Walsh, S. Z., Meyer, W. W., Lind, J. : The Human Fetal and Neonatal Circulation : Function and Structure. Springfield, Charles C. Thomas, 1974, p. 351.
83. Natelson, S., Scommegva, A., Epstein, M. : Amniotic Fluid. New York, John Wiley & Sons, 1974, p. 386.
84. Ekstrand, J., et al. : Pharmacokinetics of fluoride in man after single and multiple oral doses. Eur. J. Clin. Pharmacol., *12* : 311–317, 1979.
85. Ekstrand, J., Ehrnebo, M. : Influence of milk products on fluoride availability in man. Eur. J. Clin. Pharmacol., *16* : 211–215, 1979.
86. Bawden, J. W., Wolkoff, A. S., Flowers, C. E. : Placental transfer of $F^{18}$ in sheep. J. Dent. Res., *43* : 678–683, 1964.
87. Feltman, R., Kosel, G. : Prenatal ingestion of fluorides and their transfer to the fetus. Science, *9* : 560–561, 1955.
88. Blayney, J. R., Hill, I. N. : Evanston dental caries study. XXIV. Prenatal fluorides — value of waterborne fluorides during pregnancy. J. Am. Dent. Assoc., *69* : 291–294, 1964.
89. Tank, G., Storvick, C. A. : Caries experience of children one to six years old in two Oregon Communities (Corvallis and Albany). I. Effect of fluoride on caries experiene and eruption of teeth. J. Am. Dent. Assoc., *69* : 749–757, 1964.
90. Horowitz, H. S., Heifetz, S. B. : Effects of prenatal exposure to fluoridation on dental caries. Public Health Rep., *82* : 297–304, 1967.
91. Katz, S., Muhler, J. C. : Prenatal and postnatal fluoride and dental caries experience in deciduous teeth. J. Am. Dent. Assoc., *76* : 305–311, 1968.
92. Carlos, J. P., Gittelson, A. M., Haddon, W. : Caries in deciduous teeth in relation to maternal ingestion of fluoride. Public Health Rep., *77* : 658–660, 1962.

93. Lemke, G. W., Doherty, J. M., Ara, J. C. : Controlled fluoridation the dental effects of discontinuation in Antigo, Wisconsin. J. Am. Dent. Assoc., *80* : 782–786, 1970.
94. Arnold, F., et al. : Effect of fluoridated public water supplies on dental caries prevalence. Public Health Rep., *71* : 652–658, 1956.
95. Lewis, D. W., et al. : Initial dental care time, cost, and treatment requirements under changing exposure of fluoride during tooth development. J. Can. Dent. Assoc., *4* : 140–144, 1972.
96. Feltman, R., Kosel, G. : Prenatal and postnatal ingestion of fluoides — fourteen years of investigation — final report. J. Dent. Med., *16* : 190–198, 1961.
97. Hoskova, M. : Fluoride tablets in the prevention of tooth decay. Cesk. Pediatr., *23* : 438–441, 1968.
98. Kailis, D. B., et al. : Observations of the effects of prenatal and postnatal fluoride on some Perth pre-school children. Med. J. Aust., *2* : 1037–1040, 1968.
99. Pritchard, J. L. : The prenatal and postnatal effects of fluoride supplements on West Australian school children, aged 6 to 8, Perth, 1967. Aust. Dent. J., *14* : 335–338, 1969.
100. Schutzmannsky, G. : Fluorine tablet application in pregnant females. Dtsch. Stomatol. *2* : 122–129, 1971.

# Chapitre 6
## *Les bains de bouche fluorés*

### James P. CARLOS

Les fluorures auto-administrés sous forme de bains de bouche dilués constituent une méthode de prévention extrêmement coûteuse surtout lorsqu'elle est appliquée dans le cadre de programmes scolaires.

Les bains de bouche au fluorure de sodium ont été très étudiés lors d'essais cliniques contrôlés. Qu'ils soient utilisés tous les jours, toutes les semaines ou tous les quinze jours, les bains de bouche au fluorure de sodium se sont montrés constamment efficaces pour réduire partiellement l'incidence carieuse d'écoliers vivant dans des zones dites non fluorées. Les preuves de leur efficacité dans les zones dites fluorées sont éparpillées mais positives.

Bien que moins étudiés dans des essais contôlés, les bains de bouche au fluorure d'étain semblent également efficaces contre la carie. Récemment, la recherche s'est orientée vers l'étude des propriétées anti-plaque de l'ion étain et vers une possible utilisation des bains de bouche au fluorure d'étain pour prévenir la gingivite. La recherche a aussi suggéré que des bains de bouche en série avec des composés fluorés différents avaient une action renforcée. Des recherches cliniques complémentaires sont indispensables pour mieux répondre à ces questions.

Quelques preuves permettent de penser que les bains de bouche de fluor sont également efficaces pour prévenir les caries chez l'adulte. Cette hypothèse est actuellement testée cliniquement.

En tant que véhicule des fluorures (F), les bains de bouche ont fait l'objet d'un développement relativement récent puisqu'ils ne sont utilisés à grande échelle dans ce pays que depuis 8 à 10 ans. Les bains de bouche fluorés, tout comme l'eau de boisson fluorée, les comprimés solubles et les dentifrices, appartiennent à la catégorie des méthodes préventives auto-administrées. Ces méthodes ont un grand intérêt pratique car elles réduisent la nécessité d'un contrôle par un personnel qualifié et peuvent être appliquées facilement à un grand nombre de sujets et à faible coût.

Divers composés fluorés ont été testés sous forme de bains de bouche au cours d'études cliniques et sur l'animal, mais seuls les bains de bouche au fluorure de sodium sont couramment utilisés dans les programmes de prévention. Nous allons donc passer en revue certaines données cliniques relatives à l'efficacité des bains de bouche en matière de prévention de la carie et aborder brièvement les mécanismes possibles de leur action.

Les résultats des expériences seront dans la plupart des cas cités tels qu'ils ont été publiés dans la littérature, c'est à dire sans critiques détaillées. Les recherches, notamment celles effectuées sur l'homme, sont presque toujours entachées d'erreurs méthodologiques introduisant un degré variable d'imprécision dans les résultats. Il serait imprudent de penser que toutes les études citées sont de qualité égale et de ce fait les résultats devraient être considérés globalement pour être en mesure de porter un jugement sur tel ou tel régime préventif.

**Les bains de bouche fluorés; les raisons de leur utilisation**

L'une des hypothèses de base des premières recherches était de prétendre que l'objectif thérapeutique des fluorures topiques était de réduire la solubilité de l'émail aux acides en convertissant les cristaux d'hydroxyapatite en fluoroapatite. Cette transformation devait se produire lorsque l'émail en cours de développement est exposé au fluor avant l'éruption. En conséquence, des préparations de fluor topique furent d'abord testées sous forme de solutions et de gels dont la concentration en fluor était relativement élevée pour tenter d'induire l'incorporation de fluor par l'émail.

Un example fréquemment cité est l'étude au cours de laquelle un gel contenant 1,10% de fluorure de sodium fut appliqué avec une gouttière individuelle sur les dents d'enfants pendant 21 mois et chaque jour d'école.[1] L'incidence carieuse apparut de 75 à 80% inférieure á celle notée chez le groupe témoin qui avait été traité avec un placebo, et une forte augmentation du contenu en fluor des couches superficielles de l'émail fut aussi observée. Il s'agissait plutôt d'une forme labile de fluorure de calcium plutôt que de fluoroapatite, puisque ce fluor diminuait progressivement après l'arrêt des traitements. En fait, il n'a pas été possible d'établir une relation nette entre le fluor lié à l'émail sain et l'incidence carieuse à la lumière des enquêtes épidémiologiques menées sur des populations exposées au fluor par voie systémique ou topique.[2] Bien évidemment, un autre ou d'autres mécanismes interviennent dans l'effet thérapeutique obtenu avec le fluor systémique ou topique.

Ultérieurement, il est apparu que des concentrations très faibles de fluor dans les fluides buccaux étaient associées à de plus fortes concentrations dans la plaque,[3] que de faibles concentrations de fluor sont suffisantes pour inhiber la glycolyse et la production d'acide par les germes de la plaque[4] et qu'enfin, des contacts répétés avec du fluor à faible concentration contribuent efficacement à la reminéralisation des lésions carieuses à leur tout début de développement.[5] Des expériences sur le rat ont confirmé qu'une protection contre la carie pouvait être obtenue en exposant les dents après leur éruption à du fluor faiblement concentré et que cette protection ne dépendait pas de l'incorporation de fluor par l'émail sain.[6] Ces résultats permettent d'expliquer les excellents résultats cliniques déjà constatés en Scandinavie dans plusieurs études avec des bains de bouche de fluor dilué. Ces résultats, ajoutés à d'autres preuves cliniques, permettent de penser que les meilleurs résultats préventifs que l'on puisse obtenir avec le fluor le sont en exposant fréquemment la plaque à de faibles concentrations de fluor.

Il a été montré qu'un bain de bouche avec des solutions diluées de fluor entraînait une élévation rapide de la concentration en fluor de la plaque, mais qu'en 24 heures ces concentrations redevenaient normales.[7] Ces résultats pourraient laisser penser qu'un bain de bouche quotidien pourrait être plus efficace qu'un bain de bouche hebdomadaire. Cependant, le surcroît d'efficacité avec un bain de bouche quotidien n'a pas été clairement démontré dans les essais cliniques contrôlés. Cette contradiction apparente n'est pas totalement élucidée; en conséquence, il est possible que le principal mécanisme d'action de l'ion fluor soit de favoriser la reminéralisation des lésions débutantes auquel cas une exposition hebdomadaire au fluor est suffisante.

Dans le cas du fluorure d'étain, des mécanismes cariostatiques supplémentaires peuvent agir. Des preuves expérimentales et cliniques démontrent que le fluorure d'étain, à des concentrations habituelles, manifeste une effet antibactérien à l'égard de certains microorganismes de la plaque[8] et qu'il peut en outre inhiber la formation de la plaque en diminuant l'énergie de surface de l'émail.[9]

*Les bains de bouche au fluorure de sodium*

Les bains de bouche de fluorure de sodium (NaF) sont généralement ajustés à la concentration de 0,2% NaF (900 ppm) pour usage hebdomadaire ou de 0,05% NaF (225 ppm) pour usage quotidien. Ils ont été testés sous forme neutre et acide dans un véhicule aqueux. Ces bains de bouche doivent être vigoureusement promenés dans la cavité buccale en fractions de 10 ml de liquide pendant 60 secondes avant d'être recrachés. Ces bains de bouche ne devant pas être déglutis, ils ne sont pas recommandés pour les enfants qui n'ont pas l'âge scolaire et pour les enfants au jardin d'enfants il est recommandé d'utiliser la moitié de la dose normale soit 5 ml de solution.

Les résultats de certains essais cliniques les plus récents avec le fluorure de sodium neutre en bains de bouche sont résumés dans les Tableaux 6-1 et 6-2.[10-22] Ces études ont été publiées entre 1971 et 1982. La plupart des études portaient sur l'emploi supervisé de bains de bouche de fluorure de sodium par des enfants vivant dans des zones dites non fluorées; les exceptions sont aussi mentionnées dans les tableaux.

Ces résultats appellent plusieurs remarques d'ordre général. A quelques exceptions près, la plupart des essais ont porté sur des enfants âgés de 8 à 12 ans au début des essais qui se poursuivirent pendant au moins deux ans. Les bains de bouche quotidiens avec environ 250 ppm de F et les bains de bouche hebdomadaires avec 990 ppm de F ont été testés. La majorité des études comportait un nombre suffisant de sujets tout au long de l'étude, ce qui permet de se fier aux scores carieux observés. Bien que la différence moyenne de l'augmentation carieuse observée entre les sujets témoins et les sujets expérimentaux s'est révélée considérablement différente, la valeur en pourcentage de cette différence entre les groupes témoins et expérimentaux est apparue remarquablement constante et rarement en dessous de 25 à 30%. Il en fut de même dans un essai au cours duquel les bains de bouche fluorés furent testés dans une zone dite adéquatement fluorée.[22]

L'analyse des Tableaux 6-1 et 6-2 montre que dans les limites prescrites, la concentration en fluor des bains de bouche n'a aucun rapport avec l'efficacité cariostatique. Par contre ces résultats suggèrent que les bains de bouche quotidiens sont plus efficaces que les bains de bouche hebdomadaires bien que cette différence d'efficacité n'apparaisse pas suffisante pour justifier le surcroît de mise en oeuvre et de coût qu'impliquent les programmes comportant des bains de bouche quotidiens. C'est ce qui ressort de deux études qui permirent de comparer ces deux fréquences au cours du même essai[21,22] mais évidemment ces conclusions sont plus d'ordre administratif que biologique.

Si l'on prend en considération le nombre et la variété des équipes de recherche et des sujets d'expérience, la constance des résultats cliniques nous permet de faire confiance aux conclusions attestant que les bains de bouche au fluorure de sodium neutre sont efficaces dans la prévention partielle des caries chez l'enfant.

**Tableau 6–1.** Résultats d'essais cliniques portant sur les bains de bouche au fluorure de sodium neutre (1971–1977).

| Études | Concentration en F (ppm) | Fréquence des bains de bouche | Âge de départ | Nombre de sujets | Durée de l'étude (mois) | CAOS Incidence carieuse Témoin | Testé | ▽ | % Différence |
|---|---|---|---|---|---|---|---|---|---|
| Horowitz et al. (1971)[10] | 900 | 1/semaine S | 6 | 129 | 20 | 1,3 | 1,1 | 0,2 | 16 |
| (Même étude) | 900 | 1/semaine S | 11 | 117 | 20 | 2,9 | 1,7 | 1,2 | 44 |
| Brandt et al. (1972)[11] | 900 | 2/semaine S | 11–12 | 94 | 21 | 7,0 | 4,0 | 3,0 | 43 |
| Moreira et Tumang (1972)[12] | 450 | 3/semaine S | 7 | 50 | 24 | 7,5 | 4,0 | 3,5 | 47 |
| (Même étude) | 450 | 1/semaine S | 7 | 50 | 24 | 7,5 | 5,7 | 1,8 | 25 |
| (Même étude) | 450 | 1/2 semaine S | 7 | 50 | 24 | 7,5 | 5,8 | 1,7 | 23 |
| Aasenden et el. (1972)[13] | 200 | 1/jour S | 8–11 | 114 | 36 | 12,3 | 9,0 | 3,3 | 27 |
| Heifetz et al. (1973)[14] | 3000 | 1/semaine S | 10–12 | 126 | 24 | 7,5 | 4,7 | 2,8 | 38 |
| Rugg-Gunn et al. (1973)[15] | 225 | 1/jour S | 11–12 | 222 | 34 | 10,2 | 6,6 | 3,6 | 36 |
| Gallagher et al. (1974)[16] | 1800 | 1/semaine S | 10–11 | 306 | 24 | 4,4 | 2,9 | 1,5 | 34 |
| Maiwald et Padron (1977)[17] | 900 | 1/2 semaine S | 6 | 100 | 88 | 11,6 | 5,1 | 6,5 | 56 |
| DePaola et al. (1977)[18] | 1000 | 1/jour S | 10–12 | 158 | 24 | 7,6 | 4,4 | 3,2 | 41 |

S = Période scolaire seulement

**Tableau 6–2.** Résultats d'essais cliniques portant sur les bains de bouche au fluorure de sodium neutre (1978–1982).

| Études | Concentration en F (ppm) | Fréquence des bains de bouche | Âge au début | Nombre de participants | Durée de l'essai (mois) | CAOS Incidence carieuse Témoin | Testé | ▽ | % Différence |
|---|---|---|---|---|---|---|---|---|---|
| Ripa et al. (1978)[19] | 900 | 1/semaine S | 7–12 | 750 | 24 | 3,2 | 2,6 | 0,6 | 20 |
| Ringelberg et al. (1979)[20] | 250 | 1/jour S | 11 | 179 | 30 | 6,3 | 4,8 | 1,5 | 23 |
| Heifetz et al. (1982)[21] | 900 | 1/semaine S | 10–12 | 97 | 36 | 3,6 | 2,3 | 1,3 | 38 |
|  | 900 | 1/semaine S | 10–12 | 102 | 36 | 4,4 | 3,4 | 1,0 | 24 |
| (Même étude) | 225 | 1/jour S | 10–12 | 88 | 36 | 3,6 | 1,9 | 1,7 | 47 |
|  | 225 | 1/jour S | 10–12 | 107 | 36 | 4,4 | 2,9 | 1,5 | 34 |
| Driscoll et al. (1982)[a22] | 900 | 1/semaine S | 12–13 | 81 | 30 | 2,6 | 2,0 | 1,6 | 22 |
|  | 900 | 1/semaine S | 12–13 | 81 | 30 | 1,9 | 0,9 | 1,0 | 55 |
| (Même étude) | 225 | 1/jour S | 12–13 | 102 | 30 | 2,6 | 1,9 | 0,5 | 28 |
|  | 225 | 1/jour S | 12–13 | 102 | 30 | 1,9 | 0,9 | 1,0 | 50 |

S = Période scolaire seulement
[a] 0,84 ppm dans l'eau de boisson

Nous disposons de relativement peu de données concernant l'emploi des bains de bouche chez l'adulte. L'un des premiers essais qui faisait appel à l'emploi de bains de bouche de fluorure de sodium sur de jeunes adultes n'a pu mettre en évidence aucun effet cariostatique.[23] Cependant, il n'y a aucune raison biologique connue qui puisse empêcher un adulte cario-sensible de tirer un bénéfice de l'emploi d'un bain de bouche fluoré. Chez l'adulte, on réussit à prévenir les caries rampantes consécutives aux irradiations par des applications répétées de gels fluorés[24] de même que les adultes vivant dans des zones dites fluorées développent significativement moins de caries radiculo-rampantes que ceux vivant dans des villes témoins.[25] L'Institut National de la Recherche Dentaire procède actuellement à une étude clinique portant sur l'efficacité des bains de bouche de fluorure de sodium quotidiens chez des sujets de 18 à 70 ans.

In vitro, l'incorporation de fluor par l'émail est accentuée lorsque la surface de l'émail est légèrement déminéralisée par un acide. Cette observation est à la base des préparations de bains de bouche fluorés à faible pH comme le fluoro-phosphate acidulé (FPA). Sur le Tableau 6-3, nous pouvons comparer les résultats de deux essais cliniques qui avaient pour but de comparer l'efficacité de bains de bouche quotidiens soit à pH neutre soit à base de FPA mais dont la concentration en ion fluor était identique.[13,14] L'emploi du FPA dans ces études n'a procuré aucun avantage significatif mais par contre était mal toléré étant donné le goût du bain de bouche acidulé.[14] D'autres études[26,27] confirment que les bains de bouche de FPA ont à peu près la même action cariostatique que les bains de bouche à pH neutre.

Tableau 6-3. Résultats d'essais cliniques comparant les bains de bouche au fluorophosphate neutre et acidulé.

| Études | Concentration en F | Fréquence des bains de bouche | Âge au début de l'étude | Nombre de participants | Durée de l'essai (mois) | CAOS Incidence carieuse | | | % Différence |
|---|---|---|---|---|---|---|---|---|---|
| | | | | | | Témoin | Testé | ▽ | |
| Aasenden et al. (1972)[13] | 200 NaF | 1/jour S | 8-11 | 114 | 36 | 12,3 | 9,0 | 3,3 | 27 |
| | 200 FPA | 1/jour S | 8-11 | 109 | 36 | | 8,7 | 3,66 | |
| Heifetz et al. (1973)[14] | 3000 NaF | 1/jour S | 10-12 | 126 | 24 | 7,5 | 4,7 | 2,8 | 38 |
| | 3000 FPA | 1/jour S | 10-12 | 133 | 24 | | 5,5 | 2,0 | 27 |

S = Jour de classe seulement

### Les bains de bouche au fluorure d'étain

Le fluorure d'étain dans les dentifrices s'est montré efficace dans la prévention de la carie. Cependant relativement peu d'études ont porté sur l'effet préventif de ce composé lorsqu'il est utilisé en bain de bouche.

Le Tableau 6-4 nous montre les résultats de deux essais cliniques au cours desquels furent évalués des bains de bouche quotidiens de fluorure d'étain à des concentrations de 100, 200 et 250 ppm de F.[28,29] Dans l'une de ces études, les sujets avaient aussi accès à de l'eau de boisson adéquatement fluorée. Comparativement aux enfants témoins traités avec un placebo, les enfants qui s'étaient rincés avec du fluorure d'étain développèrent environ 20 à 40% moins de caries pendant l'étude soit le même effet préventif que celui obtenu par des bains de bouche quotidiens ou hebdomadaires de

Tableau 6–4.  Résultats d'essais cliniques portant sur les bains de bouche au fluorure d'étain.

| Études | Concentration en F (ppm) | Fréquence des bains de bouche | Âge | Nombre de sujets au terme de l'étude | Durée (mois) | CAOS Témoin | CAOS Testé | $\nabla$ | % Différence |
|---|---|---|---|---|---|---|---|---|---|
| McConchie et al. (1977)[28] | 100 | 1/jour S | 10 | 199 | 36 | 5,8 | 4,6 | 1,2 | 20 |
|  | 200 | 1/jour S |  | 204 | 36 | 5,8 | 4,8 | 1,0 | 17 |
| Radike et al. (1973)[a][29] | 250 | 1/jour S | 8–13 | 348 | 30 | 3,0 | 2,0 | 1,0 | 33 |
| (Examinateur No. 2) |  |  |  |  |  | 2,8 | 1,6 | 1,2 | 43 |

S = Période scolaire seulement
[a] Eau de boisson fluorée disponible

fluorure de sodium. Nous disposons donc de preuves cliniques permettant de dire que l'effet anti-carieux du fluorure d'étain est en gros le même que celui obtenu avec le fluorure de sodium en bain de bouche.

### Les autres bains de bouche fluorés

D'autres composés fluorés en bain de bouche ont été testés, mais aucun n'a montré une action cariostatique suffisante comparativement au fluorure de sodium et de ce fait rien ne permet de recommander leur emploi.

Un essai clinique portant sur les bains de bouche à base d'amino-fluor n'a pas permis de démontrer la moindre supériorité de ce composé sur le fluorure d'étain lorsqu'il était administré sur le même mode.[30] Dans une autre étude, un bain de bouche à base de fluorure d'ammonium n'est pas apparu plus efficace qu'un bain de bouche de fluorure de sodium même s'ils furent prescrits tous deux quotidiennement et sous forme acidulée. Plus récemment, on a pu prétendre à la supériorité de bain de bouche combinant du fluoro-phosphate acidulé avec du fluorure d'étain qu'ils soient employés l'un à la suite de l'autre ou bien mélangés. Ces affirmations sont essentiellement basées sur des expérimentations in vitro qui ont montré qu'employés l'un à la suite de l'autre, ces bains de bouche réduisaient efficacement la solubilité de l'émail.[31] La réduction de la solubilité de l'émail n'est cependant en rien prospectif de l'efficacité clinique.

A ce jour nous ne disposons d'aucune étude faisant état de l'effet cariostatique d'une combinaison de fluoro-phosphate acidulé et de fluorure d'étain.

Il n'existe donc aucune raison permettant de croire qu'une telle combinaison puisse avoir une efficacité thérapeutique supérieure aux bains de bouche de fluorure de sodium qui, eux, ont été extensivement étudiés.

### Innocuité des bains de bouche fluorés

Les bains de bouche sont sans risque s'ils sont utilisés selon les protocoles préconisés. Il faut utiliser la quantité adéquate de solution, notamment pour les jeunes enfants et procéder à une supervision sérieuse pour s'assurer que le bain de bouche n'est pas dégluti. Les bains de bouche ne sont pas conseillés pour les enfants qui n'ont pas atteint l'âge scolaire.

Une étude portant sur des enfants de 10 à 11 ans a permis de calculer que 15% des 10-ml d'un bain de bouche était néanmoins dégluti lorsque les enfants se rinçaient correctement.[32] Avec un bain de bouche de NaF à 0,2% cela correspondrait à l'ingestion involontaire de 1,35 mg de F par semaine, c'est à dire bien en dessous de n'importe quelle valeur toxique. Les calculs correspondant à un bain de bouche quotidien de NaF à 0,05% démontrent une ingestion involontaire moyenne inférieure à 0,35 mg F/jour.

La déglutition involontaire ou volontaire de la totalité du bain de bouche entraînerait l'ingestion de 9 mg de F ou de 2,3 mg de F selon que les bains de bouche soient hebdomadaires ou quotidiens. Bien que l'ingestion possible en une fois d'une telle dose de fluor demeure très en dessous de la dose minimale de 120 mg de F qui est considérée comme étant sans danger pour un enfant de 5 ans, on doit l'éviter en exerçant une surveillance et en donnant des recommandations d'usage.[33] Les enfants plus âgés ont une marge de sécurité proportionnellement plus grande.

Des précautions de bon sens sont aussi nécessaires pour empêcher les enfants d'avoir accès à des quantités importantes de bain de bouche ou à des conditionnements de fluor concentrés souvent utilisés pour préparer les bains de bouche pour les programmes scolaires. L'ingestion d'un paquet de 2 grammes de fluorure de sodium, quantité couramment utilisée pour préparer les bains de bouche, aurait très certainement des répercussions toxiques sur tous les écoliers et serait vraisemblablement létal pour de jeunes enfants.[33] Comme pour tous les autres médicaments, les grosses quantités de fluor doivent être tenues en sûreté et demeurer inaccessibles aux enfants. Pour ce qui est des bains de bouche fluorés vendus pour être utilisés à la maison, ils contiennent au maximum environ 118 mg de F. L'ingestion en une seule fois de cette quantité est improbable car l'ingestion de grosses quantités de fluorure de sodium est émétique, toutefois une telle ingestion serait à l'origine de symptômes toxiques pour les jeunes enfants.[33] De ce fait les parents doivent exercer une surveillance soutenue lorsqu'ils utilisent des bains de bouche fluorés à la maison.

L'innocuité des bains de bouche à base de fluoro-phosphate acidulé et de fluorure d'étain combiné pose un problème. Si l'on en croit en effet les recommandations du fabricant de l'un de ces bains de bouche contenant environ 116 mg de F, sa déglutition entraînerait vraisemblablement des symptômes d'intoxication aiguë au fluor chez le jeune enfant.[34]

## Conclusions

Les bains de bouche au fluor sont des moyens minutieusement évalués et qui sont efficaces pour obtenir une prévention partielle contre la carie chez les enfants. Les évidences cliniques dont nous disposons permettent de penser que les bains de bouche au fluorure de sodium constituent la formule de choix, bien que l'action potentielle anti-plaque des bains de bouche de fluorure d'étain mérite de plus amples investigations. Pour les enfants de 6 ans et au delà, on prescrira pendant une minute 10 ml de bain de bouche à base soit de NaF à 0,2% pour usage hebdomadaire soit à base de NaF à 0,05% pour usage quotidien.

Les bains de bouche constituent un moyen idéal pour les programmes de prévention scolaire car un grand nombre d'enfants peuvent être adéquatement suivis et à moindre coût. La matière première pour les programmes de bains de bouche à l'école revient à moins de 10 francs par enfant et par année scolaire. Le coût total du programme peut varier selon le degré de surveillance nécessaire mais il a coûté de 7 à 90 francs dans 17 municipalités qui avaient participé à un programme de démonstration.[35]

Le rapport efficacité-coût des bains de bouche dépend aussi du nombre de caries réellement évitées. Ceci, à son tour, est fonction de la susceptibilité carieuse supposée des enfants traités. Comme pour toutes les mesures de prévention, le rapport efficacité/coût des bains de bouche au fluor apparaîtra d'autant moins avantageux que toutes les autres mesures de prévention de la carie continueront à être administrées aux enfants qui font ces bains de bouche. Ce fut notamment le cas pour un programme de démonstration de prévention de la carie dont nous avons eu connaissance récemment et à la suite duquel on n'a enregistré qu'un effet mineur chez les enfants qui s'étaient rincés avec le fluor comparativement au groupe témoin car les enfants du groupe témoin présentaient une très faible augmentation de l'incidence carieuse.[36]

Depuis 1974 aux Etats-Unis, un nombre toujours croissant d'enfants ont participé à des programmes scolaires basés sur l'emploi de bains de bouche fluorés. On estime environ à 11 millions le nombre d'enfants qui, chaque année, participent à ces programmes auquel il convient d'ajouter le nombre qui reste inconnu d'enfants qui maintenant font des bains de bouche fluorés à la maison. On ne peut cependant directement déterminer dans quelle mesure cette méthode préventive a contribué au déclin récemment observé de l'incidence carieuse chez les enfants. Les bains de bouche fluorés ayant entraîné de façon constante une réduction des caries de 35% nous pouvons donc penser que la généralisation de cette méthode de prévention peut avoir un impact substantiel sur la santé publique.

Les bains de bouche fluorés constituent une méthode simple, bien acceptée, sans danger et relativement bon marché, utilisable conjointement à d'autres méthodes de prévention telle que les "sealants", les dentifrices fluorés et peut-être la fluoration des eaux de boisson. Tant que l'on n'aura pu clairement démontré que l'incidence carieuse pouvait être diminuée ou stabilisée à de faibles niveaux par d'autres méthodes plus simples, les bains de bouche au fluor continueront à jouer un rôle majeur dans les efforts que nous déployons pour prévenir la carie dentaire.

## REFERENCES

1. Englander, H. R., et al. : Clinical anticaries of repeated topical sodium fluoride applications by mouthpieces. J. Am. Dent. Assoc., *100* : 638–644, 1967.
2. Shern, R. J., et al. : Enamel biopsy results of children receiving fluoride tablets. J. Am. Dent. Assoc., *95* : 310–314, 1977.
3. Jenkins, G. N., Edgar, W. M. : Distribution and forms of F in saliva and plaque. Caries Res., *11* (Suppl. 1) : 226–242, 1977.
4. Hamilton, I. R. : Effects of fluoride on enzymatic regulation of bacterial carbohydrate metabolism. Caries Res., *11* (Suppl. 1) : 262–291, 1977.
5. Silverstone, L. M. : The effect of fluoride in the remineralization of enamel caries and caries-like lesions in vitro. J. Public Health Dent., *42* : 42–53, 1982.
6. Larson, R. H., et al. : Caries inhibition in the rat by water-borne and enamel-borne fluoride. Caries Res., *10* : 321–331, 1976.
7. Birkeland, J. M. : Direct potentiometric determination of fluoride in soft tissue deposits. Caries Res., *4* : 243–248, 1970.
8. Yankell, S. L., et al. : Clinical effects of using stannous fluoride mouthrinses during a five-day study in the absence of oral hygiene. J. Periodont. Res., *17* : 374–379, 1982.
9. Glantz, P.-O. : On wetability and adhesiveness. A study of enamel, dentin, some restorative dental materials, and dental plaque. Odont. Revy., *20* : 1–132, 1969.

10. Horowitz, H. S. et al.: The effect on human dental caries of weekly oral rinsing with a sodium fluoride mouthwash: A final report. Arch. Oral Biol., *16*: 609–616, 1971.
11. Brandt, R. S., et al.: The use of a sodium fluoride mouthwash in reducing the dental caries increment in eleven-year-old English school children. Proc. Br. Paedod. Soc., *2*: 23–25, 1972.
12. Moreira, B. H., Tumang, A. J.: Council classifies fluoride mouthrinses. J. Am. Dent. Assoc., *91*: 1250–1251, 1975.
13. Aasenden, R., et al.: Effects of daily rinsing and ingestion of sodium fluoride solutions upon dental caries and enamel fluoride. Arch. Oral Biol., *17*: 1705–1714, 1972.
14. Heifetz, S. B., et al.: The effect on dental caries of weekly rinsing with a neutral sodium fluoride or an acidulated phosphate fluoride mouthwash. J. Am. Dent. Assoc., *87*: 364–368, 1973.
15. Rugg-Gunn, A. J., et al.: Caries prevention by daily fluoride mouthrinsing: a report of a three-year clinical trial. Br. Dent. J., *135*: 353–360, 1973.
16. Gallagher, S. J. et al.: Self-application of fluoride by rinsing. J. Public Health Dent., *34*: 13–21, 1974.
17. Maiwald, H. J., Padron, F. S.: Ergebnisse der kollektiven kariespravention durch Mundspulungen mit 0.2 prozentiger natrium fluoridlosung nach 88 Monaten. Stomatol. DDR, *27*: 835–840, 1977. (Eng. Abs.)
18. DePaola, P. F., et al.: Effect of high concentration ammonium and sodium fluoride rinses on dental caries in school children. Community Dent. Oral Epidemiol. *5*: 7–14, 1977.
19. Ripa, L. W., et al.: Supervised weekly rinsing with a 0.2 percent neutral NaF solution: Results from a demonstration program after two school years. J. Am. Dent. Assoc., *97*: 793–798, 1978.
20. Ringelberg, M. L., et al.: Caries-preventive effect of amine fluorides and inorganic fluorides in mouthrinses or dentifrice after 30 months of use. J Am. Dent. Assoc., *98*: 202–208, 1979.
21. Heifetz, H. B., et al.: A comparison of the anticaries effectiveness of daily and weekly rinsing with sodium fluoride: Final results after three years. Pediatr. Dent., *4*: 300–303, 1982.
22. Driscoll, W. S., et al.: Caries-preventive effects of daily and weekly fluoride mouthrinsing in a fluoridated community: Final results after 30 months. J. Am. Dent. Assoc., *105*: 1010–1013, 1982.
23. Bibby, B. G., et al.: Preliminary reports on the effect on dental caries of the use of sodium fluoride in a prophylactic cleaning mixture and in a mouthwash. J. Dent. Res., *25*: 207–211, 1946.
24. Dreizen, S., et al.: Prevention of xerostomia-related dental caries in irradiated cancer patients. J. Dent. Res., *56*: 97–104, 1977.
25. Stamm, J. W., et al.: Comparison of root caries and/or fillings present in adults with lifelong residence in fluoridated and nonfluoridated communities. AADR Abstract No. 552, 1980.
26. Frankl, S. N., et al.: The topical anticariogenic effect of daily rinsing with an acidulated phosphate fluoride solution. J. Am. Dent. Assoc., *85*: 882–886, 1972.
27. Finn, S. B., et al.: The clinical cariostatic effectiveness of two concentrations of acidulated phosphate fluoride mouthwash. J. Am. Dent. Assoc., *90*: 398–402, 1975.
28. McConchie, J. M., et al.: Caries-preventive effects of two concentrations of stannous fluoride mouth rinse. Community Dent. Oral Epidemiol., *5*: 278–283, 1977.
29. Radike, A. W., et al.: Clinical evaluation of stannous fluoride as an anti-caries mouthrinse. J. Am. Dent. Assoc., *86*: 404–408, 1973.
30. Ringelberg, M. L., et al.: Effects of an amine fluoride dentifrice and mouthrinse on the dental caries in school children after 18 months. J. Prev. Dent., *5*: 26–30, 1978.
31. Shannon, I. L.: Antisolubility effects of acidulated phosphate fluoride and stannous fluoride in the treatment of crown and root surfaces. Aust. Dent. J., *16*: 240–242, 1971.
32. Birkeland, J. M.: Intra- and interindividual observations on fluoride ion activity and retained fluoride with sodium fluoride mouthrinses. Caries Res., *7*: 39–55, 1973.
33. Heifetz, S. B., Horowitz, H. S.: The amount of fluoride in current fluoride therapies: Safety considerations for children. J. Dent. Child. (in press).
34. Horowitz, H. S., Horowitz, A. M.: Letters to the editor, J. Public Health Dent., *41*: 6–7, 1981.
35. Miller, A. J., Brunelle, J. A.: A summary of the NIDR community caries prevention demonstration program. J. Am. Dent. Assoc., *107*: 265–269, 1983.
36. Bell, R. M., et al.: Treatment effects in the national preventive dentistry demonstration program. Rand. Publ. No. R-3072-RWJ, Santa Monica, California, 1984.

## Chapitre 7
# *Les fluorures en thérapeutique parodontale*

Michael G. NEWMAN, Dorothy A. PERRY,
Fermin A. CARRANZA Jr., et John E. MAZZA

La carie et les maladies parodontales sont les infections les plus communes chez l'homme. La nature chronique et la haute fréquence des maladies parodontales induites par la plaque, créent de sérieux problèmes pour traiter et prévenir ces maladies. Etant donné le développement de la plaque, qui constitue un potentiel pathologique permanent, un traitement à long terme et continue est nécessaire. Le recours à la chimiothérapie pour prévenir le développement des germes pathogènes de la plaque a été largement répendu et utilisé. Parmi les agents les plus couramment utilisés on trouve la chlorhexidine et les composés fluorés.

Les composés fluorés ont des usages thérapeutiques potentiels, complémentaires et préventifs dans le traitement des maladies parodontales. Ces composés agissent à la fois sur les agents de la maladie et sur la dent. Au cours des 15 dernières années, de nombreuses études ont permis de penser que le fluorure d'étain était parmi les meilleurs agents fluorés parce qu'il permettait de réduire : (1) la plaque et potentiellement la gingivite; (2) le saignement lors du sondage des poches sur des patients atteints de maladie parodontale; (3) la solubilité de l'émail; (4) les agents cariopathiques et potentiellement parodontopathiques; (5) l'hypersensibilité dentaire. Une grande variété de formules et de modes d'administrations ont été évalués. Des études à long terme sont en cours pour déterminer l'effet des agents fluorés sur de longues périodes. D'autres recherches permettront de clarifier le rôle du fluorure d'étain et d'autres fluorures dans le traitement, le contrôle et la prévention de la maladie parodontale.

La carie et les maladies parodontales sont les infections les plus courantes chez l'homme. Ces infections sont le résultat de l'accumulation et du développement de bactéries pathogènes spécifiques présentes au sein de la plaque supra- et sous-gingivale.[1] Avant l'utilisation du fluor, quand l'incidence carieuse était élevée, l'essentiel des traitements dentaires tournait autour de la prévention et de la restauration des dégâts causés par la carie. De nos jours, la nature, l'incidence et la perception de la maladie dentaire s'est modifiée de façon spectaculaire. L'Institut National de la Recherche Dentaire estime que 37% des enfants américains n'ont jamais eu de carie et que le taux global des caries continue de décroître.[2] Les enfants de l'époque ou est apparu le fluor sont maintenant adultes. Ils seront, tout comme ceux des générations précédentes, et dans la proportion de neuf sur dix atteints par les maladies parodontales, et parvenu à l'âge de 60 ans un tiers des Américains aura déjà perdu toutes ses dents essentiellement par maladie gingivale.[3] Ces faits ont suscité au sein du monde odontologique un grand intérêt pour le diagnostic, le traitement et la prévention des maladies parodontales.

**Tableau 7-1.** Propriétés générales des agents fluorés topiques dans le cadre du traitement parodontal. (Tirées en partie des références 4,6,10,13,16,19,49,54-58,59.)

| Antiplaque | Effets sur les dents |
|---|---|
| Supragingivale | Reminéralise |
| Sousgingivale | Renforce |
| | Désensibilise |

| Antibactérien | Effets potentiels indésirables |
|---|---|
| Sélectif | Augmente les microorganismes résistants |
| Non sélectif | Ingestion-toxique |
| Diminue la recolonisation des pathogènes | Allergie |

La nature chronique et la haute fréquence des maladies parodontales créent de sérieux problèmes pour traiter et prévenir ces maladies. Etant donné que la plaque, cause potentielle de la maladie se développe sans arrêt, un traitement à long terme et continu est nécessaire. On admet maintenant que les cibles des traitements sont les agents spéciques de la maladie (les bactéries spécifiques pathogènes) et la dent elle-même. La prévention du développement de ces agents pathogènes au sein de la plaque par des agents chimiothérapeutiques suscite un grand intérêt et est maintenant considérée comme une modalité de traitement importante et viable. Parmi les agents les plus couramment employés on trouve la chlorhexidine et les composés fluorés. Tout récemment, nous avons acquis de nouvelles connaissances relatives aux effets bénéfiques potentiels des fluorures pour le traitement des maladies parodontales ce qui fait naître une "nouvelle ère du fluor".

Les composés fluorés ont des usages thérapeutiques potentiels, complémentaires et préventifs dans le traitement de la maladie parodontale. Ces composés atteignent leurs objectifs thérapeutiques en agissant tant sur les bactéries pathogènes que sur les dents (Tableau 7-1). Au cours des 15 dernières années de nombreuses études ont

**Tableau 7-2.** Modes d'administration de plusieurs agents fluorés en thérapeutique parodontale (liste non exhaustive). $SnF_2$ = fluorure d'étain; NaF = fluorure de sodium; FPA = fluorure phosphate acidulé; Amine = fluorure d'amine; $Na_2PO_3F$ = monofluorophosphate de sodium.

| Modes d'administration | Agents | Application par le patient[a] | Application par le praticien |
|---|---|---|---|
| Dentifrice | $SnF_2$, NaF, $Na_2PO_3F$ | x | — |
| Bain de bouche | $SnF_2$, NaF, FPA | x | x |
| Gel | $SnF_2$, NaF, FPA | x | x |
| Vernis | Amine | — | x |
| Ionophorèse | $SnF_2$, NaF, FPA | — | x |
| Fil | $SnF_2$, NaF | x | — |
| Cires | $SnF_2$, NaF | — | x |
| Restaurations | NaF | — | x |
| Irrigation | $SnF_2$, NaF, FPA | x | x |
| Cure-dents | $SnF_2$, NaF | x | — |
| Chewing-gum | $SnF_2$ | | |

[a]L'acceptation par le patient est essentielle pour l'optimisation de l'efficacité de ces agents

permis de penser que le fluorure d'étain ($SnF_2$) est à classer parmi les meilleurs agents fluorés disponibles parce qu'il est en mesure de : (1) réduire la plaque et potentiellement la gingivite;[4-18] (2) réduire le saignement lors du sondage des poches chez les patients atteints de maladie parodontale;[19-21] (3) réduire la solubilité de l'émail;[22] (4) réduire les agents odontopathiques[23-25] et potentiellement parodontopathiques;[19-21,26,27] (5) réduire l'hypersensibilité dentaire.[28] De nombreuses formules ont été testées et de nombreuses méthodes d'application ont été évaluées (Tableau 7–2). D'autres études sont actuellement en cours pour déterminer l'action du fluorure d'étain et d'autres agents fluorés sur de longues périodes.

Ce chapitre passera brièvement en revue : (1) les concepts actuels de la maladie parodontale, car en effet, le protocole, la mise en oeuvre et l'emploi des agents fluorés dépend de notre compréhension du processus pathologique; (2) le bilan actuel concernant l'emploi des fluorures, spécialement le fluorure d'étain, dans le traitement de la maladie parodontale.

## Conception actuelle de la maladie parodontale

Les progrès effectués grâce à la recherche concernant la microbiologie et l'immunologie de la maladie parodontale ont été dynamiques et sophistiqués.[29] Ces recherches ont montré que les différentes formes de maladie parodontale tout comme leur degré variable de sévérité, étaient liées à des combinaisons différentes d'interactions bactériennes spécifiques chez un hôte complexe.

### *La plaque supragingivale*

Schématiquement, d'un point de vue anatomique, la plaque se développe au dessus (supragingivale) et en dessous (sousgingivale) du feston gingival (Fig. 7–1). La formation de la plaque supragingivale implique d'abord l'association de bactéries Gram positives avec la surface dentaire. Les éléments salivaires et nutritionnels, l'hygiène buccale ainsi que des facteurs locaux et spécifiques à l'hôte, influencent la nature et le potentiel pathogène de cette plaque. Cette plaque supragingivale établie, il s'en suit une accumulation de bactéries pathogènes de même qu'une augmentation en volume de

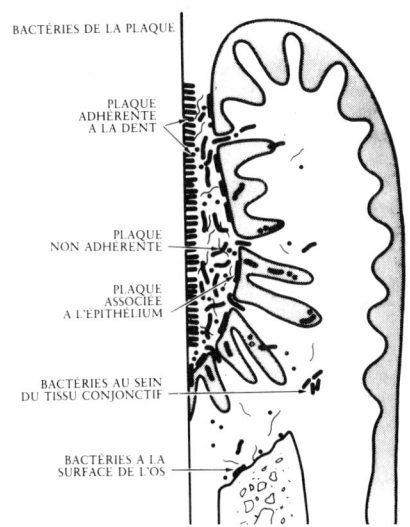

Fig. 7–1. Représentation schématique de l'organisation de la plaque supragingivale. La plaque associée ou adhérente à la dent contient essentiellement des germes gram-plus. La plaque adhérente est toujours recouverte par une couche de plaque peu adhérente contenant essentiellement des germes gram-moins mobiles. Cette couche désorganisée est adhérente à la surface epithéliale de la poche. Les germes adhérents à la surface de la poche peuvent envahir le tissu épithélial et conjonctif ainsi que le tissu osseux (non représenté sur le schéma). Reproduit avec l'autorisation de W. B. Saunders.[1]

la plaque qui seront à l'origine de l'apparition ultérieure de la gingivite. Ce sont des modifications bactériologiques précoces de la plaque supragingivale qui sont à l'origine de la réponse inflammatoire de la gencive. Le plus souvent ces modifications sont le résultat d'une mauvaise hygiène buccale et sont à l'origine de l'oedème, de la tuméfaction et de l'augmentation du fluide gingival. Ces modifications physiologiques et anatomiques de la gencive sont en partie responsables des altérations consécutives et pathogènes de la plaque sousgingivale. Cette succession de modifications bactériologiques au sein de la plaque supragingivale (et sousgingivale) permet de penser que ce sont des bactéries spécifiques qui sont à l'origine de ces modifications "pathogènes".[30,31] Le retour à une "plaque jeune" après traitement (qu'il soit seulement mécanique ou complété par du fluor) permet de retrouver une condition gingivale saine.[32]

*La plaque sousgingivale*

La plaque sousgingivale est liée aux maladies parodontales destructives et à la dissémination de l'infection. Les bactéries qui colonisent cette région sont essentiellement anaérobies et capnophiles. Des espèces Gram-négatives et Gram-positives sont régulièrement isolées. La plupart de ces bactéries utilisent les protéines et d'autres nutriments fournis par le fluide gingival dans l'environnement sousgingival.

Des bactéries sousgingivales spécifiques et des groupes de bactéries ont été mis en cause dans plusieurs maladies parodontales et certaines bactéries ont été associées aux périodes de rémission et d'exacerbation.[1] Les bactéries anaérobies, capnophiles et motiles sousgingivales ont été utilisées comme "marqueurs" par de nombreux auteurs pour déterminer l'efficacité des traitements parodontaux. Plus spécifiquement, les spirochètes et les bactéries motiles sousgingivales ont fait l'objet de comptages en microscopie à fond noir et en contraste de phase et d'autres bactéries ont été recherchées par l'intermédiaire de milieux de cultures bactériologiques spécifiques.[46-47] Les chercheurs ont différencié les comptages des micro-organismes prélevés à partir de la plaque sousgingivale selon que ce prélèvement était effectué avant ou après traitement (avec ou sans chimiothérapie). Une diminution du nombre de ces bactéries est apparue coincider avec une amélioration clinique de la santé gingivale.[46-48] On se pose toujours la question de savoir comment ces groupes de bactéries sont en fait impliqués dans la maladie active.

Récemment, la plaque supragingivale a été caractérisée sur la base de ses rapports avec la surface dentaire[33,34] et les tissus adjacents, minéralisés et non minéralisés[1,35-40] (Fig. 7-1). La colonisation bactérienne de la poche répond à de nombreuses et importantes considérations cliniques et thérapeutiques. Les périodes d'exacerbation dans les formes chroniques et réfractaires de parodontites peuvent être, au moins à leur début, causées par l'invasion sousgingivale d'agents pathogènes.[45] L'élimination de ces bactéries présentes dans la poche ou dans les tissus, par traitement mécanique ou par administration de médicaments anti-bactériens est devenu l'objectif thérapeutique de la parodontothérapie moderne.

Une fois établie dans la zone sousgingivale, l'infection parodontale diffuse généralement dans la cavité buccale via la poche parodontale en n'induisant que peu ou pas de douleur ou d'inconfort. La mobilité dentaire, l'hémorragie gingivale et l'augmentation des espaces inter-dentaires sont des signes courants mais ne signifiant pas pour autant un stade avancé de la maladie. Dans de très nombreux cas, l'infection parodontale profonde est caractérisée par une gencive fibrotique ou une gencive apparemment "normale".*

Les progrès récemment réalisés en microbiologie, en anatomie et en immunologie en rapport avec les infections buccales odontopathiques fournissent l'occasion de commencer à tester des approches thérapeutiques dirigées spécifiquement contre les agents pathogènes suspectés ou vers les tissus qu'ils détruisent.[41-44]

### Les fluorures en thérapeutique parodontale

Pour présenter un intérêt en thérapeutique parodontale, les fluorures doivent être sans danger, facilement disponibles et efficaces contre les agents de la maladie (les microorganismes). Les fluorures doivent présenter un intérêt pour les patients indemnes de maladie parodontale (Type I), et les patients atteints par cette maladie ou ceux présentant un stade arrêté de la maladie (Type II) (Tableau 7-3). Les raisons de l'utilisation clinique des agents fluorés sont publiées et se fondent sur des études de laboratoire, menées sur l'animal ou sur l'homme. Perry[49] et Tinanoff[16] les ont exposées dans des revues de la littérature que l'on peut consulter. Les informations les plus récentes concernant le rôle potentiel des agents fluorés pour traiter les patients du Type I et du Type II sont les suivantes:

*Type I — Parodonte sain*

Les patients de Type I ont généralement un parodonte sain (Tableau 7-3). L'objectif du traitement est simple — *prévenir la maladie*. Outre une action anti-carieuse et une diminution possible de la sensibilité dentaire (hypersensibilité) le rôle majeur des fluorures est d'*empêcher* les agents pathogènes de s'installer dans la plaque. Ceci peut être obtenu de plusieurs manières, à savoir : (1) en réduisant le volume de la plaque et son vieillissement; plus la plaque est volumineuse et âgée, plus elle a de chance d'être colonisée par les germes pathogènes; (2) en réduisant les effets délétères des pathogènes déjà présents dans la plaque pour maintenir un parodonte sain; (3) en assurant la rétention de fluor dans la plaque et/ou dans la dent pour obtenir des effets bénéfiques potentiels à long terme (substantivité).

Les patients de Type I ne sont pas justiciables de traitements fluorés spéciaux ou inhabituels tels que l'utilisation d'agents à forte concentration et pendant une longue

Tableau 7-3. Les différents types de patients parodontaux.

| *(Type I)* *Patient à parodonte sain* |
|---|
| Aucune évidence de maladie destructrice (perte osseuse) Gingivite locale minimale Sensibilité dentaire locale minimale Examens dentaires réguliers (entretien) |
| *(Type II)* *Patient à maladie parodontale* |
| Maladie active effective Signes de la maladie : poches, mobilité, destruction osseuse, récession gingivale, caries radiculaires Maladie stoppée (traitée) (entretien parodontal) |

période. Tant que ces patients peuvent bénéficier de dentifrices fluorés, de bains de bouche, de gels, la prévention de la maladie et le maintien d'un parodonte sain dépendent des visites régulières chez le praticien pour procéder à l'élimination mécanique de la plaque et du tartre dentaire et recevoir des conseils d'hygiène. Il est permis de penser que les agents fluorés (dont on doit démontrer l'innocuité à long terme) peuvent améliorer l'efficacité de l'hygiène buccale et selon toute probabilité le développement de la parodontite.

*Type II — Thérapeutique active ou du maintien parodontal*

Le patient de Type II est, soit l'objet d'un traitement actif, soit l'objet d'un traitement de maintien. La raison sur laquelle se fonde l'actuelle utilisation des fluorures en thérapeutique parodontale est que nous savons que toutes les formes courantes de maladies parodontales sont causées par les bactéries de la plaque. *Dans le cadre d'un traitement actif, l'objectif d'une thérapeutique fluorée est d'amplifier les effets des traitements mécaniques.* Cette amplification peut être obtenue : (1) en tuant les bactéries pathogènes de la plaque; (2) en empêchant ou en ralentissant la recolonisation de la plaque par les agents parodontopathiques (et peut-etre aussi la recolonisation des tissus); (3) en réduisant le volume de la plaque; (4) en diminuant la sensibilité post-opératoire; (5) en réduisant les possibilités de développement de caries radiculaires, de récidives carieuses ou l'apparition de nouvelles caries.

*Les effets anti-bactériens sur la plaque*

Des agents anti-microbiens topiques ont été employés expérimentalement et cliniquement depuis des années en thérapeutique parodontale. Outre des agents contenant du fluor, nous avons utilisé la tétracycline, la chlorhexidine, l'aléxidine, le péroxyde d'hydrogène, le bicarbonate de sodium ainsi que beaucoup d'autres. Aucun de ces agents n'est en mesure d'éliminer définitivement la plaque. L'efficacité thérapeutique repose sur la capacité de tuer les pathogènes qui sont présents et d'empêcher ou de ralentir la recolonisation. La cible de ces agents sont les bactéries de la plaque sus et sousgingivale.[26,27,50-53]

L'amplification des altérations de la plaque sus gingivale par les agents anti-microbiens permet de retarder le développement de nouvelles colonies de germes pathogènes non seulement dans la plaque supragingivale mais aussi dans la plaque sousgingivale. Ceci intervient au moins de trois façons : (1) les agents peuvent tuer directement les bactéries; (2) les agents peuvent réduire le volume de la plaque; (3) les agents peuvent empêcher la plaque supragingivale de se développer en migrant dans la zone sousgingivale où elle pourrait se développer à l'abri des effets des agents topiques (Fig. 7-2). Etant donné que la succession des modifications qui sont la cause de la présence des pathogènes prend place dans la plaque mature, maintenir la plaque à l'état "jeune" ou immature permettra de la rendre compatible avec une condition parodontale saine. Cet effet est également obtenu à partir des mesures d'hygiène buccale ne faisant pas appel à des agents chimiothérapeutiques. Le problème est donc de déterminer si les agents anti-microbiens ont un effet significatif sur la plaque et si ces effets peuvent aller au delà de ceux obtenus avec les nettoyages mécaniques.

---

*Il est impératif de procéder à un examen clinique parodontal avec une sonde parodontale chez les patients adultes. L'examen visuel est inadéquate.

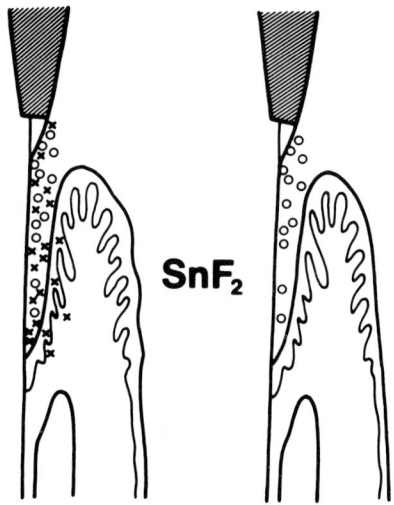

Fig. 7-2. Poche parodontale avec la plaque supra- et sousgingivale (à gauche). La surface buccale de la gencive présente une inflammation clinique. O = état sain — bactéries associées, X = germes parodontopathiques. (à gauche) L'emploi de fluorure d'étain ($SnF_2$) entraîne la destruction des germes parodontopathiques (X) et la recolonisation par des germes compatibles avec un état sain (O). La disparition de l'inflammation et le retour à l'état sain résultent de l'effet antimicrobien complémentaire du $SnF_2$. Cet agent peut également diminuer le nombre de caries et l'hypersensibilité des surfaces radiculaires.

Le pouvoir anti-microbien des fluorures à l'égard des germes pathogènes a été démontré. Yoon et coll.[26] ont évalué les effets du fluor sur des organismes de type "*Actinomyces*" chez 11 adultes, ces organismes étant en rapport avec les caries des racines et la gingivite. Il est donc apparu que le fluorure de sodium, le fluorure d'étain et le fluorophosphate acidulé (FPA) étaient tous trois efficaces pour faire baisser le pourcentage de ce groupe de bactéries. Des études in vitro portant sur la susceptibilité anti-microbienne ont montré que le fluorure d'étain est le plus efficace au bout d'une heure et que le fluorure de sodium est le moins efficace; au terme de 24 heures, le fluorure d'étain a montré la plus forte capacité inhibitrice alors que le FPA et le fluorure de sodium étaient tous deux moins efficaces.

Yoon et coll.[27] ont mis en évidence in vitro les effets du fluorure de sodium, du fluorure d'étain et du FPA sur des micro-organismes sousgingivaux Gram-négatifs de type *Bacteriodes melaninogenicus*, sous groupe *melaninogenicus* et *asaccharolyticus*. Le fluorure d'étain est apparu comme le plus efficace à la plus faible concentration et plus rapidement que le fluorure de sodium ou le FPA. Le fluorure d'étain étant plus acide que le FPA, son efficacité en est augmentée, mais cette acidité n'est pas exclusivement responsable de l'inhibition bactérienne obtenue in vitro. Cette étude et de nombreuses autres[16,49] ont permis de démontrer que l'ion stanneux est un agent anti-bactérien majeur. Les ions stanneux sont adsorbés à la surface des bactéries et agissent sur leur métabolisme et par voie de conséquence sur leur pouvoir pathogène. De plus, des modifications de la charge de surface des germes Gram-positifs peuvent avoir un effet sur leurs capacités de liaison de surface et de ce fait peuvent diminuer leurs possibilités de rétention dans la plaque. Les véritables mécanismes d'action ne sont pas totalement connus.

Les études in vitro précédemment citées ont montré que les agents à base de fluorure d'étain visaient les bactéries potentiellement pathogènes, pouvaient efficacement réduire le nombre de bactéries et de ce fait pouvaient potentiellement contrôler les maladies associées à ces bactéries. Nous avons la confirmation clinique de ces effets mais les données sont encore insuffisantes.

Mazza et coll.[19] ont montré que l'emploi de $SnF_2$ à 1,64% était plus efficace que le $SnF_2$ à 0,4% ou le sérum pour diminuer le nombre de bactéries motiles et de spirochètes présents dans la plaque sousgingivale de dix adultes mâles atteints de parodontite avancée. Les solutions ont été portées dans les zones sousgingivales avec une seringue à tuberculine calibrée et à une profondeur n'excédant pas 1 mm. Des comptages bactériologiques furent effectués après dix semaines, et la solution de $NaF_2$ à 1,64% a permis de réduire le nombre de 48,6% en une semaine et de maintenir cette réduction à 7,5% jusqu'à la dixième semaine. Cette préparation fluorée a aussi permis de réduire le mieux et pendant la période la plus longue le saignement dans les zones expérimentales ; la solution de fluorure d'étain à 0,4% s'est montrée moins efficace alors que le sérum s'est montré inefficace sur le saignement.

Perry et coll.[20] ont cherché à déterminer les effets du fluorure d'étain appliqué sousgingivalement en conjonction avec le curettage et le surfaçage radiculaire chez des patients de Type II. Une solution de $SnF_2$ à 1,64% fut portée dans les poches de 6 mm de profondeur d'une hémi-arcade après curettage et surfaçage radiculaire des deux arcades. Les autres hémi-arcades qui étaient atteintes de la même façon, furent lavées au sérum après traitement ou ne reçurent aucun lavage. Les patients furent suivis cliniquement et bactériologiquement 1, 3, 7, 12 et 16 semaines après le traitement. Les résultats ont montré que dans les poches de 6 mm traitées avec le $SnF_2$ à 1,64% la colonisation des pathogènes avait été significativement réduite pendant 7 semaines. Mazza et coll.[21] ont étudié le rôle du $SnF_2$ à 0,4% sur des patients de Type II qui n'avaient pas maintenu un parodonte sain parce qu'ils n'avaient pas procédé à des visites de contrôle tous les 3 mois chez leur praticien personnel. Les sujets qui, après sondage, présentaient un saignement généralisé sur trois des quatre hémi-arcades, furent l'objet d'une thérapeutique mécanique mais il leur fut demandé de procéder chaque jour et pendant 3 mois à un brossage avec un gel de $SnF_2$ à 0,4% en remplacement de leur dentifrice habituel. Les patients du groupe expérimental ($SnF_2$) présentèrent une réduction significative de la plaque supragingivale et du saignement gingival après 3 et 6 mois d'utilisation. Aucun effet délétère ne fut observé en cours d'étude.

Wieder et coll.[14] ont combiné l'emploi de la chlorhexidine auto-administrée sousgingivalement avec un dentifrice contenant du fluorure d'étain. Leurs résultats indiquent que le "contrôle" des bactéries de la plaque supra- et sousgingivale par cette approche chimiothérapeutique avait un effet spectaculaire et soutenu en ce sens qu'il réduisait les signes de la maladie parodontale.

Des études comme celles-ci démontrent clairement la puissance potentielle des fluorures en application topique et complémentaire (notamment le $SnF_2$) dans le cadre de la thérapeutique parodontale. Ces agents étant complémentaires, ils doivent être combinés aux moyens thérapeutiques habituels qui comprennent l'enseignement d'une hygiène buccale adéquate, l'élimination mécanique du tartre et de la plaque supra- et sousgingivale et un bilan régulier de la santé bucco-dentaire des patients. Sans la *totalité* de ces mesures, la prévention de la maladie ne peut être assurée.

Des études supplémentaires sont nécessaires pour déterminer le rôle du fluorure d'étain et des autres fluorures dans le traitement et la prévention des maladies parodontales. Certains des nombreux points qui restent à élucider sont : (1) le mode d'emploi le plus efficace pour les agents complémentaires ; (2) le type de surveillance requis pour en mesurer l'efficacité ; (3) les effets à long terme ; (4) l'identification des agents et des doses optimales correspondant aux besoins propres à chaque patient; (5) la recherche de traitements alternatifs n'impliquant pas l'acquiescement du patient.

## Conclusion

La nature chronique et la haute fréquence des maladies parodontales sont de mieux en mieux perçues de même que la nécessité croissante d'une amélioration de la thérapeutique parodontale. Toutes les formes de maladie parodontale étant causées par les bactéries de la plaque, l'emploi complémentaire d'agents anti-microbiens constitue une thérapeutique prometteuse. Les fluorures sont depuis longtemps utilisés en odontologie car ils se sont révélés efficaces et sans danger. Jusqu'à présent ils n'ont été utilisés que pour diminuer l'incidence carieuse. Maintenant nous savons que le fluorure d'étain constitue un complément efficace aux traitements parodontaux de routine parce qu'il peut réduire le volume de la plaque, avoir une action bactéricide et bactériostatique et diminuer les signes cliniques de la maladie.

REFERENCES

1. Newman, M. G., Saglie, R. S. : The role of microorganisms in periodontal disease. *In* Clinical Periodontology. 6th Ed., Chap. 25, ed. F. A. Carranza. Philadelphia, W. B. Saunders Co., 1984.
2. ADA News : Special Supplement. March 12, 1984.
3. Coady, J. M. : 'ADA letter to colleagues' for Periodontal Disease : Don't Wait Till it Hurts. ADA News, March 12, 1984.
4. Yankell, S. L., et al. : Clinical effects of using stannous fluoride mouthrinses during a five-day study in the absence of oral hygiene. J. Periodont. Res., *17* : 374-379, 1982.
5. Yankell, S. L., et al. : Effects of topically applied stannous fluoride and acidulated phosphate fluoride alone and in combination on dental plaque. J. Periodont. Res., *17* : 380-383, 1982.
6. Leverett, D. H., et al. : The effect of daily mouthrinsing with stannous fluoride on dental plaque formation and gingivitis — four month results. J. Dent. Res., *60* : 781-784, 1981.
7. Hock, J., Tinanoff, N. : Resolution of gingivitis in dogs following topical application of 0.4% stannous fluoride and toothbrushing. J. Dent. Res., *58* : 1652-1653, 1979.
8. Ellingsen, J. E., et al. : The effects of stannous and stannic ions on the formation and acidogenicity of dental plaque in vivo. Acta Odontol. Scand., *38* : 219-222, 1980.
9. White, S. T., Taylor, P. P. : The effect of stannous fluoride on plaque scores. J. Dent. Res., *58* : 1850-1852, 1979.
10. Bay, I., Rolla, G. : Plaque inhibition and improved gingival condition by use of a stannous fluoride toothpaste. Scand. J. Dent. Res., *88* : 313-315, 1980.
11. Gross, A., Tinanoff, N. : Effect of $SnF_2$ mouthrinse on initial bacterial colonization of tooth enamel. J. Dent. Res., *56* : 1179-1183, 1977.
12. Tinanoff, N., et al. : Effect of stannous fluoride mouthrinse on dental plaque formation. J. Clin. Periodontol., *7* : 232-241, 1980.
13. Svantun, B., et al. : A comparison of the plaque-inhibiting effect of stannous fluoride and chlorhexidine. Acta Odontol. Scand., *35* : 247-250, 1977.
14. Wieder, S. G., et al. : Stannous fluoride and subgingival chlorhexidine irrigation in the control of plaque and chronic periodontitis. J. Clin. Periodontol., *10* : 172-181, 1983.
15. Yankell, S. L., et al. : Effects of topically applied stannous fluoride and acidulated phosphate fluoride alone and in combination on dental plaque. J. Periodont. Res., *17* : 374-379, 1982.
16. Tinanoff, N., Weeks, D. B. : Current status of $SnF_2$ as an antiplaque agent. Pediatr. Dent., *1* : 199-204, 1979.
17. Hochenedel, A. M., et al. : Prevention of plaque formation in preschool children by daily brushing with 0.4% stannous fluoride gel : A feasibility study. Tex. Dent. J., *26* : 6-9, 1982.
18. Hellden, L., et al. : Clinical study to compare the effect of stannous fluoride and chlorhexidine mouthrinses on plaque formation. J. Clin. Periodontol., *8* : 12-16, 1981.

19. Mazza, J. E., et al. : Clinical and antimicrobial effect of stannous fluoride on periodontitis. J. Clin. Periodontol., *8* : 203–212, 1981.
20. Perry, D. A., et al. : Stannous fluoride adjunct to root planing, clinical, and antimicrobial effects. J. Dent. Res. *63* : (Abstract 702), 1984.
21. Mazza, J., et al. : The effect of daily self-applied $SnF_2$ on clinical parameters of periodontitis. J. Dent. Res., *63* : (Abstract 876), 1984.
22. Shannon, I. L. : In vitro enamel solubility reduction through sequential application of acidulated phosphofluoride and stannous fluoride. J. Can. Dent. Assn., *36* : 308–310, 1970.
23. Zickert, I., Emilson, C. G. : Effect of a fluoride-containing varnish on *Streptococcus mutans* in plaque and saliva. Scand. J. Dent. Res., *90* : 423–428, 1982.
24. Svanberg, M., Westergren, G. : Effect of $SnF_2$, administered as mouthrinses or topically applied, on *Streptococcus mutans*, *Streptococcus sanguis*, and lactobacilli in dental plaque and saliva. Scand. J. Dent. Res., *91* : 123–129, 1983.
25. Keene, H. J., et al. : Effect of multiple dental floss $SnF_2$ treatment on *Streptococcus mutans* in interproximal plaque. J. Dent. Res., *56* : 21–27, 1977.
26. Yoon, N. A., et al. : The antimicrobial effect of fluorides (acidulated phosphate, sodium, and stannous) on *Actinomyces viscosus*. J. Dent. Res., *58* : 1824–1829, 1979.
27. Yoon, N. A., et al. : Antimicrobial effect of fluorides on *Bacteroides melaninogenicus* subspecies and *Bacteroides asaccharolyticus*. J. Clin. Periodontol., *7* : 489–494, 1980.
28. Thrash, W. J., et al. : A method to measure pain associated with hypersensitive dentin. J. Periodontol., *54* : 160–162, 1983.
29. Löe, H. : Closing remarks : Microbiological and immunological aspects of oral diseases. J. Dent. Res., *63* : 476–477, 1984.
30. Holdeman, L. V., Burmeister, J. A., Moore, W. E. C. : Bacteriology of human experimental gingivitis. II. Species of interest. J. Dent. Res., *63* : 349 (Abstract 1538), 1982.
31. Moore, W. E. C., Good, I. J., Hash, D. E. : Bacteriology of human experimental gingivitis. I. Statistics and bacterial ecology. J. Dent. Res., *61* : 349 (Abstract 1537), 1982.
32. Mousques, T., Listgarten, M. A., Phillips, R. W. : Effect of scaling and root planing on the composition of the human subgingival microbial flora. J. Periodont. Res., *15* : 144–151, 1980.
33. Listgarten, M. A. : Structure of the microbial flora associated with periodontal health and disease in man : A light and electron microscopic study. J. Periodontol., *47* : 1–18, 1976.
34. Newman, H. N. : The apical border of plaque in chronic inflammatory periodontal disease. Br. Dent. J., *141* : 105–113, 1976.
35. Saglie, R., et al. : Bacterial invasion of gingiva in advanced periodontitis in humans. J. Periodontol., *53* : 217–222, 1982.
36. Allenspach-Petrzilka, G. E., Guggenheim, B. : *Bacteroides melaninogenicus* subspecies *intermedius* invades rat gingival tissue. J. Dent. Res., *61* : 259 (Abstract 728), 1982.
37. Fillery, E. D., Pekovic, D. D. : Identification of microorganisms in human gingivitis. J. Dent. Res., *61* : 253 (Abstract 675), 1982.
38. Gillett, R., Johnson, N. W. : Bacterial invasion of the periodontium in a case of juvenile periodontitis. J. Clin. Periodontol., *9* : 93–100, 1982.
39. Frank, R. M. : Bacterial penetration in the apical pocket wall of advanced human periodontitis. J. Periodont. Res., *15* : 563–573, 1980.
40. Saglie, R., et al. : Scanning electron microscopy of the gingival wall of deep periodontal pockets in humans. J. Periodont. Res., *17* : 284–293, 1982.
41. Löe, H., Korman, K. : Strategies in the use of antibacterial agents in periodontal disease. *In* Host-parasite Interactions in Periodontal Disease, ed. R. J. Genco, S. Mergenhagen. Washington, D.C., American Society for Microbiology, 1982, pp. 376–381.
42. Socransky, S. S. : Criteria for the infectious agents in dental caries and periodontal disease. J. Clin. Periodontol., *6*(Supplement) : 16–21, 1979.
43. Lindhe, J. : Treatment of localized juvenile periodontitis, clinical implications. *In* Host-parasite Interactions in Periodontal Disease, ed. R. J. Genco, S. Mergenhagen. Washington, D.C., American Society for Microbiology, 1982, pp. 382–394.
44. Slots, J., et al. : Periodontal therapy in humans. I. Microbiological and clinical effects of a single course of periodontal scaling and root planing, and of adjunctive tetracycline therapy. J. Periodontol., *50* : 495–509, 1979.

45. Robertson, M., et al.: Correlation of bacterial invasion and disease activity. J. Dent. Res., *63*: (Abstract 470), 1984.
46. Listgarten, M. A., Hellden, L.: Relative distribution of bacteria at clinically healthy and periodontally diseased sites in humans. J. Clin. Periodontol., *5*: 115–132, 1978.
47. Listgarten, M. A.: Colonization of subgingival areas by motile rods and spirochetes: Clinical implications. *In* Host-parasite Interactions in Periodontal Disease, ed. R. J. Genco, S. Mergenhagen. Washington, D.C., American Society for Microbiology, 1982, pp. 112–120.
48. Rosling, B. G., Slots, J.: Topical chemical antimicrobial therapy in the management of the subgingival microflora and periodontal disease. J. Dent. Res., *61*: 273 (Abstract 854), 1982.
49. Perry, D. A.: Fluorides and Periodontal Disease: A Review of the literature. J. West. Soc. Perio., *30*: 93–105, 1982.
50. Andres, C. J., et al.: Comparison of antibacterial properties of stannous fluoride and sodium fluoride mouthwashes. J. Dent. Res., *53*: 457–460, 1974.
51. Mandell, R. L.: Sodium fluoride susceptibilities of suspected periodontopathic bacteria. J. Dent. Res., *62*: 706–708, 1983.
52. Brown, L. R., et al.: Effect of continuous fluoride gel use on plaque fluoride retention and microbial activity. J. Dent. Res., *62*: 746–751, 1983.
53. Trieger, N., Chomenko, A.: New Concepts in the treatment of periodontitis. Oral Maxillofac. Surg., *43*: 701–708, 1982.
54. Gabler, W. L., et al.: Fluoride inhibition of polymorphonuclear leukocytes. J. Dent. Res., *58*: 1933–1939, 1979.
55. Hock, J., et al.: Blood and urine fluoride concentrations associated with topical fluoride applications on dog gingiva. J. Dent. Res., *60*: 1427–1431, 1981.
56. Gabler, W. L., Leong, P. A.: Effect of fluoride on polymorphonuclear leukocyte myeloperoxidase. J. Dent. Res., *59*: 135, 1980.
57. Holland, R. I.: Cytotoxicity of fluoride. Acta Odontol. Scand., *38*: 69–79, 1980.
58. Solheim, H., et al.: Chemical plaque control and extrinsic discoloration of teeth. Acta Odontol. Scand., *38*: 303–309, 1980.
59. Stoller, N. H., et al.: Clinical evaluations of an amine fluoride mouthrinse on gingival inflammation and plaque accumulation. J. Periodontol., *48*: 650–653, 1977.

## Chapitre 8
# *L'Effet des fluorures sur les caries radiculaires et la sensibilité radiculo-dentinaire*

## Ernest NEWBRUN

Les études qui ont porté sur l'utilisation du fluor par voie topique ou générale sur l'homme ou le rat, font constamment mention des effets du fluor sur les caries radiculaires. Cependant la plupart de ces informations ont une portée limitée et n'ont été publiées que sous forme préliminaire. Les données épidémiologiques comparent seulement deux niveaux de fluoration de l'eau de boisson et n'intègrent pas de population buvant de l'eau fluorée à la concentration optimale. Les études portant sur les effets du fluor topique dans la prévention des caries radiculaires ont par nécessité des effectifs de participants limités en nombre, limités aussi pour ce qui est de la coopération et de la durée de la période d'observation. Des études au protocole rigoureux sont encore indispensables pour établir quel sera le mode de thérapeutique fluorée qui se révélera le plus efficace et qui suscitera le maximum de coopération.

La sensibilité de la dentine radiculaire aux stimulations thermiques, osmotiques, chimiques, ou mécaniques se manifeste lorsque les tubules dentinaires sont exposés. Si l'on en croit la théorie hydrodynamique de la sensibilité dentinaire, le fluide de ces tubules transmet les changements de pression à des mécanorécepteurs situés dans la pulpe entraînant la sensation de douleur. L'objectif du traitement de désensibilisation a donc généralement consisté en une obstruction mécanique des tubules. Cette obstruction peut s'effectuer naturellement par l'intermédiare des éléments salivaires ou du fluide gingival ou bien encore par des ingrédients contenus dans les dentifrices. De nombreux patients présentant une hyperesthésie dentinaire guérissent spontanément sans intervention thérapeutique. Par contre, pour les patients qui souffrent de formes sévères pouvant interférer avec le fait de boire, de manger, et de procéder aux mesures d'hygiène buccale, une désensibilisation réelle et durable de la dentine est indispensable. Les composés fluorés, parmi lesquels le fluorure de sodium (NaF), le fluorure d'étain ($SnF_2$) et le monofluorophosphate de sodium ($Na_2PO_3F$), ont été utilisés par les praticiens ou par les patients eux-mêmes pour obtenir une désensibilisation et se sont avérés efficaces cliniquement. Outre les fluorures, d'autres agents sont également en mesure de diminuer la sensibilité dentinaire. Une analyse critique de la plupart de ces études montre qu'elles ne comportaient aucun groupe témoin, qu'elles n'étaient pas basées sur un protocole en double aveugle et que, seules les informations subjectives données par les participants servaient de base à l'évaluation des effets. L'effet placebo est considérable dans le cadre des évaluations uniquement subjectives.

Les données démographiques actuelles indiquent que la durée de vie moyenne des Américains augmente et que, de ce fait, la proportion de personnes âgées est en augmentation continue et croissante. Dans le même temps, des enquêtes épidémiologiques dentaires effectuées aux Etats-Unis et dans les pays occidentaux industrialisés montrent un déclin de l'incidence carieuse coronaire. Ces deux tendances, d'une part une augmentation de la durée de vie et d'autre part la réduction des pertes dentaires par la carie, permettent de penser que le traitement et la prise en compte des maladies parodontales vont occuper une place de plus en plus importante en odontologie. L'une des conséquences des maladies parodontales est la migration en direction apicale de l'attache épithéliale. Ce phénomène entraînant la dénudation de la surface radiculaire est un prérequis à l'apparition des caries radiculaires et de la sensibilité dentino-radiculaire. Les données épidémiologiques et étiologiques de ces deux affections sont encore insuffisantes. Les fluorures ont été souvent employés empiriquement pour prévenir les caries radiculaires et traiter la sensibilité dentino-radiculaire.

**Les effets des fluorures par voie topique ou générale sur les caries radiculaires**

Les modalités préventives des caries radiculaires chez les patients à haut risque comprennent des conseils d'hygiène buccale et des directives nutritionnelles mais la pierre angulaire de toute démarche préventive pour ces patients doit être basée sur une forme de thérapeutique par le fluor. L'un de ces groupes à haut risque est composé par les patients dont le flux salivaire est, soit diminué, soit totalement tari, en réponse à des altérations des glandes salivaires ou à des irradiations thérapeutiques. Deux formes de traitements fluorés ont été préconisées et testées pour ces sujets. L'une consiste à employer un gel neutre ou acide contenant 1,1% de NaF, appliqué topiquement avec une gouttière individuelle en plastique mou pendant 5 à 10 minutes par jour, ce qui libère 5.000 ppm de F.[1-3] L'autre forme, consiste à utiliser un gel de $SnF_2$ à 0,4% à appliquer directement sur les dents avec une brosse à dents pendant environ 1 minute par jour chez les patients atteints de xérostomie légère ou modérée libérant ainsi 1.000 pm de F.[4] Ce traitement fluoré peut aussi être administré avec une gouttière individuelle pendant 5 à 10 minutes par jour aux malades atteints de xérostomie sévère.[5]

L'efficacité d'un gel de NaF à 1,1% appliqué avec une gouttière individuelle en polyvinyl a été démontrée chez des enfants participant à un programme scolaire contrôlé,[6] mais qui n'a pas été largement développé pour les enfants en raison de son mauvais rapport efficacité/coût. Cependant, pour une population adulte à haut risque et qui n'est plus en denture mixte, ce rapport efficacité/coût demeure valable. Une étude à ce sujet montre qu'après emploi quotidien et pendant 6,5 ans d'un gel de NaF à 1,1% par 67 malades irradiés, seulement 37% d'entre eux développèrent des caries.[1] Ce même gel appliqué quotidiennement a permis d'inhiber profondément le développement des caries après irradiation chez 42 malades atteints de xérostomie et âgés de 17 à 76 ans.[2] Pour les sujets du groupe expérimental l'augmentation de l'incidence carieuse était de 0,07 CAOD/mois (ou 0,84 CAOD/an), alors que les sujets du groupe témoin qui n'avaient eu recours qu'à des mesures d'hygiène bucco-dentaires développèrent des caries à une telle rapidité en trois mois, qu'ils furent aussi traités avec du NaF à 1,1%. Les patients qui n'avaient pas utilisé du gel de NaF à 1,1% présentèrent une augmentation immédiate et marquée du nombre des *Streptococcus mutans* au sein de leur plaque. Des auto-applications quotidiennes de ce gel pendant 5 minutes, bien que n'éliminant pas la flore cariogène, a permis de réduire de façon significative l'augmentation des *S. mutans* consécutive à l'irradiation. Par ailleurs, ce mode de fluoration thérapeutique a permis également de réduire de façon significative la production d'acide au sein de la plaque.[7]

Les études mentionnées précédemment faisaient appel à du gel de NaF à 1,1% auto-administré capable de libérer 5.000 ppm de F. C'est à une prescription tout à fait différente qu'eurent recours Johansen et Olsen[3] pour 155 patients présentant une sensibilité à la carie très élevée due à de nombreuses raisons incluant des irradiations thérapeutiques, une sécrétion salivaire diminuée et une structure dentaire défectueuse. Ces patients reçurent par l'intermédiaire de gouttières en plastique mou soit du gel de fluoro-phosphate acidulé (FPA) contenant 1,23% de F (12.300 ppm de F) soit un gel de fluorure de sodium neutre contenant 1% de F (10.000 ppm) pour ceux qui présentaient des hypersensibilités radiculaires ou dentinaires trop marquées. Ces gels à haute concentration de fluor sont généralement utilisées en cabinet et non pas par les patients eux-mêmes. Le plan de traitement comportait deux applications de 5 minutes chaque jour et pendant deux semaines suivies d'une seule application quotidienne pendant une autre période de deux semaines. Après chaque application, les patients se rinçaient pendant 2 minutes avec un "bain de bouche reminéralisant" contenant 5 mM de calcium, 3 mM de phosphate et 0,25 mM de fluor (5 ppm). Au terme des 4 semaines de traitement avec le gel fluoré, le bain de bouche fut poursuivi tout au long des 3 années que dura l'étude. L'augmentation carieuse fut de 0,2, 0,2 et 0,3 lésions nouvelles/patient/an au terme de la première, deuxième et troisième année. Les auteurs prétendent que les traitements par le fluor auto-administré peuvent être interrompus après seulement 4 semaines s'ils sont suivis par un ensemble de mesures comprenant, une hygiène buccale satisfaisante, un dentifrice fluoré, un bain de bouche quotidien reminéralisant sursaturé et une stimulation salivaire à l'aide de gomme à mâcher.

Le gel de $SnF_2$ à 0,4% a été adopté pour les traitements quotidiens auto-administrés dans les Hôpitaux de l'Administration des Anciens Combattants. Wescott et coll.[4] mentionnent avoir utilisé ce traitement sur 24 patients qui avaient été irradiés pour des tumeurs malignes de la face et du cou. Chez 6 de ces patients qui employaient quotidiennement le gel, aucune couronne dentaire ne fut amputée et une seule zone cariée fut diagnostiquée pendant 3,75 années. Neuf de ces patients qui avaient, soit refusé d'utiliser le gel, soit l'avait employé sporadiquement eurent 57 amputations coronaires et 75 surface cariées supplémentaires pendant 3,75 années. Enfin, les neuf autres ne purent être suivis jusqu'au terme de l'étude. La forte proportion de patients non coopératifs peut être imputée en partie au goût désagréable du gel de $SnF_2$ à 0,4% mis au point par ces Hôpitaux. Les gels de $SnF_2$ à 0,4% maintenant commercialisés ont un goût plus agréable, ce qui favorise une meilleure acceptation par les patients. Cinq produits à base de $SnF_2$ à 0,4% ont été homologués par le Conseil des Thérapeutiques Dentaires de l'ADA (Flo-Gel, Gel-Kam, Omnii, Gel Tin, STOP) et un autre est en cours d'analyse par ce Conseil. Le programme de prévention de la carie mis en oeuvre par le M. D. Anderson Hospital de l'Université du Texas depuis 1980 comporte l'emploi d'une application topique quotidienne d'un gel de $SnF_2$ à 0,4%.[8] Le gel de $SnF_2$ s'est révélé plus efficace que le gel de fluorure de sodium pour réduire le nombre des *Streptococcus mutans* au sein de la plaque des patients atteints de xérostomie mais aucun de ces agents n'a pu empêcher l'augmentation des lactobacilles pendant la période qui suivit la radiothérapie.[5]

Nous sommes bien informés concernant la capacité des bains de bouche de fluorure de sodium auto-administrés (soit à 0,2% pendant 1 minute par semaine ou toutes les deux semaines soit à 0,05% pendant 1 minute par jour) à réduire le nombre des caries coronaires chez les enfants.[9-11] Nous disposons d'une seule étude concernant l'emploi d'un bain de bouche de NaF acidulé à 0,1% (pH 4, 452 ppm de F) par des adultes (des étudiants en chirurgie dentaire) et à la fréquence de 3 fois par semaine pendant 1 année.[12] La durée du bain de bouche n'est pas mentionnée mais ne fut pas contrôlée et de toute évidence fut brève. Cette étude ne put mettre en évidence aucun effet bénéfique mais cette conclusion n'est pas probante car le nombre des participants était trop faible (les sujets qui ne s'étaient pas montrés coopératifs en raison du mauvais goût du bain de bouche ne furent pas pris en compte). Un bain de bouche de FPA auto-administré (Phos-Flur Oral Rinse Supplément) contenant 0,044% de NaF a été employé régulièrement pour traiter des patients xérostomiques consécutivement à l'irradiation à la Clinique de Médecine Buccale de l'Université de Californie, San Francisco. Les patients qui respectèrent ce traitement développèrent moins de caries que ceux qui refusèrent de le suivre,[13] mais nous ne posssédons aucune donnée relative au bénéfice obtenu avec un tel programme.

Le rapport effet/dose relatif aux fluorures topiques demeure imprécis. Dans une étude concernant les dentifrices fluorés chez les enfants, il est apparu que l'effet/dose correspondant à une prévention était atteint avec des dentifrices au fluorure de sodium contenant 250, 750, et 1.000 ppm de F. De ce fait, il apparaît impossible de prédire si un gel de NaF à 1,1% (5.000 ppm de F) sera plus efficace qu'un gel de $SnF_2$ à 0,4% (1.000 ppm de F) ou encore qu'un bain de bouche de NaF à 0,05% (226 ppm de F) sans les avoir testés cliniquement et directement

Dans le cadre d'une revue exhaustive de la littérature concernant l'emploi des fluorures topiques pour la prévention de la carie chez les adultes, Swango[16] fait remarquer que, seules quelques unes des études précédemment citées avaient été reproduites. Il est de ce fait difficile de dégager une tendance positive pour un traitement quel qu'il soit. Bien que ces deux véhicules aient été le plus souvent préconisés, on n'a procédé à aucune comparaison directe entre l'efficacité d'un gel de NaF à 1,1% et un gel de $SnF_2$ à 0,4%. Swango[16] observe aussi qu'il n'existe aucune étude sérieuse concernant l'effet des applications topiques de fluor sur l'inhibition des caries radiculaires.

Les études que nous avons jusqu'à présent passé en revue se rapportent à l'emploi du fluor topique pour prévenir les caries radiculaires. Dans le but de stopper le développement des lésions carieuses débutantes ou peu profondes des racines, il a été procédé à l'évaluation du fluorure de sodium topique soit auto-administré soit administré professionnellement en association avec un surfaçage radiculaire. A l'Université du Texas à Houston, les chercheurs ont classé les caries radiculaires comme suit : Grade I, débutante; Grade II, altération de surface peu profonde, légère pigmentation; Grade III, lésion profonde; Grade IV, atteinte pulpaire. Les lésions de type I ont été traitées quotidiennement avec le gel de fluorure de sodium à 1% dans une gouttière individuelle. Les lésions de type II furent soit surfacées et lissées puis traitées avec le fluor soit uniquement traitées au fluor. Au terme de 6 mois, 15 des 20 lésions de type I ne présentaient aucune modification (visuelle ou tactile), 3 sur 20 évoluèrent vers le type II, et 2 sur 20 étaient arrêtées. Toutes les lésions de type II (13 sur 13) qui avaient été traitées mécaniquement et avec le fluor étaient cliniquement saines. Les lésions de type II (5 sur 15) qui avaient été traitées seulement par le fluor demeurèrent inchangées.[17] Dans le cadre d'une étude identique à l'Université d'Alabama, les lésions radiculaires furent curettées, surfacées et traitées avec du $I_2$ à 0,5%, du KI à 1% et du NaF à 1,2% aux temps 0, 9, et 16 jours. De plus, les patients firent un bain de bouche quotidien avec du NaF à 0,2%.[18] Dans ces deux études, le nombre des *Streptococcus mutans* à la surface des lésions radiculaires a baissé de façon significative au point d'atteindre une valeur inférieure à celle observée avant traitement. Cependant, l'importance de cette diminution reste à établir étant donné que nous connaissons peu de chose concernant le rôle spécifique du *S. mutans* sur les caries radiculaires.

Les informations concernant l'effet du fluor topique chez les adultes demeurent limitées tout comme d'ailleurs celles concernant l'effet de l'ingestion de fluor par voie générale sur les caries radiculaires chez l'adulte. Les seules données épidémiologiques dont nous disposons indiquent que le fait de résider toute sa vie dans une zone dite fluorée entraîne une réduction hautement significative de l'incidence des caries radiculaires ou des récidives autour des obturations quelque soit l'âge. Stamm et Banting[19] ont comparé les lésions radiculaires et les récidives chez 465 adultes (âge moyen 42,8 ans) vivant à Woodstock, Ontario, ou l'eau contient 0,1 ppm de F avec celles de 502 adultes (âge moyen 40 ans) vivant à Stratford, Ontario, ou l'eau de boisson contenait 1,6 ppm de F. Le nombre moyen de surfaces radiculaires cariées ou obturées était respectivement de 1,36 et 0,64.

Chez le rat, les caries radiculaires sont aussi réduites de façon significative par l'administration systémique de fluor par l'eau de boisson. Des rats auxquels furent administrés, 0, 4,5 ou 45 ppm de F développèrent respectivement 19,5, 11,8 et 0,35 lésions carieuses radiculaires.[20] Plus récemment, Rosen et coll.[21] ont observé que le badigeonnage bi-quotidien de fluor sur les molaires de rat inhibait aussi de façon significative les lésions radiculaires comparativement aux spécimens qui n'ingéraient que de l'eau témoin. Les agents utilisés dans cette étude étaient : une solution de fluorure de sodium (5.000 ppm de F), un dentifrice contenant du fluorure de sodium (500 ppm de F) et de l'eau (0 ppm de F). Les scores carieux correspondant étaient de 10,4, 15,5 et 24,1.

## La sensibilité dentinaire

Lorsque la surface radiculaire est dénudée par suite de la disparition du cément et des tissus parodontaux, les tubules dentinaires sont exposés. Pour de nombreux patients, cette exposition est douloureuse en réponse à des stimulations thermiques, osmotiques, chimiques ou tactiles. Le terme d'"hypersensibilité" est peut-être mal adapté puisqu'il dénote une sensibilité excessive ou anormale. En fait, il est tout à fait normal que la dentine devienne sensible lorsqu'elle est exposée surtour lorsque cette exposition est brutale comme c'est le cas lors d'une fracture dentaire, d'un détartrage ou d'un surfaçage radiculaire ou après la chirurgie parodontale. Une exposition plus progressive de la dentine intervenant à la suite d'abrasions, d'érosions ou de récessions gingivales simples a moins de chance de déclancher une sensibilité dentinaire. De la même façon, des patients qui ont souffert de tout temps de sensibilité dentinaire peuvent, avec le temps, constater une diminution voir même une disparition "spontanée" de cette sensibilité.

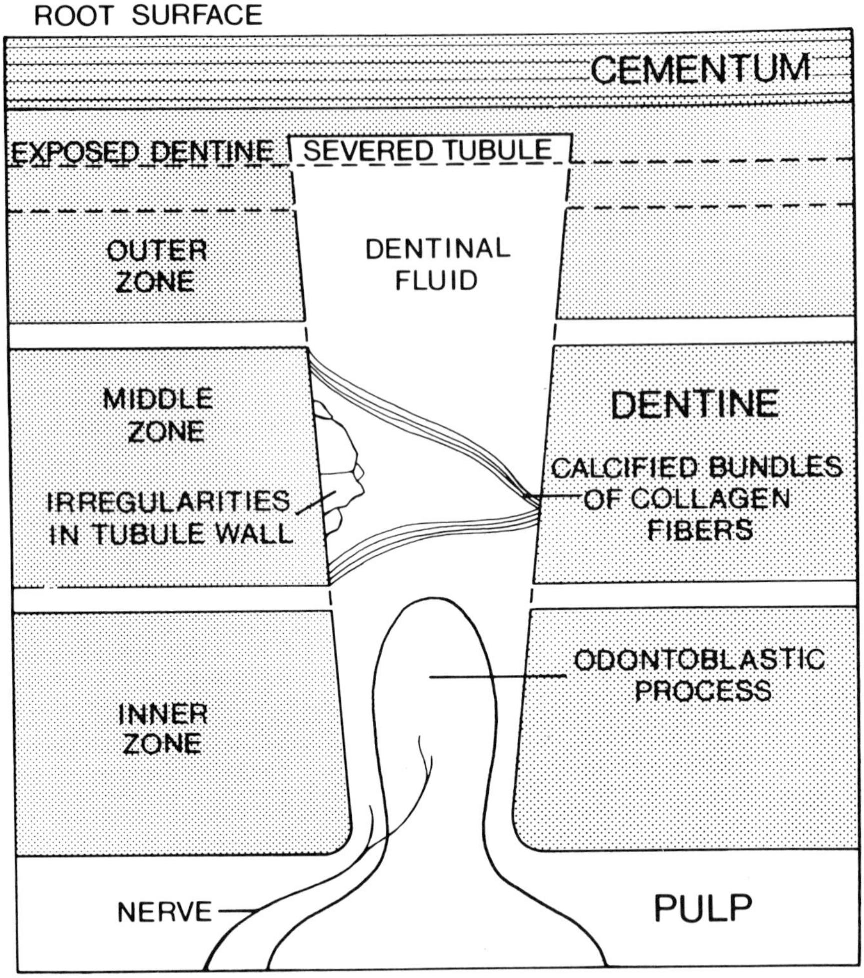

**Fig. 8-1.** Diagramme représentant un tubule dentinaire. Lorsque les tubules sont sectionnés ou exposés, la dentine devient sensible, probablement en raison des fluides dentinaires qui transmettent des changements de pression aux mécano-récepteurs de la pulpe. Les prolongements odontoblastiques se limitent à la fraction interne des tubules dentinaires. Des irrégularités ainsi que des faisceaux de fibres de collagènes calcifiées sont observables dans la fraction moyenne et externe des tubules. Les agents de désensibilisation, en bouchant les orifices tubulaires, isolent le fluide dentinaire des stimuli externes. (Adapté de Pashley.[28])

Il est plus facile d'évaluer l'efficacité des différents agents thérapeutiques qui ont été employés pour désensibiliser la dentine si l'on comprend le mécanisme de transmission de la douleur au sein de la dentine. Actuellement tout le monde est d'accord pour admettre que les fibres nerveuses somatiques sont localisées seulement dans les zones les plus profondes de l'interface pulpo-dentinaire coronaire correspondant aux cuspides et de l'interface pulpo-prédentinaire dans la partie radiculaire,[22,23] et que les prolongements odontoblastiques n'occupent généralement que 25% de la longueur du tiers interne du tubule (voir Fig. 8-1).[24] Mais puisque la fraction la plus externe de la dentine est sensible aux stimuli, il doit exister un mécanisme capable de transmettre ces stimuli aux terminaisons nerveuses de la pulpe.

La théorie la plus largement admise postule que ces nerfs sont activés par un *mécanisme hydrodynamique* :[25,26] un déplacement rapide de fluide dans les tubules dans un sens ou dans un autre, entraîne un déplacement du contenu des tubules dans la zone pulpo-dentinaire. La douleur est alors causée par la distorsion du tissu pulpaire et par l'activation des mécanorécepteurs.[27,28]

*Evaluation des agents utilisés pour traiter la sensibilité dentinaire*

Si la théorie du mécanisme hydrodynamique est exacte, tout agent de désensibilisation, pour qu'il soit efficace, doit obstruer mécaniquement les tubules, soit par précipitation des composés, soit par revêtement de la surface.[27] En outre, un agent de désensibilisation cliniquement compatible doit être, non irritant pour la pulpe, d'application relativement peu douloureuse, facilement applicable, d'action rapide, efficace à moyen terme, non générateur de colorations et d'efficacité constante.[29]

Pour évaluer l'efficacité d'un agent ou d'une technique, il est souhaitable de disposer de moyens cliniques objectifs permettant de mesurer les modifications de sensibilité dentinaire. La plupart des premières investigations reposaient sur l'évaluation subjective des patients, mais heureusement de telles études "n'ont que très peu d'intérêt scientifique et appartiennent à la catégorie des témoignages".[30] Des études cliniques plus récentes ont fait appel à des appareils permettant de contrôler et de mesurer précisément le stimulus (électrique ou thermique).[31-34] Avec des stimulations électriques, le seuil de sensibilité est atteint lentement, la gêne pour le patient est minimisée et sa coopération est plus vite obtenue. Il n'y a pas cependant pour un même sujet de corrélation significative entre les réponses à des stimulations électriques et thermiques.[34a]

Néanmoins, le seuil de la douleur est toujours considéré comme le but à atteindre pour chaque patient et il apparaît varier en fonction de facteurs culturels, psychologiques et autres. Ce qui complique également la tâche est le fait que lorsqu'on tente d'évaluer des agents de désensibilisation, les placebos sont presque à 50% aussi efficaces que les agents actifs. Des changements d'une telle amplitude concernant la référence de base est de nature à poser quelques problèmes statistiques dans l'évaluation de ces agents. Il n'est donc pas surprenant que certains investigateurs aient eu recours à des modèles expérimentaux sur l'animal[35] ou à des modèles in vitro permettant par exemple de mesurer les modifications de conduction hydrolique sur des disques de dentine.[36,37]

De nombreux agents ont été testés ou bien utilisés cliniquement pour désensibiliser les surfaces radiculaires;[38,39] certains d'entre eux sont énumérés sur le Tableau 8-1.

Un dentifrice contenant du nitrate de potassium à 5% a été reconnu comme étant un agent efficace de désensibilisation par le Conseil des Thérapeutiques Dentaires de l'ADA.[40] Cependant lorsque des dentifrices de ce type ont été testés in vitro en mesurant les modifications de conduction hydrolique, ils ne sont pas apparus

**Tableau 8-1.** Les agents utilisés pour traiter la sensibilité dentinaire.

| | |
|---|---|
| Hydroxide de calcium | Citrate de sodium et gel pluronique |
| Sucrophosphate de calcium | Stéroides |
| Formaldehyde | Chlorure de strontium |
| Nitrate de potassium | Fluorure de sodium |
| Oxalate de potassium | Monofluorophosphate de sodium |
| Résines et adhésifs | Fluorure d'étain |

significativement plus efficaces pour réduire la perméabilité dentinaire que des dentifrices placebo, qui étaient de composition identiques sauf pour l'élément actif qui bien sûr avait été omis.[37] Ces résultats permettent de penser que les particules abrasives contenues dans les dentifrices sont suffisement petites pour pénétrer dans les orifices tubulaires et ainsi bloquer partiellement le courant de fluide. Un traitement à l'oxalate de potassium s'est révélé efficace pour obturer les tubules dentinaires, pour réduire de façon significative le courant de fluide[36,37,41] et les réponses nerveuses chez les animaux.[35]

La mise en place d'un modèle animal pour mesurer l'activité neuro-sensorielle dans la pulpe a permis de constater que la dépolarisation de la membrane des nerfs sensoriels du complexe dentino-pulpaire est un facteur important dans le mécanisme de désensibilisation. En conséquence, on pourrait aussi expliquer l'efficacité clinique observée avec le nitrate de potassium et l'oxalate de potassium par la présence, à forte concentration, d'ions potassium extracellulaires qui dépolariseraient la membrane des nerfs neurosensoriels et empêcheraient de ce fait la propagation des potentiels d'action.

Plus récemment, le Conseil des Thérapeutiques Dentaires[45] a également homologué certains dentifrices désensibilisants qui contenaient du chlorure de strontium ou du citrate de sodium et du gel de poloxalène. Nous allons essentiellement passer en revue les différents composés fluorés ainsi que les modes d'utilisation qui ont été testés.

*Les composés fluorés employés pour la désensibilisation*

*Le fluorure de sodium.* Lukomsky a été l'un des premiers à préconiser le fluor pour la désensibilisation.[42] Il suggérait d'appliquer une solution isotonique (0,7%) de fluorure de sodium dans le canal et une solution ou une pâte glycérinée hypertonique (de 31 à 75% de NaF) pour les zones gingivales sensibles. Lukomsky[42] a aussi préconisé d'utiliser une pâte constituée à parties égales de NaF avec du kaolin et de la glycérine pour traiter la sensibilité dentinaire dans les cavitées. Peu de temps après, cette pâte fut essayée aux Etats-Unis et s'est révélée efficace pour atténuer la sensibilité dentinaire dans environ 80% des cas; cependant aucun groupe témoin ou traitement témoin ne fut intégré dans cette étude.[43] Cette pâte a toujours la préférence de certains praticiens[44] pour traiter les racines sensibles après la chirurgie parodontale. La dent est séchée et la pâte est brunie avec un instrument métallique sur les zones sensibles et laissée en place pendant 2 minutes. Une application plus courte (30 sec.) de la pâte a permis de diminuer la sensibilité pendant environ 7 jours, mais au terme de 14 jours la sensibilité n'était plus significativement différente de celle observée au départ.[33] Ces pâtes à base de NaF/kaolin/glycérine ont une concentration en fluor si élevée que leur usage est strictement réservé au cabinet dentaire. Cette pâte a été homologuée par le Conseil des Thérapeutiques Dentaires[45] pour le traitement de l'hypersensibilité dentinaire des collets.

L'ionophorèse a été utilisée pour appliquer le fluorure de sodium (généralement à 2%) sur des zones dentinaires sensibles. L'ionophorèse est la technique qui permet d'augmenter le pénétration d'une substance ionisée à la surface d'un tissu à l'aide d'un courant électrique direct. Les dents sensibles sont isolées, de préférence avec une digue, et le NaF à 2% est appliqué avec une boulette de coton sur la zone dentaire exposée à l'aide d'une tige en plastique à usage unique placée sur l'extrémité de l'électrode. L'électrode (cathode) est branchée avec un fil de plomb au pôle négatif d'une source de courant direct. L'électrode de retour (anode) est branchée au pôle positif de l'appareil et fixée sur la face interne de l'avant bras du patient. Le courant est réglé pour qu'il ne dèpasse pas 1 mA/minute par dent.[46] Le fluorure de sodium par ionophorèse a permis d'obtenir une meilleure désensibilisation qu'avec une pâte de NaF à 33% dans le cadre d'une étude en double aveugle.[47] Dans une autre étude, le NaF à 2% est apparu identiquement efficace avec et sans ionophorèse,[48] mais cette étude a fait l'objet de critique en raison d'une mauvaise polarité (positif) de l'électrode en contact avec la dent. Gangarosa et coll.[49-52] préconisent de préférer l'ionophorèse pour le fluor plutôt qu'une application topique afin d'obtenir une désensibilisation plus durable. Cependant, ces essais cliniques ont été realisés en se basant sur une stimulation par insufflation d'air et sur une table d'évaluation non paramétrique (de 0 à 4) et subjective pour évaluer la douleur. A une seule exception près, aucun test témoin ne fut effectué. Dans cette étude, du chlorure de sodium par ionophorèse fut utilisé à titre comparatif. Cependant, l'augmentation de la sensibilité fut telle pour les patients qu'aucun autre test témoin ne fut pratiqué.[50] Le Conseil des Thérapeutiques Dentaires n'a pas reconnu l'efficacité du fluorure de sodium par ionophorèse pour la désensibilisation.[40]

*Le fluorure d'étain.* Une publication commerciale récente a prétendu à la "supériorité" du fluorure d'étain.[53] Cette affirmation est basée sur le fait que le fluorure d'étain est plus efficace que le fluorure de sodium et que le fluorophosphate acidulé pour inhiber la plaque, réduire les caries et désensibiliser. Concernant la désensibilisation, une telle comparaison directe n'a jamais été faite; on a seulement observé que le fluorure d'étain dans de la glycérine avec du carboxyméthycellulose s'est révélé significativement plus efficace qu'un gel placebo.[54] Cependant, dans une autre étude, les patients qui avaient utilisé du fluorure d'étain (à 0,4%) avec de la glycérine n'enrégistrèrent aucune amélioration significative comparativement à un groupe témoin employant un dentifrice non fluoré (71% contre 60%).[55] Des solutions de $SnF_2$ plus concentrées (2,9%) appliquées une seule fois pendant 5 minutes permirent d'obtenir une réduction mesurable de la sensibilité thermique comparativement à une solution témoin d'eau.[34] L'emploi d'un dentifrice contenant du fluorure d'étain avec une brosse électro-ionisante sur pile entraîna une meilleure désensibilisation que le même dentifrice utilisé sans ionophorèse mais ne s'est pas révélé significativement meilleur qu'un dentifrice au chlorure de strontium utilisé sans ionophorèse.[31] Dans cette étude, la charge positive a été fournie par la brosse èlectro-ionisante fonctionnant sur pile. Il est permis de penser que la désensibilisation observée pourrait être le fait de l'ionophorèse de l'ion stanneux qui pourrait former avec le phosphate, des sels insolubles dans les tubules dentinaires et de ce fait les obstruer.

*Le monofluorophosphate de sodium.* L'auto-application d'une pâte dentifrice contenant du monofluorophosphate de sodium en tant qu'ingrédient actif anti-carieux a également permis de réduire la sensibilité dentinaire.[56-60] Il est cependant impossible de déterminer si cette action est le fait du fluor ou si ce sont les autres ingrédients du dentifrice qui ont pénétré dans les orifices tubulaires et les ont obstrués.

REFERENCES

1. Daly, T. E., Drane, J. B., MacComb, W. S. : Management of problems of the teeth and jaws in patients undergoing irradiation. Am. J. Surg., *124* : 539–542, 1972.

2. Dreizen, S., Brown, L. R., Daly, T. E., Drane, J. B. : Prevention of xerostomia-related dental caries in irradiated cancer patients. J. Dent. Res., 56 : 99-104, 1976.
3. Johansen, E., Olsen, T. : Topical fluoride in the prevention and arrest of dental caries. *In* Continuing Evaluation of the Use of Fluorides, ed. E. Johansen, D. R. Taves, T. O. Olsen. A.A.S. Selected Symposium 11. Boulder, Colorado, West View Press, 1979, pp. 61-110.
4. Wescott, W. B., Starcke, E. N., Shannon, I. L. : Chemical protection against post-irradiation dental caries. Oral Surg., 40 : 709-719, 1975.
5. Keene, H. J., Fleming, T. J., Brown, L. R., Dreizen, S. : Lactobacilli and *S. mutans* in cancer patients using fluoride gels. J. Dent. Res. (Special Issue), 63 : 281 (Abstract 429), 1984.
6. Englander, H. R., Keyes, P. H., Gestwicki, M. : Clinical anticaries effect of repeated topical sodium fluoride applications by mouth pieces. J. Am. Dent. Assoc., 75 : 638-644, 1967.
7. Brown, L. R., et al. : Microbiological comparisons of carious and noncarious root and enamel tooth surfaces. J. Dent. Res., 62 : 295 (Abstract 1137), 1983.
8. Fleming, T. J. : Use of topical fluoride by patients receiving cancer therapy. Curr. Probl. Cancer, 7 : 37-41, 1983.
9. Birkeland, J. M., Torrell, P. : Caries-preventive fluoride mouthrinses. Caries Res., 12 (Suppl. 1) : 38-51, 1978.
10. Forrester, D. J., Horowitz, H. S. : Individual topical fluoride therapy. *In* Pediatric Dental Medicine, ed. D. J. Forrester, M. L. Wagner, J. Fleming. Philadelphia, Lea & Febiger, 1981, pp. 320-332.
11. Ripa, L. W. : Fluoride rinsing : What dentists should know. J. Am. Dent. Assoc., 102 : 477-481, 1981.
12. Bibby, B. G., Zander, H. A., McKelleget, M., Labunsky, B. : Preliminary reports on the effect on dental caries of the use of sodium fluoride in a prophylactic cleaning mixture and in a mouthrinse. J. Dent. Res., 25 : 207-211, 1946.
13. Silverman, S., Greenspan, O., personal communication.
14. Reed, M. W. : Clinical evaluation of three concentrations of sodium fluoride in dentifrices. J. Am. Dent. Assoc., 87 : 1101-1404, 1973.
15. Koch, G., Petersen, L. G., Kling, E., Kling, L. : Effect of 250 and 1000 ppm fluoride dentifrice on caries. Swed. Dent. J., 6 : 233-238, 1982.
16. Swango, P. A. : The use of topical fluorides to prevent dental caries in adults : A review of literature. J. Am. Dent. Assoc., 107 : 447-450, 1983.
17. Billings, R. J., Brown, L. R., Kaster, A. G. : In vivo studies on incipient and shallow root caries. J. Dent. Res. (Special Issue), 63 : 257 (Abstract 777), 1984.
18. Al-Joburi, W., Legler, D., Jamison, H. : Root caries : Control of lesions by iodine-fluoride therapy. J. Dent. Res. (Special Issue), 61 : 340 (Abstract 1459), 1982.
19. Stamm, J. W., Banting, D. W. : Comparison of root caries prevalence in adults with lifelong residence in fluoridated and non-fluoridated communities. J. Dent. Res. (Special Issue A), 59 : 405 (Abstract 552), 1980.
20. Rotilie, J. A., McDaniel, T., Rosen, S. : Root surface caries in the molar teeth of rice rats. III. Inhibition of root surface caries by fluoride. J. Dent. Res., 56 : 1498, 1977.
21. Rosen, S., Beck, F. M., Beck, E. X. : Effect of sodium fluoride dentifrice on root surface caries. J. Dent. Res. (Special Issue), 63 : 238 (Abstract 609), 1984.
22. Byers, M. R., Kish, S. J. : Delineation of somatic nerve endings in rat teeth by radioautography of axon-transported protein. J. Dent. Res., 55 : 419-425, 1976.
23. Lilja, J. : Sensory differences between crown and root dentin in human teeth. Acta Odontol. Scand., 38 : 285-291, 1980.
24. Brannstrom, M., Garberoglio, R. : The dentinal tubules and the odontoblast processes, a scanning electron microscopic study. Acta Odontol. Scand., 30 : 291-311, 1972.
25. Brannstrom, M. : Sensitivity of dentine. Oral Surg., 21 : 517-526, 1966.
26. Brannstrom, M., Linden, L. A., Astrom, A. : The hydrodynamics of the dental tubule and of pulp fluid. A discussion of its significance in relation to dentinal sensitivity. Caries Res., 1 : 310-317, 1967.
27. Dowell, P., Addy, M. : Dentine hypersensitivity — a review : Etiology, symptoms and theories of pain production. J. Clin. Periodontol., 10 : 341-350, 1983.
28. Pashley, D. H. : Dentin conditions and diseases. *In* CRC Handbook of Experimental Aspects of Oral Biochemistry, ed. E. P. Lazzari. Boca Raton, Florida, CRC Press, Inc., 1983, pp. 97-119.

29. Grossman, L. E. : The treatment of hypersensitive dentine. J. Am. Dent. Assoc., *22* : 592–602, 1935.
30. Everett, F. G., Hall, W. B., Phatak, N. M. : Treatment of hypersensitive dentine. J. Oral Ther. Pharmacol., *2* : 300–310, 1966.
31. Johnson, R. H., Zulgar-Nain, B. J., Koval, J. J. : The effectiveness of an electro-ionizing toothbrush in the control of dentinal hypersensitivity. J. Periodontol., *53* : 353–359, 1982.
32. Stark, M. M., Pelzner, R. : Measurement of dentinal hypersensitivity. Compend. Continuing Educ. Dent. (Suppl. 3), 1982, pp. 105–107.
33. Tarbet, W. J., Silverman, G., Stolman, J. M., Fratarcangelo, P. A. : An evaluation of two methods for quantitation of dentinal hypersensitivity. J. Am. Dent. Assoc., *98* : 914–918, 1979.
34. Thrash, W. J., Dorman, H. L., Smith, F. D. : A method to measure pain associated with hypersensitive dentin. J. Periodontol., *54* : 160–162, 1983.
34a. Thrash, W. J., Blong, M. A., Volding, B. L., Jones, D. L. : The relationship of electrical to thermal stimulation in pain research. J. Dent. Res., *63* : 272 (Abstract 910), 1984.
35. Narhi, M., Hirvonen, T., Huopaniemi, T. : Sensitivity of dentine. Acupuncture Electro-Ther. Res. Int. J., *8* : 143–148, 1983.
36. Greenhill, J. D., Pashley, D. H. : The effects of desensitizing agents on the hydraulic conductance of human dentine in vitro. J. Dent. Res., *60* : 686–698, 1981.
37. Pashley, D. H., et al. : Dentin permeability : Effect of desensitizing dentifrices in vitro. J. Periodontol, 1984.
38. Addy, M., Dowell, P. : Dentine hypersensitivity — a review : Clinical and in vitro evaluation of treatment agents. J. Clin. Periodontol., *10* : 351–363, 1983.
39. Peden, J. W. : Dental hypersensitivity. J. West. Soc. Periodontol., *25* : 75–83, 1977.
40. Council on Dental Therapeutics. Evaluation of Denquel sensitive teeth toothpaste. J. Am. Dent. Assoc., *105* : 80, 1982.
41. Hirvonen, T., Narhi, M., Huopaniemi, T. : A SEM-replica and neurophysiological study on mechanisms of dentine sensitivity. J. Dent. Res., *63* : 574 (Abstract 22), 1984.
42. Lukomsky, E. H. : Fluorine therapy for exposed dentin and alveolar atrophy. J. Dent. Res., *20* : 649–659, 1941.
43. Hoyt, W. H., Bibby, B. G. : Use of sodium fluoride for desensitizing dentine. J. Am. Dent. Assoc., *30* : 1372–1376, 1943.
44. Carranza, F. A. : Treatment of sensitive roots. In Glickman's Clinical Periodontology. 6th Ed. Philadelphia, W. B. Saunders Co., 1984, pp. 769–770.
45. Council on Dental Therapeutics. Categorical Listing of Accepted Dental Products. Chicago, American Dental Association, February 23, 1983, p. 10.
46. Gangarosa, L. P. : Iontophoresis in Dental Practice. Chicago, Quintessence, 1983.
47. Murthy, K. S., Talim, S. T., Singh, I. : A comparative evaluation of topical application and iontophoresis of sodium fluoride for desensitization of hypersensitive dentine. Oral Surg., *36* : 448–458, 1973.
48. Minkov, G., Marami, I., Gedalia, I., Garfunkel, A. : The effectiveness of sodium fluoride treatment with and without iontophoresis on the reduction of hypersensitive dentine. J. Periodontol., *46* : 246–249, 1975.
49. Gangarosa, L. P., et al. : Desensitizing hypersensitive dentin by iontophoresis with fluoride. NY State Dent. J., *44* : 92–94, 1978.
50. Gangarosa, L. P., Park, N. H. : Practical considerations in iontophoresis of fluoride for desensitizing dentin. J. Prossthet. Dent., *39* : 173–178, 1978.
51. Gangarosa, L. P., Heuer, G. A. : A practical technique for treating tooth hypersensitivity. Dent. Survey, *55* : 37–40, 1979.
52. Gangarosa, L. P. : Iontophoretic application of fluoride by tray techniques for desensitization of multiple teeth. J. Am. Dent. Assoc., *102* : 50–52, 1981.
53. Anonyme. Stannous fluoride as a plaque inhibitor. Human clinical studies. Gel-Kam Prevent. Dent. Rev., *4* : (2). Dallas, Texas, Scherer Labs Inc. (sans année).
54. Miller, J. T., Shannon, I., Kilgore, W., Bookman, J. : Use of a water-free stannous fluoride containing gel in the control of dentinal hypersensitivity. J. Periodontol., *40* : 490–491, 1969.
55. Zinner, D. D., Duany, L. F., Lutz, H. J. : A new desensitizing dentifrice : Preliminary Report. J. Am. Dent. Assoc., *95* : 982–985, 1977.

56. Bolden, T. E., Volpe, A. R., King, W. J. : The desensitizing effect of a sodium monofluorophosphate dentifrice. Periodontics, *6* : 112–114, 1968.
57. Hazen, S. P., Volpe, A. R., King, W. J. : Comparative desensitizing effect of dentifrices containing sodium monofluorophosphate, stannous fluoride and formalin. Periodontics, 6 : 230–232, 1968.
58. Hernandez, F., et al. : Clinical study evaluating the desensitizing effect and duration of two commercially available dentifrices. J. Periodontol., *43* : 367–372, 1972.
59. Kanouse, M. C., Ash, M. M. : The effectiveness of sodium monofluorophosphate dentifrice on dental hypersensitivity. J. Periodontol., *40* : 38–40, 1969.
60. Shapiro, W. B., Kaslick, R. S., Chasens, A. I., Weinstein, D. : Controlled clinical comparison between a strontium chloride and sodium monofluorophosphate toothpaste in diminishing root hypersensitivity. J. Periodontol., *41* : 523–525, 1970.

# Section III

HARRY BOHANNAN, MODÉRATEUR

# Chapitre 9
# *Tous les dentifrices fluorés sont-ils les mêmes?*

## George K. STOOKEY

En prenant comme point de départ la première évaluation clinique d'un dentifrice datant des années 1940, nous procéderons à une revue des nombreux rapports relatant les nombreuses investigations cliniques qui ont porté sur les dentifrices fluorés (F). Le premier dentifrice qui a manifesté une action cariostatique significative contenait du fluorure d'étain ($SnF_2$) avec du pyrophosphate de calcium ($Ca_2P_2O_7$) comme agent abrasif ou de polissage. Les études qui ont suivi ont montré que l'on pouvait obtenir un effet cariostatique similaire en utilisant le fluorure d'étain avec d'autres systèmes abrasifs. Une série d'études conduites au cours des années 1960 ont prouvé que des formules à base de monofluorophosphate ($Na_2PO_3F$) pouvaient réduire de façon mesurable l'incidence carieuse. Des études plus récentes ont également démontré l'efficacité cariostatique du monofluorophosphate de sodium associé à une grande variété de systèmes abrasifs. De même des dentifrices contenant du fluorure de sodium (NaF) associé à plusieurs types de systèmes abrasifs se sont montrés capables de réduire l'incidence carieuse. Il n'y a aucun doute que les dentifrices fluorés constituent un moyen pratique pour contrôler la carie dentaire.

Pour répondre à la question "Tous les dentifrices fluorés sont-ils les mêmes?" il semble adéquat, sinon nécessaire, de considérer le passé pour mieux situer le courant de pensée et l'état des connaissances actuelles. La revue de la littérature comprend plus de 140 études cliniques portant sur les dentifrices fluorés et sans doute quelques autres publiées dans des journaux étrangers nous ont échappé.

### Revue de la littérature

Dès le début des années 1940 il fut établi que la présence de fluor dans l'eau de boisson diminuait l'incidence carieuse. Bien que le mécanisme d'action en était mal connu, on pensait qu'il était essentiellement systémique et que son intérêt bénéfique provenait du fait que l'incorporation du fluor dans l'émail en voie de formation entraînait la formation de fluoroapatite qui était plus résistante aux acides. Les scientifiques prirent alors conscience que l'on pourrait obtenir le même effet avec une simple application de fluor à la surface des dents. Ils pensèrent aussi que des traitements avec de fortes concentrations de fluor mais avec des périodes d'exposition plus courtes pourraient être un moyen de remplacer des périodes d'exposition longues avec des concentrations de fluor très faibles.

**Tableau 9-1.** Les premières études cliniques avec le dentifrice au NaF.

| Études | Système abrasif | Résultat |
|---|---|---|
| Bibby (1945)[1] | $CaHPO_4$ | Non Significatif |
| Bibby et Wellock (1948)[2] | $CaHPO_4$ | Non Significatif |
| Wellock et Bibby (1949)[3] | $CaHPO_4$ | Non Significatif |
| Winkler et al. (1953)[4] | $CaCO_3$ | Non Significatif |
| Muhler et al. (1955)[5] | $Ca_2P_2O_7$ | Non Significatif |
| Muhler (1957)[6] | $Ca_2P_2O_7$ | Non Significatif |
| Kyes et al. (1961)[7] | $(NaPO_3)_x / CaHPO_4$ | Non Significatif |
| Brudevold et Chilton (1966)[8] | $CaHPO_4$ | Non Significatif |

En 1942, Bibby[1] a réalisé la première évaluation clinique des dentifrices contenant du fluor. Des investigations identiques ont été publiées au cours de la décade suivante (Tableau 9-1). Dans ces premières études, le fluor sous forme de fluorure de sodium était pour des raisons pratiques, simplement incorporé dans un dentifrice déjà existant. Aucune de ces premières formules ne permit cependant d'obtenir une réduction significative de l'incidence carieuse. Tout au long de la présente revue, nous avons considéré comme significatif une probabilité de 0,05 ou moins sur la base de l'augmentation du CAOS. La détermination d'un effet significatif fut établie par comparaison directe de l'augmentation des caries chez deux ou plusieurs groupes de sujets, dont l'un était traité avec un dentifrice non fluoré ou un dentifrice placebo.

Dans une revue de 1967 concernant les dentifrices au fluorure de sodium, Gron et Brudevold[9] remarquèrent que les raisons vraisemblables pour lesquelles on avait enregistré un échec dans les études précédentes étaient une incompatibilité du fluorure de sodium avec les constituants du dentifrice notamment l'agent abrasif, de mauvais protocoles expérimentaux, et surtout l'absence de brossage contrôlé à une époque où le brossage n'était pas pour les enfants un acte de routine quotidienne comme il peut l'être aujourd'hui.

Avant d'aller plus avant, je me dois de préciser que le terme abrasif a été couramment employé pour désigner l'agent nettoyant ou de polissage présent dans un dentifrice. De très nombreuses études ont constamment montré que ce constituant d'un dentifrice était absolument essentiel pour éliminer et contrôler la pellicule acquise.[10-16] L'emploi du terme abrasif sous-entend que ce matériau peut abraser les tissus minéralisés dentaires et de ce fait présenter un caractère dommageable. Bien qu'il soit possible de détecter avec des techniques très sophistiquées une abrasion des tissus durs,[17] deux études cliniques à long terme[18,19] portant sur des dentifrices avec des systèmes abrasifs classiques n'ont pas permis de mettre en évidence cliniquement un phénomène d'abrasion sur l'émail ou sur des matériaux d'obturation. Il a été démontré que l'abrasion des surfaces radiculaires exposées était plus le fait de la façon dont on se brossait que de l'abrasivité du dentifrice.[20] Il n'est nul besoin de se préoccuper de l'abrasivité des dentifrices classiques.

Si l'on examine la nature des abrasifs contenus dans les dentifrices employés dans ces premières études, il apparaît qu'ils contenaient tous du calcium sous forme de phosphates de calcium variés, de carbonate de calcium ou d'un mélange de phosphate dicalcique et de métaphosphate de sodium insoluble. Comme l'a montré Ericsson[21] et d'autres investigateurs, le fluorure de sodium réagit facilement avec le carbonate de calcium et d'autres abrasifs contenant du calcium pour former du fluorure de calcium. Cette formation donne naissance à un fluorure dont la forme chimique n'est plus réactive avec l'émail. Ainsi c'est l'absence de fluor ionique et réactif dans les premiers dentifrices fluorés qui est à la base de leur inefficacité à prévenir la carie.

En 1952, une étude clinique fut menée avec un système dentifrice différent à base de fluorure d'étain combiné à du phosphate de calcium qui avait été traité à la chaleur pour augmenter la compatibilité du fluor. Deux ans plus tard, en 1954, apparu le premier rapport faisant état d'une diminution clinique de l'incidence carieuse avec un dentifrice contenant du fluor comparativement à un dentifrice n'en contenant pas.[22] D'autres études similaires furent publiées au cours de la décade qui suivit et permirent de confirmer l'effet cariostatique de cette formule (Tableau 9-2). Il est par ailleurs utile de préciser que le Conseil des Thérapeutiques Dentaires de l'Association Dentaire Américaine (ADA) a décidé en 1960 d'homologuer ce dentifrice en catégorie B[66] et de le classer en catégorie A en 1964 sur la base d'investigations complémentaires, attestant ainsi son caractère thérapeutique.[67] Cette homologation fut l'impulsion nécessaire pour les industriels qui investirent alors sans compter des millions de dollars dans la recherche et qui continuent jusqu'à ce jour pour le plus grand profit du grand publique, de la profession dentaire, de l'ADA et des industriels du dentifrice.

Tableau 9-2.  Les études cliniques avec le dentifrice au $SnF_2$–$Ca_2P_2O_7$.

| | |
|---|---|
| Sur un total de 45 essais cliniques publiés | |
| Significativement moins de carie | 36 études |
| Pas d'effet significatif | 9 études |

La formule d'origine fluor-calcium pyrophosphate demeura fondamentalement inchangée jusqu'en 1981. Durant ces 25 années cette formule fut l'objet de plus de 40 essais cliniques qui permirent de vérifier son efficacité[5,7,8,23-65] et en firent un élément de référence pour l'identification de formules dentifrices comparables ou améliorées (Tableau 9-2).

Dès qu'une composition efficace pour prévenir la carie a été identifiée et que sa valeur potentielle pour contrôler partiellement la carie a été établie, un nombre considérable de recherches furent entreprises pour tenter de mettre au point des formules de dentifrices encore plus efficaces. En général, ces recherches étaient orientées dans deux directions : (1) l'emploi de systèmes fluorés différents; (2) l'emploi d'abrasifs qui permettraient de faire réagir avec l'émail de plus grandes quantités de fluor. Ces recherches donnèrent lieu à de nombreux essais cliniques qui furent publiés au cours des années 1960.

Le fluorure d'étain ayant démontré ses capacités cariostatiques, on pensait alors que la quantité de fluor disponible dans un dentifrice était un facteur clé et qu'il était nécessaire de trouver des systèmes abrasifs plus compatibles avec le fluorure d'étain. L'un de ces systèmes abrasifs était constitué de métaphosphate de sodium insoluble (IMP) avec de petites quantités de phosphate dicalcique (DCP), généralement 5%. Les résultats d'un certain nombre d'investigations cliniques menées dans les années

Tableau 9-3. Les études cliniques avec les dentifrices au $SnF_2$-IMP/DCP.

| Études citées | Effet significatif |
|---|---|
| Henriques et al. (1964)[33] | Oui |
| Mergele et al. (1964)[34] | Oui |
| Slack et Martin (1964)[68] | Non |
| Thomas et Jamison (1966)[40] | Oui |
| Fullmer et al. (1966)[69] | Oui |
| Segal et al. (1967)[70] | Oui |
| Naylor et Emslie (1967)[71,72] | Oui |

Tableau 9-4. Les études cliniques comparant les dentifrices au $SnF_2$-$Ca_2P_2O_7$ et au $SnF_2$-$(NaPO_3)_x$/$CaHPO_4$.

| Études citées | Différence significative |
|---|---|
| Henriques et al. (1964)[33] | Non |
| Mergele et al. (1964)[34] | Non |
| Thomas et Jamison (1966)[40] | Non |

1960 indiquèrent nettement que les dentifrices au fluorure d'étain avec un tel système abrasif entraînaient une réduction significative de l'incidence carieuse comparativement à un dentifrice non fluoré (Tableau 9-3). Bien entendu, les résultats de ces études furent à la base de l'homologation provisoire en classe B de deux autres dentifrices qui furent commercialisés à cette époque.[73,74]

Dans le cadre de ces essais cliniques,[33,34,40] il fut procédé à des comparaisons directes entre des dentifrices au fluorure d'étain dont le système abrasif était soit du pyrophosphate de calcium soit le complexe métaphosphate de sodium insoluble — phosphate dicalcique. Les résultats de ces tests comparatifs montrèrent des effets similaires avec les deux formules de dentifrice (Tableau 9-4). Une autre série de tests cliniques porta sur les formules au fluorure d'étain mais sans calcium bien que faisant appel au métaphosphate de sodium insoluble comme abrasif. Les résultats de trois sur les six investigations cliniques permirent d'observer une diminution significative de l'incidence carieuse comparativement à ceux obtenus avec des dentifrices non fluorés (Tableau 9-5). Sur la base de ces études, un dentifrice au fluorure d'étain avec du métaphosphate de sodium insoluble reçut une homologation provisoire de l'ADA et fut commercialisé pendant un certain temps.[78] Au cours de deux de ces études, il fut procédé à la comparaison directe entre des dentifrices à base de fluorure d'étain-pyrophosphate de calcium et des dentifrices à base de fluorure d'étain-métaphosphate de sodium insoluble (Tableau 9-6). Nous ne mentionnerons pas dans cette revue les résultats d'une autre étude comparative de ces dentifrices qui nous

Tableau 9-5. Les études cliniques avec les dentifrices au $SnF_2$-IMP.

| Études citées | Effet significatif |
|---|---|
| Brudevold et Chilton (1966)[8] | Oui |
| Slack et al. (1967)[75] | Non |
| Fanning et al. (1968)[76] | Oui |
| Mergele (1968)[77] | Non |
| Frankl et Alman (1968)[51] | Non |
| Slack et al. (1971)[56] | Oui |

**Tableau 9-6.** Les études cliniques comparant les dentifrices au $SnF_2$–$Ca_2P_2O_7$ et au $SnF_2$–$(NaPO_3)_x$.

| Études citées | Différence significative |
|---|---|
| Brudevold et Chilton (1966)[8] | Oui |
| Slack et al. (1971)[56] | Non |

**Tableau 9-7.** Les études cliniques avec les dentifrices au $SnF_2$–Silice.

| Études citées | Effet significatif |
|---|---|
| Fogels et al. (1979)[62] | Oui |
| Abrams et Chambers (1980)[64] | Oui |

apparaît insuffisante.[79] Dans les deux groupes d'études cités, l'effet maximum fut obtenu avec la formule à base de métaphosphate insoluble.

Cette différence est aussi apparue significative pour l'un des tests.

Plus récemment, deux études[62,64] ont été publiées au cours desquelles des systèmes abrasifs hautement compatibles à base de silice ont été utilisés dans des dentifrices au fluorure d'étain (Tableau 9-7). Dans ces deux études, des diminutions statistiquement significatives de l'incidence carieuse ont été observées comparativement à l'utilisation similaire d'un dentifrice non fluoré. Sur la base de ces études, un dentifrice au fluorure d'étain-silice a été homologué par l'ADA et commercialisé depuis plusieurs années.[80]

De nouveau, ces deux tests comportaient une comparaison directe avec une formule fluorure d'étain-pyrophosphate de calcium (Tableau 9-8). En dépit des différences apparentes portant sur la quantité de fluor disponible dans ces deux formules, une action cariostatique identique fut observée avec les deux produits et dans les deux études. Il est clair que plusieurs équipes de chercheurs ont réuni leurs efforts pour mettre au point des dentifrices au fluorure d'étain avec des concentrations de fluor disponibles plus élevées grâce à l'emploi de systèmes abrasifs plus compatibles, mais, à une seule exception près,[8] ces efforts n'ont pas permis d'augmenter de façon significative les effets cariostatiques de ces composés.

Une autre façon de mettre en évidence des compositions de dentifrice présentant un potentiel cariostatique plus élevé que celui obtenu avec le fluorure d'étain consistait à rechercher des composés plus efficaces. Bien que la majorité des efforts se soit orientée vers des systèmes à base de monofluorophosphate de sodium et de fluorure de sodium, il est bon de noter que d'autres composés furent aussi recherchés. Par exemple, des résultats prometteurs furent rapportés consécutivement à l'application

**Tableau 9-8.** Les études cliniques comparant les dentifrices au $SnF_2$–$Ca_2P_2O_7$ et au $SnF_2$–Silice.

| Études citées | Effet significatif |
|---|---|
| Fogels et al. (1979)[62] | Non |
| Abrams et Chambers (1980)[64] | Non |

**Tableau 9-9.** Les études cliniques portant sur les dentifrices contenant des composés ou des systèmes fluorés moins connus.

| Études citées | Système Fluoré | Effet significatif |
|---|---|---|
| Held et Spirgi (1965)[84] | NaF/SnF$_2$ | Oui |
| Held et Spirgi (1968)[85] | NaF/SnF$_2$ | Oui |
| Geiger et al. (1971)[86] | NH$_4$F | Oui |
| Gerdin (1972)[87] | KF/MnCl$_2$ | Oui |
| Koch (1972)[88] | KF/MnCl$_2$ | Oui |
| Gerdin (1974)[89] | KF/MnCl$_2$ | Oui |

topique d'autres composés contenant de l'étain comme le chlorofluorure stanneux,[81] le trifluorostannite de potassium[82] et l'hexafluorozirconate stanneux.[83] L'utilité de ces composés dans les dentifrices n'a cependant pas été publiée.

Comme le montre le Tableau 9-9, un groupe de chercheurs a obtenu des diminutions significatives de la carie avec des mélanges de fluorure d'étain et de sodium.[84,85] Dans un autre essai portant sur les dentifrices, le fluorure d'ammonium fut utilisé et montra des résultats prometteurs.[86] Gerdin et Koch ont procédé à des études sur les dentifrices[87-89] en utilisant un mélange de fluorure de potassium et de chlorure de manganèse et ont rapporté que ce système était supérieur au fluorure de sodium; des études supplémentaires avec ce système sont en cours.

Marthaler a fait part (Tableau 9-10) des effets significatifs obtenus avec les dentifrices au fluorure d'amine qui contenaient un mélange de deux fluorures d'amine différents.[90,92] Des résultats identiques ont été obtenus par Patz et Naujoks.[91] Bien que ces observations aient été confirmées par Ringelberg et coll.,[61] le degré d'efficacité était comparable à celui obtenu avec un dentifrice au fluorure d'étain. De leur côté, Cahen et coll.[95] ont trouvé que le dentifrice au fluorure d'amine était significativement plus efficace qu'un dentifrice contenant une concentration élevée de monofluorophosphate de sodium. Aucun de ces autres composés fluorés n'a été adéquatement testé dans les systèmes dentifrices où n'est apparu suffisamment prometteur, comparativement aux agents classiques, pour justifier plus d'attention pour le moment.

**Tableau 9-10.** Les études cliniques sur les dentifrices au fluorure d'amine.

| Études citées | Effet significatif |
|---|---|
| Marthaler (1968)[90] | Oui |
| Patz et Naujoks (1970)[91] | Oui |
| Marthaler (1974)[92] | Oui |
| Kunzel et al. (1977)[93] | Oui |
| Ringelberg et al. (1979)[61] | Oui |
| Cahen et al. (1982)[94] | Oui |

Le premier essai clinique mettant en oeuvre le monofluorophosphate de sodium dans un dentifrice a été rapporté par Finn et Jamison[32] (Tableau 9-11). Les résultats de cet essai suggèrent que ce composé pourrait être plus efficace que le fluorure d'étain.[32] Depuis, de nombreuses études portant sur ce composé fluoré ont été publiées. Les premières études sur le monofluorophosphate de sodium mettaient en

**Tableau 9-11.** Les études cliniques avec les dentifrices au monofluorophosphate de sodium-métaphosphate de sodium insoluble.

| Études citées | Effet significatif |
|---|---|
| Finn et Jamison (1963)[32] | Oui |
| Fanning et al. (1968)[76] | Oui |
| Mergele (1968)[77] | Oui |
| Mergele (1968)[49] | Oui |
| Kinkel et Stolte (1968)[95] | Oui |
| Patz et Naujoks (1969)[96] | Non |
| Barlage et al. (1981)[97] | Oui |
| Cahen et al. (1982)[94] | Oui |

**Tableau 9-12.** Les études cliniques sur les dentifrices au monofluorophosphate de sodium-métaphosphate de sodium insoluble/dicalcium phosphate.

| Études citées | Effet significatif |
|---|---|
| Møller et al. (1968)[98] | Oui |
| Thomas et Jamison (1970)[99] | Oui |
| Peterson (1979)[100] | Non |
| Glass et al. (1983)[101] | Oui |
| Blinkhorn et al. (1983)[102] | Oui |
| Ashley et al. (1977)[103] | Oui |

**Tableau 9-13.** Les études cliniques sur les dentifrices au monofluorophosphate de sodium-phosphate dicalcique.

| Études citées | Effet significatif |
|---|---|
| Naylor et al. (1967)[71,72] | Oui |
| Takeuchi et al. (1968)[104] | Oui |
| Onisi et Tani (1970)[55] | Oui |
| Kinkel et Raich (1974)[105] | Oui |
| Kinkel et al. (1974)[106] | Oui |
| Niwa et al. (1975)[107] | Oui |
| Rijnbeek et Weststrate (1976)[108] | Oui |
| Kinkel et al. (1977)[109] | Oui |

oeuvre des dentifrices contenant, soit du métaphosphate de sodium insoluble tout seul, ou complété avec du phosphate de calcium. Les résultats des études portant sur le métaphosphate de sodium insoluble tout seul ont clairement indiqué que ce dentifrice permettait de réduire l'incidence carieuse comparativement à l'emploi similaire d'un dentifrice non fluoré.

Plusieurs autres études ont eu recours au monofluorophosphate de sodium avec du métaphosphate de sodium insoluble contenant de petites quantités de phosphate dicalcique (Tableau 9-12). A nouveau, des diminutions significatives de l'incidence carieuse furent observées dans la plupart des études, avec une amplitude d'efficacité généralement comparable à celle observée avec les formules avec du métaphosphate de sodium insoluble sans calcium.

Ces observations sur l'efficacité du monofluorophosphate de sodium, dans des dentifrices, avec ou sans calcium, sont à l'origine d'un nombre significatif d'études portant sur des dentifrices comportant divers systèmes abrasifs. Plusieurs études au cours desquelles le phosphate dicalcique fut utilisé comme agent de polissage furent publiées et toutes ces études mirent en évidence des effets cariostatiques significatifs (Tableau 9-13).

Une autre étude porta sur le pyrophosphate de calcium en tant que système abrasif (Tableau 9-14). Cette formule a aussi démontré une réduction significative de l'incidence carieuse comparativement à un dentifrice non fluoré.[58]

Assez récemment, des études ont porté sur l'alumine hydratée comme système abrasif (Tableau 9-15). A nouveau et à une exception près,[111] des effets significatifs furent enregistrés et apparaissaient significatifs pour le CAOD mais pas pour le CAOS.

De nombreuses études ont également porté sur l'emploi du monofluorophosphate de sodium dans les dentifrices au carbonate de calcium (Tableau 9-16). Des effets cariostatiques significatifs ont été obtenus dans ces trois études comparativement à l'utilisation similaire de dentifrices non fluorés. De même, plusieurs investigations dans lesquelles ce composé fluoré a été utilisé avec un mélange de carbonate de calcium et de silice ont été rapportées (Tableau 9-17). A nouveau, la plupart de ces études ont permis de constater une réduction significative de l'incidence carieuse.

Enfin, trois études ont porté sur la silice en tant qu'agent abrasif (Tableau 9-18) et deux d'entre elles rapportèrent des effets cariostatiques significatifs. Outre ces investigations, plusieurs études faisant état de résultats significatifs obtenus avec des dentifrices au monofluorophosphate de sodium n'ont pas été citées car la nature de l'agent abrasif n'était pas mentionnée ou bien encore parce que des éléments d'information importants n'étaient pas signalés.[124-127]

Tableau 9-14. Les études cliniques sur les dentifrices au monofluorophosphate de sodium-pyrophosphate de calcium.

| Étude citée | Effet significatif |
|---|---|
| Zacherl (1972)[58] | Oui |

Tableau 9-15. Les études cliniques sur les dentifrices au monofluorophosphate de sodium-aluminine hydratée.

| Études citées | Effet significatif |
|---|---|
| Andlaw et Tucker (1975)[110] | Oui |
| Hodge et al. (1980)[111] | Non |
| Murray et Shaw (1980)[112] | Oui |
| Andlaw et al. (1983)[113] | Oui |

Tableau 9-16. Les études cliniques sur les dentifrices au monofluorophosphate de sodium-carbonate de calcium.

| Études citées | Effet significatif |
|---|---|
| Torell et Ericsson (1965)[35] | Oui |
| Torell (1969)[114] | Oui |
| Peterson et Williamson (1975)[115] | Oui |
| Mainwaring et Naylor (1978)[116] | Oui |
| Glass et Shiere (1978)[117] | Oui |
| Peterson (1979)[100] | Oui |
| Mainwaring et Naylor (1983)[118] | Oui |

**Tableau 9-17.** Les études cliniques sur les dentifrices au monofluorophosphate de sodium-carbonate de calcium/silice.

| Études citées | Effet significatif |
|---|---|
| Forsman (1974)[119] | Non |
| Naylor et Glass (1979)[120] | Oui |
| Glass (1981)[121] | Oui |
| Glass et al. (1983)[101] | Oui |

**Tableau 9-18.** Les études cliniques sur les dentifrices au monofluorophosphate de sodium-silice.

| Études citées | Effet significatif |
|---|---|
| Forsman (1974)[119] | Non |
| Howat et al. (1978)[122] | Oui |
| Rule et al. (1982)[123] | Oui |

Cette importante série d'études qui a porté sur une grande variété de systèmes abrasifs démontre clairement que le monofluorophosphate de sodium est compatible avec un grand choix d'agents de polissage dans les dentifrices. Bien entendu, ces études furent à la base de l'homologation de plusieurs dentifrices contenant du monofluorophosphate de sodium en tant que formule thérapeutique par le Conseil des Thérapeutiques Dentaires de l'ADA.[128-131] On ne possède cependant que très peu d'études au cours desquelles on procéda, dans une même étude, à des comparaisons directes entre des formules à base de monofluorophosphate de sodium mais avec des agents abrasifs différents;[100,101,119,132] de ce fait nous possédons très peu de données permettant de préférer un agent abrasif pour utiliser avec ce composé fluoré.

Comme nous l'avons noté précédemment, il fut initialement montré que le monofluorophosphate de sodium était plus efficace que le fluorure d'étain. Cette affirmation reposait sur l'étude initiale de Finn et Jamison.[32] A ce jour nous pouvons dénombrer huit études cliniques au cours desquelles une formule à base de monofluorophosphate de sodium a été comparée directement à une formule au fluorure d'étain (Tableau 9-19). Dans cinq de ces études, la comparaison fut établie avec un système à base de fluorure d'étain-pyrophosphate de calcium. Dans six de ces études des différences numériques parlèrent en faveur du monofluorophosphate de sodium

**Tableau 9-19.** Les études cliniques permettant de comparer les dentifrices au fluorure d'étain et au monofluorophosphate de sodium.

| Études citées | Système abrasif | | Différence significative |
|---|---|---|---|
| | $SnF_2$ | $Na_2PO_3F$ | |
| Finn et Jamison (1963)[32] | $Ca_2P_2O_7$ | $NaPO_3$ | Oui |
| Naylor et al. (1967)[71,72] | $NaPO_3/CaHPO_4$ | $CaHPO_4$ | Non |
| Mergele (1968)[49] | $Ca_2P_2O_7$ | $NaPO_3/CaHPO_4$ | Non |
| Frankl et Alman (1968)[51] | $Ca_2P_2O_7$ | $NaPO_3$ | Oui |
| Fanning et al. (1968)[76] | $NaPO_3$ | $NaPO_3$ | Non |
| Zacherl (1972)[58] | $Ca_2P_2O_7$ | $Ca_2P_2O_7$ | Non |
| Mergele (1968)[77] | $NaPO_3$ | $NaPO_3/CaHPO_4$ | Non |
| Onisi et Tani (1970)[55] | $Ca_2P_2O_7$ | $CaHPO_4$ | Non |

et dans les deux autres, elles parlèrent en faveur du fluorure d'étain. Dans six sur huit de ces études aucune différence significative ne fut enregistrée entre les différentes compositions fluorées. Les deux exceptions ont été analysées par d'autres auteurs et il est apparu que "Bien que les résultats de deux de ces études (celle de Finn et Jamison[32] et celle de Frankl et Alman[51]) montrèrent que les groupes qui utilisèrent le monofluorophosphate développèrent moins de caries, ces études ne permettent pas de conclure de façon certaine car elles utilisèrent des témoins inappropriés."[133] Si l'on admet cette déclaration du Conseil et que l'on note qu'aucune des six autres études ne permit d'observer de différence significative entre des formules à base de monofluorophosphate de sodium et des formules à base de fluorure d'étain alors il est permis de conclure que les résultats cliniques démontrent un niveau d'action cariostatique comparable pour ces deux systèmes fluorés incorporés dans les dentifrices.

Très récemment, plusieurs méthodes complémentaires ont fait l'objet de recherche pour augmenter l'action cariostatique des dentifrices au monofluorophosphate de sodium. Ces méthodes furent les suivantes : (1) l'emploi d'un additif, le glycérophosphate de calcium; (2) l'emploi de monofluorophosphate de sodium à plus forte concentration; (3) l'emploi de mélanges de monofluorophosphate de sodium avec du fluorure de sodium.

La valeur potentielle de l'adjonction de glycérophosphate de calcium pour renforcer l'action cariostatique des dentifrices au monofluorophosphate de sodium a été testée dans trois essais cliniques, chacun d'entre eux incluait une formule au monofluorophosphate de sodium classique qui servit de témoin positif (Tableau 9-20). Dans aucune de ces études l'adjonction de glycérophosphate de calcium ne modifia de façon significative l'action cariostatique des systèmes fluorés bien que la différence soit apparue presque significative dans l'une de ces études.[118] Sur la base de ces rapports, il ne semble pas que l'adjonction de cet additif renforce de façon significative l'action cariostatique du monofluorophosphate de sodium.

Tableau 9-20. Les études cliniques sur les dentifrices au monofluorophosphate de sodium additionné de glycérophosphate de calcium.

| | Effet cariostatique | | Différence significative |
|---|---|---|---|
| Études citées | $Na_2PO_3F$ | $Na_2PO_3F/CaGP$ | |
| Naylor et Glass (1979)[120] | Oui | Oui | Non |
| Glass et al. (1983)[101] | Oui | Oui | Non |
| Mainwaring et Naylor (1983)[118] | Oui | Oui | Non |

Des recherches sur le monofluorophosphate de sodium à différentes concentrations ont été poursuivies dans deux directions : (1) pour déterminer si les faibles concentrations avaient la même efficacité; (2) pour déterminer si les plus fortes concentrations avaient un meilleur effet (Tableau 9-21). Deux études permirent de comparer une concentration à 0,2% à la concentration conventionnelle de 0,8%. Dans l'étude de Forsman,[119] cette diminution de la concentration, de 0,8 à 0,2%, n'eut aucun effet; cependant les résultats de cette étude doivent être interprétés avec précaution car aucune des deux concentrations du monofluorophosphate de sodium

**Tableau 9-21.** Les études cliniques portant sur les dentifrices et permettant de comparer les différentes concentrations de monofluorophosphate de sodium.

| | Concentrations en $Na_2PO_3F$ | | | |
|---|---|---|---|---|
| Études citées | 0,2% | 0,8% | 1,2% | Différence significative |
| Forsman (1974)[119] | X | X | | Non |
| Mitropoulos et al. (1982)[134] | X | X | | Oui |
| Barlage et al. (1980)[97] | | X | X | Oui |

**Tableau 9-22.** Les études cliniques sur les dentifrices à fortes concentrations de monofluorophosphate de sodium.

| Études citées | Concentrations etudiées | Effet significatif |
|---|---|---|
| Cahen et al. (1982)[94] | 1,2% | Oui |
| Hanachowicz (1984)[135] | 1,2% | Oui |
| Hargreaves et Chester (1973)[136] | 2,0% | Oui |
| Lind et al. (1974)[137] | 2,0% | Oui |
| James et al. (1977)[138] | 2,0% | Oui |

**Tableau 9-23.** Les études cliniques sur les dentifrices à fortes concentrations de fluor obtenues par mélange de $Na_2PO_3F$ à 0,8% et de NaF à 0,1%.

| | Effet cariostatique | | |
|---|---|---|---|
| Étude citée | $Na_2PO_3F$ | $Na_2PO_3F + NaF$ | Différence significative |
| Hodge et al. (1980)[111] | Non | Oui | Oui |

n'entraîna d'effet significatif. Par contre, Mitropoulos et coll.[134] notèrent un effet significativement inférieur avec les dentifrices à la plus faible concentration. Lorsque le monofluorophosphate de sodium fut employé à plus forte concentration, Barlage et coll.[97] notèrent une augmentation significative de l'action cariostatique quand le niveau de fluor passa de 0,8% (soit 1.000 ppm de F) à environ 1,2% soit environ 1.500 ppm.

Deux études récentes[94,135] faisant appel à du fluor à concentration de 1,2% démontrent toutes deux des effets significatifs mais nous ne disposons d'aucune étude comparative avec des formules à faible concentration (Tableau 9-22). Trois essais cliniques[136-138] portèrent sur des dentifrices au monofluorophosphate de sodium avec des concentrations de fluor d'environ 2.500 ppm soit 2,5 fois le niveau conventionnel. Un effet significatif fut observé dans chacune d'entre elles; malheureusement, aucune de ces études ne fait mention de l'emploi d'une concentration de fluor conventionnelle. De ce fait on ne peut déterminer si la plus forte concentration de monofluorophosphate de sodium a donné de meilleurs résultats que ceux obtenus avec les niveaux conventionnels. Une étude récente par Hodge et coll.[111] porta sur l'emploi de fortes concentrations de fluor obtenues en ajoutant du fluorure de sodium au monofluorophosphate de sodium à concentration conventionnelle (Tableau 9-23). Dans cette étude, un effet très modeste fut constaté avec la concentration conventionnelle de monofluorophosphate de sodium puisqu'il n'était significatif que pour le CAOD. L'emploi de deux formules différentes supplémentées avec du fluorure de sodium permirent cependant d'observer un effet cariostatique significativement augmenté. Cette observation est intéressante mais des études confirmatives avec de bons protocoles restent à faire. La véritable efficacité, notamment toute amélioration de l'effet, provenant d'une augmentation des concentrations de fluor par mélange des composés peut être uniquement déterminée par comparaison directe avec des concentrations identiques de fluor provenant de chaque composé. Les résultats obtenus par Mainwaring et Naylor[118] ont place dans ce rapport puisque ces auteurs notèrent que le remplacement de la moitié du monofluorophosphate de sodium conventionnel par du fluorure de sodium entraînait un effet numériquement mais pas significativement supérieur en dépit de l'emploi d'un abrasif qui était très faiblement compatible avec le fluorure d'étain.[21]

Les échecs enregistrés avec les premiers dentifrices au fluorure de sodium refroidirent tout enthousiasme pour entreprendre de nouvelles études pendant un certain nombre d'années. Cependant, en 1965, Torell et Ericsson[35] firent état d'une réduction significative des caries avec un dentifrice au fluorure de sodium dont l'agent de polissage, le bicarbonate de soude, était compatible. Au cours de la même année, Jiraskova et coll.[139] rapportèrent qu'un dentifrice Tchecoslovaque contenant du fluorure de sodium avait entraîné une diminution significative de l'incidence carieuse comparativement à un dentifrice non fluoré. En 1967, Gron et Brudevold[9] dans une revue sur les dentifrices au fluorure de sodium notèrent que bien que l'emploi d'agents de polissage incompatibles dans les premières études sur le fluorure de sodium eût largement contribué à leur inefficacité, le faible pH des formules au fluorure d'étain pouvait avoir contribué au succès de cet agent. Ces chercheurs démontrèrent que des applications topiques de fluorure de sodium acidulé avec du phosphate soluble, mieux connu aujourd'hui sous le nom de FPA, réduisait de façon significative l'incidence carieuse.[140,141] De ce fait la logique voulait que des systèmes identiques soient évalués dans les dentifrices.

Au cours des quelques années suivantes, les résultats de quatre études sur des dentifrices furent publiés. Dans ces études, le fluorure de sodium et le phosphate soluble constituaient l'élément actif alors que le métaphosphate de sodium constituait l'agent abrasif (Tableau 9-24). Deux de ces études indiquèrent que ce système entraînait une réduction significative de l'incidence carieuse. Un dentifrice basé sur cette formule fut commercialisé pendant un certain temps. Un autre essai clinique portant sur le système fluor-phosphate n'a pas été cité dans cette revue parce que des détails importants n'apparaissaient pas dans la publication[79] bien qu'elle fît part de l'effet significatif obtenu avec une formule contenant un taux élevé de fluorure de sodium de l'ordre de 1.250 ppm.[142]

Pendant que se déroulaient ces investigations, une autre série d'études fut publiée (Tableau 9-25) dans lesquelles un type particulier de pyrophosphate de calcium, identifié comme étant une forme à haute-phase-beta, fut employé comme agent de polissage dans des dentifrices à base de fluorure de sodium. Des tests de laboratoire mirent en évidence que cet abrasif était beaucoup plus compatible avec le fluorure de sodium que n'importe quel autre composé calcique employé jusqu'à présent puisqu'il disponibilisait environ 60 à 70% du fluor.[147] Les résultats obtenus au cours de six essais cliniques avec essentiellement le même système fluorure de sodium–

**Tableau 9-24.** Les études cliniques sur les dentifrices au fluorure de sodium–orthophosphate soluble

| Études citées | Effet significatif |
|---|---|
| Brudevold et Chilton (1966)[8] | Oui |
| Peterson et Williamson (1968)[48] | Oui |
| Slack et al. (1971)[56] | Non |
| Zacherl (1972)[58] | Non |

**Tableau 9-25.** Les études cliniques sur les dentifrices au fluorure de sodium–pyrophosphate de calcium modifié.

| Études citées | Effet significatif |
|---|---|
| Reed et King (1970)[143] | Oui |
| Zacherl (1972)[58] | Oui |
| Weisenstein et Zacherl (1972)[144] | Oui |
| Reed (1973)[145] | Oui |
| Stookey et Beiswanger (1975)[146] | Oui |
| Ennever et al. (1980)[147] | Oui |

pyrophosphate de calcium démontrèrent de façon répétée une action cariostatique significative comparativement à l'emploi d'un dentifrice non fluoré.[48,143-147] Un dentifrice au fluorure de sodium avec cette formule abrasive fut homologué par la FDA en 1973.[148] L'étude conduite par Zacher[58] comportait une comparaison directe entre le fluorure de sodium et le monofluorophosphate de sodium dans un système abrasif de pyrophosphate de calcium (Tableau 9-26). Des effets significatifs furent enregistrés avec les deux compositions et aucune différence entre les systèmes ne fut notée, bien que seulement environ les deux tiers du fluor du fluorure de sodium fussent disponibilisés.

Au début des années 1970, des études conduites en France[149] et au Japon[150] avec des dentifrices au fluorure de sodium furent également publiées. Dans les deux cas, il était fait mention d'une réduction significative de l'incidence carieuse. Dans l'étude française, ces effets furent observés au cours d'une période de 5 ans dans le cadre d'un exercice pédodontique. Dans l'étude japonaise, de la zéolite synthétique (un silicate complexe) servit d'agent abrasif; cet abrasif permit aussi d'obtenir une disponibilisation moyenne du fluor.

Il est important de noter que l'une des deux formules de fluorure de sodium évaluée par Ennever et coll.[147] présentait un pH alcalin qui augmentait notablement la compatabilité de telle sorte que tout le fluor était disponible sous forme ionique. L'efficacité clinique était cependant comparable à une formule neutre avec un tiers

**Tableau 9-26.** Comparaison clinique entre un dentifrice au $NaF-Ca_2P_2O_7$ modifié et un dentifrice au $Na_2PO_3F-Ca_2P_2O_7$.

| Étude citée | Effet cariostatique | | Différence significative |
|---|---|---|---|
| | NaF | $Na_2PO_3$ | |
| Zacherl (1972)[58] | Oui | Oui | Non |

de fluor disponible en moins. De même, Gerdin[87] observa qu'un système à base de fluorure de sodium alcalin était moins efficace qu'une formule neutre. Ces deux observations montrent que la quantité de fluor disponible ne traduit pas nécessairement la bio-disponibilité de ce fluor (c'est à dire la quantité de fluor qui agit avec l'émail) comme en témoigne l'efficacité clinique.

Parallèlement à ces dernières études, d'autres investigateurs étudièrent l'efficacité des dentifrices au fluorure de sodium qui contenaient des systèmes abrasifs encore plus compatibles (Tableau 9-27). L'emploi de particules de polymethylmethacrylate comme abrasif dans l'étude de Koch[151-153] est très intéressant car ce matériau est extrêmement compatible avec le fluor. Des effets cariostatiques significatifs furent obtenus dans ces trois études.

Tableau 9-27. Les études cliniques sur les dentifrices au fluorure de sodium comportant des systèmes abrasifs hautement compatibles.

| Études citées | Système abrasif | Effet significatif |
|---|---|---|
| Koch (1967)[151] | Acrylique | Oui |
| Koch (1967)[152] | Acrylique | Oui |
| Koch (1970)[153] | Acrylique | Oui |
| Forsman (1974)[119] | Silice | Non |
| Zacherl (1981)[65] | Silice | Oui |

Tableau 9-28. Comparaison clinique entre un dentifrice au $SnF_2$-$Ca_2P_2O_7$ et un autre au $NaF$-$SiO_2$.

| Études citées | Plus efficace | Différence significative |
|---|---|---|
| Zacherl (1981)[65] | NaF | Oui |
| Beiswanger et al. (1981)[154] | NaF | Oui |

Toujours avec le même objectif d'utiliser le fluorure de sodium dans des formules dentifrices hautement compatibles, deux études complémentaires furent entreprises au cours desquelles la silice fut employée comme agent de polissage. Dans l'une de ces études, celle de Zacherl,[65] une diminution significative de l'incidence carieuse fut obervée comparativement à l'emploi d'un dentifrice placebo. L'autre étude menée par Forsman[119] a été mise en question précédemment car aucun effet significatif ne fut enregistré ni avec des formules au monofluorophosphate de sodium ni avec des formules au fluorure de sodium.

Deux études cliniques[65,154] portèrent sur la comparaison directe entre un dentifrice à base de fluorure de sodium neutre-silice et un dentifrice à base de fluorure d'étain-pyrophosphate de calcium qui avait servi d'élément de référence ou de témoin positif dans de nombreuses études précédentes (Tableau 9-28). Dans ces deux investigations, la formule au fluorure de sodium apparut significativement plus efficace que le dentifrice au fluorure d'étain.

Plusieurs investigations cliniques portant sur les dentifrices au fluorure de sodium comportaient aussi des formules contenant du monofluorophosphate de sodium

**Tableau 9-29.** Les études cliniques permettant de comparer une formule au Na$_2$PO$_3$F et une autre au NaF compatible.

| Études citées | Système abrasif | | Différence significative |
|---|---|---|---|
| | NaF | Na$_2$PO$_3$F | |
| Gerdin (1972)[87] | Acrylique | CaCO$_3$ | Oui |
| Forsman (1974)[119] | Silice | Silice | Non |
| Edlund et Koch (1977)[155] | Silice | CaHPO$_4$/CaCO$_3$ | Oui |
| Edward et Torell (1978)[156] | Silice | CaCO$_3$ | Non |
| | Silice | Silice | Non |
| Koch et al. (1982)[157] | Silice | CaHPO$_4$ | Non |

(Tableau 9-29). Seule, l'étude de Forsman[119] comportait un placebo ou un groupe témoin negatif. Dans cette étude, les deux composés fluorés furent utilisés avec des systèmes abrasifs à base silice et aucun n'entraîna de réduction significative de l'incidence carieuse. Gerdin[87] procéda à la comparaison entre un dentifrice à base de fluorure de sodium–acrylique avec un produit à base de monofluorophosphat de sodium–carbonate de calcium et constata que la formule avec le fluorure de sodium neutre était significativement plus efficace. Edlund et Koch[155] ont comparé également des dentifrices contenant ces deux systèmes fluorés et observa des résultats plus significatifs avec les produits à base de fluorure de sodium. Edward et Torell[156] ont comparé aussi quatre dentifrices différents au fluorure de sodium et au monofluorophosphate de sodium; bien que peu de détails concernant cette étude aient été publiés, les auteurs constatèrent des effets cariostatiques numériquement plus grands avec les produits au fluorure de sodium. Les travaux les plus récents concernant la comparaison entre ces deux systèmes fluorés ont été effectués par Koch et coll.[157] Ces auteurs comparèrent ces deux fluorures à la concentration conventionnelle et inclurent un dentifrice au fluorure de sodium qui contenait seulement un quart de la quantité habituelle de fluor. Au terme de l'étude, aucune différence significative ne fut constatée entre ces produits bien qu'une incidence carieuse légèrement plus faible ait été constatée avec le monofluorophosphate de sodium. Ainsi, quatre des cinq études comparant ces deux fluorures conclurent que le fluorure de sodium était plus efficace et que dans deux de ces études les différences étaient significatives. Il est utile de noter que dans tous les cas où les différences n'étaient pas significatives entre les dentifrices au fluorure de sodium et ceux au monofluorophosphate de sodium, les sujets d'expérience recevaient en même temps des bains de bouche au fluorure de sodium.[119,156,157] Au cours des trois décades pendant lesquelles se sont poursuivies ces nombreuses études cliniques, les scientifiques ont continué à chercher les facteurs fondamentaux liés à l'étiologie de la carie et au mécanisme d'action du fluor. Il est important de reconnaître que notre compréhension de ces processus a considérablement changé pendant ce temps car notre connaissance actuelle concernant ces processus nous aide à expliquer les résultats cliniques obtenus avec les dentifrices fluorés.

Le processus carieux n'est pas initié par une simple déminéralisation de la surface de l'émail mais nous savons maintenant que ce processus (Fig. 9-1) commence par une déminéralisation de l'émail en sub-surface en dessous d'une couche d'émail intacte ou bien minéralisée.[158,159] De plus, des informations de types variés permettent de penser que c'est le même processus étiologique qui est à l'origine de tous les types

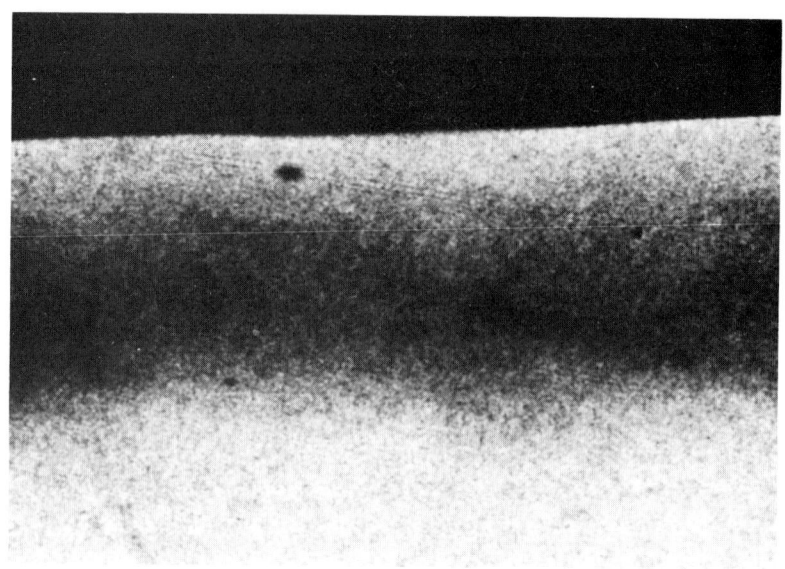

Fig. 9-1. Photographie d'une lésion débutante en sub-surface.

de lésions coronaires — lésions des surfaces lisses ou des sillons et des fissures — des dents temporaires et permanentes. Il apparaît à la lumière de ces éléments concernant notre compréhension du processus carieux que les dentifrices fluorés doivent être recommandés pour les adultes comme pour les enfants. En outre, il est maintenant admis que ces lésions débutantes en sub-surface peuvent être reminéralisées par la salive par un processus réparateur naturel (Fig. 9-2) et, fait très important, la vitesse et l'intensité de cette reminéralisation est nettement augmentée par la présence de fluor[160] (Fig. 9-3).

Bien que de nombreuses questions restent sans réponse concernant le mécanisme d'action du fluor, notamment des fluorures plus complexes comme le monofluorophosphate, il est évident que les concepts des années 1950 et 1960 doivent être remis en question. Particulièrement la croyance consistant à dire que le fluor réagit avec l'émail sain, pleinement mature, pour rendre la surface de ce tissu plus résistante à l'attaque par les acides qui n'est plus aujourd'hui considérée comme le mécanisme primaire. Le fait que le fluor s'accumule au sein de la plaque est bien connu mais son

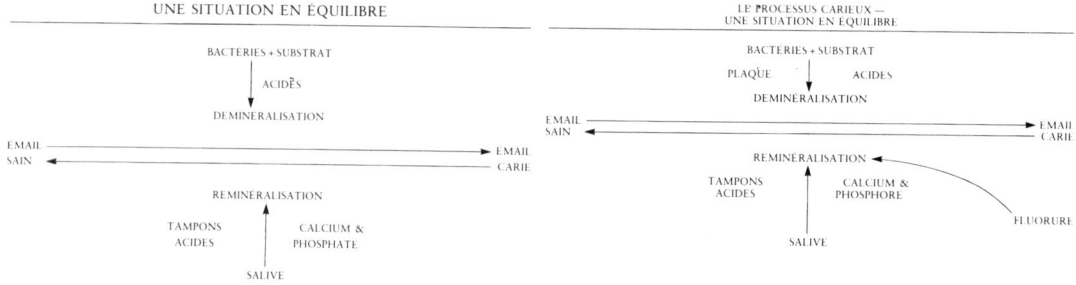

Fig. 9-2. L'équilibre reminéralisation-deminéralisation.

Fig. 9-3. L'équilibre reminéralisation-deminéralisation avec le fluor.

devenir reste peu clair; bien que l'on sache qu'il n'est pas présent à des concentrations bactéricides, on a pu montrer qu'il réagit avec l'émail lorsque le pH de la plaque descend en dessous de la valeur critique. Nos connaissances actuelles permettent de penser que le principal mécanisme d'action du fluor est en rapport avec sa diffusion dans les zones en sub-surface des lésions débutantes et sa capacité à renforcer la reminéralisation de ces zones.[160-162] Les articles publiés au cours des récentes années suggèrent que l'action cariostatique du fluor fourni par les dentifrices fluorés repose aussi sur le dépôt de fluor et la reminéralisation des lésions débutantes de l'émail.

Une étude de Cilley et coll.[163] a consisté à analyser le fluor des dents temporaires exfoliées d'enfants qui participaient à un essai clinique sur les dentifrices fluorés (Tableau 9-30). Les résultats de cette étude indiquèrent qu'il n'y avait pas d'augmentation significative du fluor à la surface de l'émail sain. Par contre, l'analyse des lésions débutantes révéla une augmentation significative du contenu en fluor avec les deux dentifrices fluorés et une plus forte accumulation de fluor avec le dentifrice

Tableau 9-30. Incorporation du fluor par l'émail d'enfants employant des dentifrices au NaF et au $SnF_2$.[163]

| | Teneur en fluor (ppm) | |
|---|---|---|
| Dentifrices utilisés | Émail sain | Lésions débutantes |
| Placebo | 364 | 731 |
| $SnF_2$-$Ca_2P_2O_7$ | 373 | 878 |
| NaF-$SiO_2$ | 379 | 1148 |

Tableau 9-31. Incorporation du fluor in vivo dans les lésions débutantes artificielles avec des dentifrices au NaF et au $SnF_2$.[164]

| Dentifrices étudiés | Contenu en fluor des lésions ($\mu g/cm^2$) |
|---|---|
| Placebo | 4,6 |
| $SnF_2$-$Ca_2P_2O_7$ | 8,4 |
| NaF-$SiO_2$ | 16,0 |

au fluorure de sodium. Il est à noter que ces résultats se superposaient avec ceux concernant les caries dans le cadre de l'étude cariologique clinique.[65]

Mobley[164] procéda à une investigation in vivo au cours de laquelle il étudia l'incorporation de fluor dans des fragments d'émail amovibles présentant des lésions débutantes et fixés sur des appareils portés par des patients et obtint les mêmes résultats (Tableau 9-31). Deux études in vivo menées dans notre laboratoire[165] aboutirent aux mêmes conclusions à savoir une incorporation significativement plus importante avec le fluorure de sodium comparée au fluorure d'étain (Tableau 9-32).

D'autres études identiques publiées par Mellberg et coll.[166,167] ont aussi montré qu'une série de dentifrices au monofluorophosphate de sodium entraînait une augmentation significative du contenu en fluor des lésions débutantes (Tableau 9-33). Ils suggèrent également que la présence de calcium renforce cette incorporation de fluor bien que nous ne soyons pas parvenus à confirmer cet effet dans nos études

Tableau 9-32. Incorporation du fluor in vivo dans des lésions débutantes artificielles avec des dentifrices au NaF et au $SnF_2$[165].

| Dentifrices étudiés | Contenu des lésions ($\mu g\ F/cm^2$) | |
| --- | --- | --- |
| | Étude No. 1 | Étude No. 2 |
| Placebo | 4,1 | 4,7 |
| $SnF_2$-$Ca_2P_2O_7$ | 6,4 | 5,9 |
| NaF-$SiO_2$ | 8,6 | 9,0 |

Tableau 9-33. Incorporation du fluor in vivo dans des lésions débutantes artificielles avec des dentifrices au NaF et au $Na_2PO_3F$ (Mellberg et Chomicki[167]).

| Dentifrices étudiés | Contenu en fluor des lésions (ppm) |
| --- | --- |
| Placebo | ~1700 |
| $Na_2PO_3F$-$CaHPO_4$ | ~3800 |
| NaF-$SiO_2$ | ~4600 |

in vivo. Concernant l'incorporation comparée de fluor à partir de différents sels de fluor,[166,168] Melberg et Chomicki[166] ont constaté numériquement une meilleure incorporation du fluor avec les formules au fluorure de sodium–silice qu'avec les dentifrices avec le monofluorophosphate de sodium–phosphate dicalcique mais cette différence n'était pas significative statistiquement. Dans une étude que nous avons menée avec essentiellement les mêmes dentifrices,[165] nous avons observé une incorporation de fluor significativement plus importante avec la formule au fluorure de sodium après une utilisation soit de 4 soit de 9 semaines (Tableau 9-34).

Tableau 9-34. Incorporation du fluor in vivo dans les lésions débutantes artificielles avec des dentifrices au NaF et au $Na_2PO_3F$.

| Dentifrices étudiés | Contenu des lésions ($\mu g\ F/cm^2$) | |
| --- | --- | --- |
| | 4 semaines | 9 semaines |
| $Na_2PO_3F$-$CaHPO_4$ | 8,8 | 9,0 |
| NaF-$SiO_2$ | 12,8 | 14,3 |

Une étude in vivo identique fut entreprise dans nos laboratoires au cours de laquelle les participants utilisèrent chacun des trois dentifrices pendant 4 semaines (Tableau 9-35). Ces dentifrices au fluor différaient tant par le contenu total en fluor que par la source de fluor. La formule qui contenait les deux composés fluorés était essentiellement la même que celle évaluée cliniquement par Hodge et coll.[111] Là aussi, les deux dentifrices au fluor entraînèrent une augmentation significative du contenu en fluor des lésions mais une incorporation significativement plus importante dans les lésions avec le dentifrice conventionnel au fluorure de sodium. Globalement, ces études indiquent que l'emploi de dentifrices au fluorure de sodium permet une incorporation plus marquée dans les lésions débutantes que celle obtenue avec le fluorure d'étain ou le monofluorophosphate de sodium.

Plusieurs publications récentes ont évalué la capacité des dentifrices au fluor à reminéraliser les lésions débutantes in vitro et in vivo à partir de techniques de mesure

**Tableau 9-35.** Incorporation du fluor in vivo avec des dentifrices au NaF et au $Na_2PO_3F$.

| Dentifrices étudiés | Système fluor | Contenu en fluor des lésions ($\mu g/cm^2$) |
|---|---|---|
| Placebo | Néant | 2,28 |
| $Na_2PO_3F$/NaF | $Na_2PO_3F$ (0,10% F) NaF (0,045% F) | 3,47 |
| NaF | NaF (0,11% F) | 5,11 |

**Tableau 9-36.** Incorporation du fluor in vivo et reminéralisation des lésions débutantes avec un dentifrice au NaF.

| Dentifrice fourni | Incorporation de fluor ($\mu g/cm^2$) | Augmentation de la dureté (VHN) |
|---|---|---|
| Placebo | 2,2 | 4,1 |
| NaF-$SiO_2$ | 6,0 | 20,4 |

variées incluant la microradiographie, la microscopie en lumière polarisée et la microdureté des lésions.[162,169-173] La plupart des études pertinentes portaient sur des dentifrices au monofluorophosphate de sodium ou au fluorure de sodium. Par exemple, Melberg[173] observa dans une étude in vivo que se brosser trois fois par jour pendant deux mois avec un dentifrice au monofluorophosphate de sodium permettait d'augmenter de 11% le contenu minéral des lésions débutantes comparativement à des dentifrices placebo. De même, nous avons constaté dans une étude que se brosser deux fois par jour pendant 2 semaines avec un dentifrice au fluorure de sodium entraînait une augmentation de la microdureté des lésions débutantes de l'émail comparativement à ce qui se passait lorsque les patients utilisaient dans les mêmes conditions des placebos (Tableau 9-36). En outre, une augmentation de la dureté accompagnait une augmentation du contenu en fluor de la lésion et une augmentation de la dureté de la lésion débutante qui, on le sait, reflète le degré de reminéralisation.[174] A partir de ces études, il apparaît clairement que ces deux composés fluorés facilitent la reminéralisation des lésions débutantes.

Compte tenu de la capacité comparable de ces deux composés à faciliter ce processus, les études in vitro mettent généralement en évidence la plus grande efficacité du fluorure de sodium,[171,172] cependant force est de reconnaître que les données obtenues in vitro doivent être interprétées avec certaines précautions, notamment pour les fluorures complexes dont le mode d'action reste mal connu.

Par ailleurs, les résultats d'une étude clinique menée par Gerdin et Serneke[175] sont pertinents et corroborent les résultats obtenus in vitro. Gerdin et Serneke ont donné à des enfants soit du dentifrice au fluorure de sodium dont l'abrasif était du bicarbonate de soude ou des particules d'acrylique soit des dentifrices au monofluorophosphate de sodium-carbonate de calcium. Pendant 15 mois ces enfants utilisèrent ces dentifrices à la maison et leur brossage fut contrôlé chaque semaine. La reminéralisation fut évaluée sur la base des modifications de la continuité de l'émail que l'on a préalablement rayé et enregistré au MEB par la technique des répliques. Bien que ces auteurs aient considéré la reminéralisation comme un phénomène de surface, les résultats montrent que la reminéralisation est significativement plus marquée avec les formules au fluorure de sodium neutre-particules d'acrylique.

Les résultats de ces études concernant l'incorporation de fluor dans les lésions débutantes tout comme le rôle du fluor dans le processus de reminéralisation de ces lésions nous fournissent une base raisonnable pour expliquer l'action cariostatique des dentifrices au fluor. Ces données nous aident aussi à expliquer les apparentes différences d'efficacités cliniques entre les différents composés fluorés. A la lumière des données citées précédemment il est clair également que la seule présence de fluor soluble ou disponible dans un dentifrice ne suffit pas à expliquer le degré d'action cariostatique d'un système mais plutôt la bio-disponibilité ou l'utilisation biologique de ce fluor, caractéristiques nécessaires pour obtenir une action cariostatique, n'en voulant pour preuve que l'incorporation de fluor et la reminéralisation des lésions débutantes.

## Conclusions

Il est maintenant temps de poser la question de départ "Les dentifrices au fluor sont ils tous les mêmes?" Après avoir passé en revue toutes les informations dont nous disposons, il est clair que la réponse est "Non, tous les dentifrices au fluor ne sont pas les mêmes." Il est évident si l'on se base sur cette revue de la littérature que l'on est en mesure d'obtenir des effets cariostatiques significatifs avec un certain nombre de dentifrices au fluor, notamment, avec le fluorure d'étain employé avec le pyrophosphate de calcium, le métaphosphate de sodium ou la silice; le fluorure d'amine employé avec le métaphosphate de sodium insoluble, le monofluorophosphate de sodium employé avec une grande variété de systèmes abrasifs; le fluorure de sodium employé avec un pyrophosphate de calcium spécial, de métaphosphate de sodium insoluble, des particules d'acrilique ou la silice (Tableau 9-37).

Tableau 9-37. Les systèmes fluor-abrasif cliniquement efficaces employés dans les dentifrices.

| | *Fluorure* | *Abrasifs* |
|---|---|---|
| | $SnF_2$ | $Ca_2P_2O_7$, $(NaPO_3)_x \pm CaHPO_4$, $SiO_2$ |
| | Amine F | $(NaPO_3)_x$ |
| | $Na_2PO_3F$ | $CaHPO_4$, $(NaPO_3)_x$, $Al_2O_3$, $CaCO_3$, $SiO_2$ |
| | NaF | Modifié $Ca_2P_2O_7$, $(NaPO_3)_x$, Acrylique, $SiO_2$ |

Le degré d'efficacité varie cependant en fonction des formules. Etant donné qu'aux Etats-Unis aujourd'hui, les formules les plus employées contiennent soit du monofluorophosphate de sodium ou du fluorure de sodium, il est sage de se demander si ces formules sont vraiment différentes. En dépit de l'absence d'essais cliniques comparatifs portant sur toutes les formules de dentifrice, la masse des données disponibles indique de façon convaincante une différence d'efficacité entre eux. Il s'agit d'un point essentiel, revoyons donc rapidement les données qui justifient cette conclusion :

(1) Les essais cliniques ont démontré que les formules au monofluorophosphate de sodium et les dentifrices au fluorure d'étain ont une efficacité comparable;[32,49,51,55,58,71,76,77]

(2) Deux études cliniques[65,154] ont montré qu'un dentifrice au fluorure de sodium-silice a une efficacité significativement supérieure à celle d'un produit à base de fluorure

d'étain-pyrophosphate de calcium qui a servi d'élément de référence pendant de nombreuses années;

(3) Les résultats d'une étude clinique[58] ont démontré qu'un dentifrice au fluorure de sodium-pyrophosphate de calcium amélioré et présentant un taux intermédiaire de fluor disponible avait la même efficacité qu'un produit à base de monofluorophosphate de sodium-pyrophosphate de calcium;

(4) Les quatre ou cinq essais cliniques qui ont permis de comparer un grand nombre de dentifrices au monofluorophosphate de sodium avec ceux au fluorure de sodium et dont l'agent abrasif était hautement compatible à savoir la silice ou des particules d'acrylique, démontrent une efficacité numériquement supérieure avec le fluorure de sodium et dans deux de ces études, les différences étaient significatives;[87,119,155,157]

(5) Une étude clinique[118] au cours de laquelle on procéda au remplacement de la moitié du monofluorophosphate de sodium par du fluorure de sodium mit en évidence numériquement une plus grande efficacité cariostatique que lorsque tout le fluor était fourni par le monofluorophosphate de sodium;

(6) Des données provenant d'études indépendantes et concernant l'incorporation de fluor par les lésions carieuses débutantes montrent que cette incorporation est plus importante avec un dentifrice au fluorure de sodium qu'avec des dentifrices classiques au monofluorophosphate de sodium;

(7) Des données provenant d'études in vivo et in vitro concernant la reminéralisation des lésions débutantes et les irrégularités de l'émail indiquent que le degré d'efficacité est plus élevé avec les formules au fluorure de sodium neutre qu'avec les dentifrices au monofluorophosphate de sodium.

Sur la base de cet ensemble considérable de données, il sera conclu que tous les dentifrices fluorés ne sont pas identiques en termes d'amplitude d'action cariostatique et, que pour le moment, les dentifrices au fluorure de sodium dont la formule permet de fournir un taux élevé de fluor disponible et bio-actif, sont les plus efficaces.

## REFERENCES

1. Bibby, B. G. : A test of the effect of fluoride-containing dentifrices on dental caries. J. Dent. Res., 24 : 297-303, 1945.
2. Bibby, B. G., Wellock, W. D. : Unpublished report, 1948. *Cited in* Fluoridation as a Public Health Measure, ed. J. H. Shaw. AAAS, 1954, pp. 158-159.
3. Wellock, W. D., Bibby, B. G. : Unpublished report, 1948. *Cited in* Fluoridation as a Public Health Measure, ed. J. H. Shaw. AAAS, 1954, pp. 158-159.
4. Winkler, K. C., Backer-Dirks, O., van Amerongen, J. : A reproducible method for caries evaluation. Test in a therapeutic experiment with a fluorinated dentifrice. Br. Dent. J., 95 : 119-124, 1953.
5. Muhler, J. C., Radike, A. W., Nebergall, W. H., Day, H. G. : A comparison between the anticariogenic effects of dentifrices containing stannous fluoride and sodium fluoride. J. Am. Dent. Assoc., 51 : 556-559, 1955.
6. Muhler, J. C. : Effect on dental caries of a dentifrice containing stannous fluoride and dicalcium phosphate. J. Dent. Res., 36 : 399-402, 1957.
7. Kyes, F. M., Overton, N. J., McKean, T. W. : Clinical trials of caries inhibitory dentifrices. J. Am. Dent. Assoc., 63 : 189-193, 1961.
8. Brudevold, F., Chilton, N. W. : Comparative study of a fluoride dentifrice containing soluble phosphate and a calcium-free abrasive : Second-year report. J. Am. Dent. Assoc., 72 : 889-894, 1966.
9. Grøn, P., Brudevold, F. : The effectiveness of NaF dentifrices. J. Dent. Child., 34 : 122-127, 1967.

10. Manly, R. S. : A structureless recurrent deposit on teeth. J. Dent. Res., *22* : 479–486, 1943.
11. Vallotton, C. F. : An acquired pigmented pellicle of the enamel surface. II. Clinical and histologic studies. J. Dent. Res., *24* : 171–181, 1945.
12. McCauley, H. B., et al. : Clinical efficacy of powder and paste dentifrices. J. Am. Dent. Assoc., *33* : 993–997, 1946.
13. Kitchin, P. C., Robinson, H. B. G. : How abrasive need a dentifrice be? J. Dent. Res., *27* : 501–506, 1948.
14. Dudding, N. J., Dahl, L. O., Muhler, J. C. : Patient reactions to brushing teeth with water, dentifrice or salt and soda. J. Periodontol., *31* : 386–392, 1960.
15. Lobene, R. R. : Effect of dentifrices on tooth stains with controlled brushing. J. Am. Dent. Assoc., *77* : 849–855, 1968.
16. Lobene, R. R. : Clinical studies of the cleaning functions of dentifrices. J. Am. Dent. Assoc., *105* : 798–802, 1982.
17. Hefferren, J. J. : A laboratory method for assessment of dentifrice abrasivity. J. Dent. Res., *55* : 563–573, 1976.
18. Volpe, A. R., et al. : A long-term clinical study evaluating the effect of two dentifrices on oral tissues. J. Periodontol., *46* : 113–118, 1975.
19. Schiff, T., Volpe, A. R. : A two-year clinical study comparing the effect of dentifrices on selected dental materials. J. Oral Rehabil., *2* : 407–412, 1975.
20. Bergstrom, J., Lavstedt, S. : An epidemiologic approach to toothbrushing and dentin abrasion. Community Dent. Oral Epidemiol., *7* : 57–64, 1979.
21. Ericsson, Y. : Fluorides in dentifrices. Investigations using radioactive fluorine. Acta Odontol. Scand., *19* : 41–77, 1961.
22. Muhler, J. C., Radike, A. W., Nebergall, W. H., Day, H. G. : The effect of a stannous fluoride-containing dentifrice on caries reduction in children. J. Dent. Res., *33* : 606–612, 1954.
23. Muhler, J. C., Radike, A. W., Nebergall, W. H., Day, H. G. : Effect of a stannous fluoride-containing dentifrice on caries reduction in children. II. Caries experience after one year. J. Am. Dent. Assoc., *50* : 163–166, 1955.
24. Muhler, J. C., Radike, A. W. : Effect of a dentifrice containing stannous fluoride on dental caries in adults. II. Results at the end of two years of unsupervised use. J. Am. Dent. Assoc., *55* : 196–198, 1957.
25. Muhler, J. C. : The effect of a modified stannous fluoride-calcium pyrophosphate dentifrice on dental caries in children. J. Dent. Res., *37* : 448–450, 1958.
26. Jordan, W. A., Peterson, J. K. : Caries inhibiting value of a dentifrice containing stannous fluoride. Final report of a two-year study. J. Am. Dent. Assoc., *58* : 42–46, 1959.
27. Hill, T. J. : Fluoride dentifrices. J. Am. Dent. Assoc., *59* : 1121–1127, 1959.
28. Peffley, G. E., Muhler, J. C. : The effect of a commercially available stannous fluoride dentifrice under controlled brushing habits on dental caries incidence in children : Preliminary report. J. Dent. Res., *39* : 871–875, 1960.
29. Muhler, J. C. : Combined anticariogenic effect of a single stannous fluoride solution and the unsupervised use of a stannous fluoride-containing dentifrice. II. Results at the end of two years. J. Dent. Res., *39* : 955–958, 1960.
30. Muhler, J. C. : Effect of a stannous fluoride dentifrice on caries reduction in children during a three-year study period. J. Am. Dent. Assoc., *64* : 216–224, 1962.
31. Bixler, D., Muhler, J. C. : Experimental clinical human caries test design and interpretation. J. Am. Dent. Assoc., *65* : 482–490, 1962.
32. Finn, S. B., Jamison, H. C. : A comparative clinical study of three dentifrices. J. Dent. Child., *30* : 17–25, 1963.
33. Henriques, B. L., Frankl, S. N., Alman, J. E. : *Cited In* Evaluation of Cue tooth paste. J. Am. Dent. Assoc., *69* : 197–198, 1964. (Also in Volpe, A. R. : Dentifrices and Mouthrinses. Chap. 10. *In* A Textbook of Preventive Dentistry, ed. R. E. Stallard. 2nd Ed. Philadelphia. W. B. Saunders Company. 1982.)
34. Mergele, M., Jennings, R. E., Gasser, E. B. : *Cited In* Evaluation of Cue tooth paste. J. Am. Dent. Assoc., *69* : 197–198, 1964. (Also in Volpe, A. R. : Dentifrices and Mouthrinses. Chap. 10. *In* A Textbook of Preventive Dentistry, ed. R. E. Stallard. 2nd Ed. Philadelphia, W. B. Saunders Company, 1982.)
35. Torell, P., Ericsson, Y. : Two-year clinical tests with different methods of local caries-preventive

fluorine application in Swedish school-children. Acta Odontol. Scand., *23* : 287–312, 1965.
36. Gish, C. W., Muhler, J. C. : Effectiveness of a $SnF_2$-$Ca_2P_2O_7$ dentifrice on dental caries in children whose teeth calcified in a natural fluoride area. II. Results at the end of 24 months. J. Am. Dent. Assoc., *73* : 853–855, 1966.
37. Horowitz, H. S., Law, F. E., Thompson, M.B., Chamberlin, S. R. : Evaluation of a stannous fluoride dentifrice for use in Dental Public Health Programs. I. Basic findings. J. Am. Dent. Assoc., *72* : 408–422, 1966.
38. Horowitz, H. S., Thompson, M. B. : Evaluation of a stannous fluoride dentifrice for use in Dental Public Health Programs. III. Supplementary findings. J. Am. Dent. Assoc., *74* : 979–986, 1967.
39. Halikis, S. E. : A pilot study on the effectiveness of a stannous fluoride dentifrice on dental caries in children. Aust. Dent. J., *11* : 336–337, 1966.
40. Thomas, A. E., Jamison, H. C. : Effect of $SnF_2$ dentifrices on caries in children : Two-year clinical study of supervised brushing in children's homes. J. Am. Dent. Assoc., *73* : 844–852, 1966.
41. Lehnhoff, R. W., et al. : Clinical measurement of the effect of an anticaries dentifrice by three examiners. Int. Assn. Dent. Res., Preprinted Abs. No. 246, 1966.
42. Bixler, D., Muhler, J. C. : Effectiveness of a stannous fluoride-containing dentifrice in reducing dental caries in a boarding school environment. J. Am. Dent. Assoc., *72* : 653–658, 1966.
43. Jackson, D., Sutcliffe, P. : Clinical testing of a stannous fluoride-calcium pyrophosphate dentifrice in Yorkshire school children. Br. Dent. J., *123* : 40–48, 1967.
44. James, P. M. C., Anderson, R. J. : Clinical testing of a stannous fluoride-calcium pyrophosphate dentifrice in Buckinghamshire school children. Br. Dent. J., *123* : 33–39, 1967.
45. Slack, G. L., Berman, D. S., Martin, W. J., Hardie, J. M. : Clinical testing of a stannous fluoride-calcium pyrophosphate dentifrice in Essex school girls. Br. Dent. J., *123* : 26–33, 1967.
46. Weisenstein, P. R., Lehnhoff, R. W. : A clinical evaluation of an anticaries dentifrice comparing conventional and radiographic measurements. Int. Assn. Dent. Res., Preprinted Abs. No. 425, 1967.
47. Onishi, E. : Effect of stannous fluoride dentifrice on caries reduction of school children. Jpn. J. Dent. Health, *17* : 68–74, 1967 (Oral Res. Abs. *3* : 497, 1968).
48. Peterson, J. K., Williamson, L. : Three-year caries inhibition of a sodium fluoride acid orthophosphate dentifrice compared with a stannous fluoride dentifrice and a nonfluoride dentifrice. Int. Assn. Dent. Res., Preprinted Abs. No. 255 : 101, 1968.
49. Mergele, M. : Report II. An unsupervised brushing study on subjects residing in a community with fluoride in the water. Bull. Acad. Med. NJ, *14* : 251–255, 1968.
50. Zacherl, W. A. : A clinical evaluation of sodium fluoride and stannous fluoride dentifrices. Int. Assn. Dent. Res., Preprinted Abs. No. 253 : 101, 1968.
51. Frankl, S. N., Alman, J. E. : Report of a three-year clinical trial comparing a toothpaste containing sodium monofluorophosphate with two marketed products. J. Oral Ther. & Pharm., *4* : 443–450, 1968.
52. Zacherl, W. A. : Clinical evaluation of a sarcosinate dentifrice. Int. Assn. Dent. Res., Preprinted Abs. No. 339 : 133, 1970.
53. Zacherl, W. A., McPhail, C. W. B. : Final report on the efficacy of a stannous fluoride-calcium pyrophosphate dentifrice. J. Can. Dent. Assoc., *36* : 262–264, 1970.
54. Muhler, J. C. : A clinical comparison of fluoride and antienzyme dentifrices. J. Dent. Child., *37* : 501–502, 511–514, 1970.
55. Onisi, M., Tani, H. : Clinical test on the caries-preventive effect of two kinds of fluoride dentifrices. Jpn. J. Dent. Health, *20* : 105–111, 1970 (Oral Res. Abs. *7* : 399, 1972).
56. Slack, G. L., Bulman, J. S., Osborn, J. F. : Clinical testing of fluoride and nonfluoride containing dentifrices in Hounslow school children. Br. Dent. J. *130* : 154–158, 1971.
57. Gish, C. W., Muhler, J. C. : Effectiveness of a stannous fluoride dentifrice on dental caries. J. Dent. Child., *38* : 211–214, 1971.
58. Zacherl, W. A. : Clinical evaluation of neutral sodium fluoride, stannous fluoride, sodium monofluorophosphate and acidulated fluoride-phosphate dentifrices. J. Can. Dent. Assoc., *38* : 35–38, 1972.
59. Zacherl, W. A. : Clinical evaluation of an aged stannous fluoride-calcium pyrophosphate dentifrice. J. Can. Dent. Assoc., *38* : 155–157, 1972.
60. Zacherl, W. A. : A clinical evaluation of a stannous fluoride and a sarcosinate dentifrice. J. Dent. Child., *40* : 451–453, 1973.

61. Ringelberg, M. L., Webster, D. B., Dixon, D. O., LaZotte, D. C. : The caries preventive effect of amine fluorides and inorganic fluorides in a mouthrinse or dentifrice after 30 months of use. J. Am. Dent. Assoc., 98 : 202–208, 1979.
62. Fogels, H. R., Alman, J. E., Meade, J. J., O'Donnell, J. P. : The relative caries-inhibiting effects of a stannous fluoride dentifrice in a silica gel base. J. Am. Dent. Assoc., 99 : 456–459, 1979.
63. Lu, K. H., Hanna, J. D., Peterson, J. K. : Effect on dental caries of a stannous fluoride-calcium pyrophosphate dentifrice in an adult population : One-year results. Pharmacol. Ther. Dent., 5 : 11–16, 1980.
64. Abrams, R. G., Chambers, D. W. : Caries-inhibiting effect of a stannous fluoride silica gel dentifrice : A three-year clinical study. Clin. Prev. Dent., 2 : 22–27, 1980.
65. Zacherl, W. A. : A three-year clinical caries evaluation of the effect of a sodium fluoride-silica abrasive dentifrice. Pharmacol. Ther. Dent., 6 : 1–7, 1981.
66. American Dental Association, Council on Dental Therapeutics : Evaluation of Crest toothpaste. J. Am. Dent. Assoc., 61 : 272–274, 1960.
67. American Dental Association, Council on Dental Therapeutics : Reclassification of Crest toothpaste. J. Am. Dent. Assoc., 69 : 195–196, 1964.
68. Slack, G. L., Martin, W. J. : The use of a dentifrice containing stannous fluoride in the control of dental caries. Br. Dent. J., 117 : 275–280, 1964.
69. Fullmer, J., Volpe, A. R., Apperson, L. D., Kiraly, J. : Unpublished data. *Cited In* Volpe, A. R. : Dentifrices and Mouthrinses. Chap. 10. *In* A Textbook of Preventive Dentistry, ed. R. E. Stallard. 2nd Ed. Philadelphia. W. B. Saunders Company, 1982.
70. Segal, A. H., Stiff, R. H., George, W. A., Picozzi, A. : Cariostatic effect of a stannous fluoride-containing dentifrice on children : two-year report of a supervised toothbrushing study. J. Oral. Ther. & Pharm., 4 : 175–180, 1967.
71. Naylor, M. N., Emslie, R. D. : Clinical testing of stannous fluoride and sodium monofluorophosphate dentifrices in London school children. Br. Dent. J., 123 : 17–23, 1967.
72. Ashley, F. P., Naylor, M. M., Emslie, R. D. : Stannous fluoride and sodium monofluorophosphate dentifrices. Clinical testing in London school children — radiological findings. Br. Dent. J., 127 : 125–128, 1969.
73. American Dental Association, Council on Dental Therapeutics : Evaluation of Cue toothpaste. J. Am. Dent. Assoc., 69 : 197–198, 1964.
74. American Dental Association, Council on Dental Therapeutics : Evaluation of Super Stripe toothpaste. J. Am. Dent. Assoc., 72 : 1515, 1966.
75. Slack, G. L., Berman, D. S., Martin, W. J., Young, J. : Clinical testing of a stannous fluoride-insoluble metaphosphate dentifrice in Kent school girls. Br. Dent. J., 123 : 9–16, 1967.
76. Fanning, E. A., Gotjamanos, T., Vowles, N. J. : The use of fluoride dentifrices in the control of dental caries : Methodology and results of a clinical trial. Aust. Dent. J., 13 : 201–206, 1968.
77. Mergele, M. : Report I. A supervised brushing study in State Institution schools. Bull. Acad. Med. NJ, 14 : 247–250, 1968.
78. American Dental Association, Council on Dental Therapeutics : Evaluation of Fact toothpaste. J. Am. Dent. Assoc., 71 : 930–931, 1965.
79. Homan, B. T., Messer, H. H. : The comparative effect of three fluoride dentifrices on clinical dental caries in Brisbane schoolchildren. Preliminary report. J. Dent. Res., 48 : 1094, 1969.
80. American Dental Association, Council on Dental Therapeutics. Council accepts Aim. J. Am. Dent. Assoc., 99 : 699, 1979.
81. Howell, C. L., Muhler, J. C. : Effect of topically applied stannous chlorofluoride on the dental caries experience in children. II. Results two years after initial treatment. J. Am. Dent. Assoc., 55 : 493–495, 1957.
82. Gish, C. W., Muhler, J. C., Howell, C. L. : The effect of topically applied potassium fluorostannite on the dental caries experience in children. III. Results at the end of three years. J. Dent. Res., 38 : 881–882, 1959.
83. Muhler, J. C., Bixler, D., Stookey, G. K. : The clinical effectiveness of stannous hexafluorozirconate as an anticariogenic agent. J. Am. Dent. Assoc., 76 : 558–563, 1968.
84. Held, A. J., Spirgi, M. : Clinical experimentation with fluoridated dentifrice. Schweiz. Mschr. Zahnheilk., 75 : 883–902, 1965. (Oral Res. Abs. 1 : 409, 1966.)
85. Held, A. J., Spirgi, M. : Three years of clinical observations with fluoridated dentifrices. Bull. Group Int. Rech. Sci. Stomatol. Odontol., 11 : 539–570, 1968 (Oral Res. Abs. 4 : 1085, 1964).

86. Geiger, L., Kunzel, W., Treide, A. : Comparative clinical-radiological examination of caries decrease after supervised oral hygiene with ammonium fluoride. Dtsch. Stomatol., *21* : 135–139, 1971.
87. Gerdin, P. O. : Studies in dentifrices, VI : The inhibitory effect of some grinding and nongrinding fluoride dentifrices on dental caries. Swed. Dent. J., *65* : 521–532, 1972.
88. Koch, G. : Comparison and estimation of effect on caries of daily supervised toothbrushing with a dentifrice containing sodium fluoride and a dentifrice containing potassium fluoride and manganese chloride. A three-year clinical test. Odont. Revy, *23* : 341–354, 1972.
89. Gerdin, P. O. : Studies in dentifrices, VIII : Clinical testing of an acidulated, nongrinding dentifrice with reduced fluorine contents. Swed. Dent. J., *67* : 283–297, 1974.
90. Marthaler, T. M. : Caries-inhibition after seven years of unsupervised use of an amine fluoride dentifrice. Br. Dent. J., *124* : 510–515, 1968.
91. von Patz, J., Naujoks, R. : The prophylactic anticaries effect of an amine fluoride-containing dentifrice on adolescents after unsupervised use for 3 years. Dtsch. Zahnaerztl. Z., *25* : 617–625, 1970. (Oral Res. Abs. 6 : 204, 1971.)
92. Marthaler, T. M. : Caries-inhibition by an amine fluoride dentifrice. Results after 6 years in children with low caries activity. Helv. Odontol. Acta, *18* : (Suppl. VIII) : 35–44, 1974.
93. Kunzel, W., Franke, W., Treide, A. : Klinisch-Rontgenologische Paralleluberwachung einer Langsschnittstudie zum Nachweis der Karieshemmenden Effektivitat 7 Jahre Lokal angewandeten Aminfluorids im Doppelblindtest. Zahn Mund. u. Keiferheilk, *65* : 626–637, 1977.
94. Cahen, P. M., Frank, R. M., Turlot, J. C., Jung, M. T. : Comparative unsupervised clinical trial on caries inhibition effect of monofluorophosphate and amine fluoride dentifrices after 3 years in Strasbourg, France. Community Dent. Oral Epidemiol., *10* : 238–241, 1982.
95. Kinkel, H. J., Stolte, G. : On the effect of a sodium monofluorophosphate and bromochlorophene-containing toothpaste in a chronic animal experiment and on caries in children during a two-year period of unsupervised use. Dtsch. Zahnaerztl. Z., *22* : 455–460, 1968.
96. Patz, J., Naujoks, R. : Clinical investigation of a fluoride-containing dentifrice in adults. Results of a two-year unsupervised study. Dtsch. Zahnaerztl. Z., *7* : 614–621, 1969.
97. Barlage, B., Buhe, H., Buttner, W. : A 3-year clinical dentifrice trial using different fluoride levels : 0.8 and 1.2% sodium monofluorophosphate. Caries Res., *15* : 185 (Abs. No. 18), 1981.
98. Møller, I. J., Holst, J. J., Sorensen, E. : Caries-reducing effect of a sodium monofluorophosphate dentifrice. Br. Dent. J., *124* : 209–213, 1968.
99. Thomas, A. E., Jamison, H. C. : Effect of a combination of two cariostatic agents on caries in children : Two-year clinical study of supervised brushing in children's homes. J. Am. Dent. Assoc., *81* : 118–124, 1970.
100. Peterson, J. K. : A supervised brushing trial of sodium monofluorophosphate dentifrices in a fluoridated area. Caries Res., *13* : 68–72, 1979.
101. Glass, R. L., Peterson, J. K., Bixler, D. : The effects of changing caries prevalence and diagnostic criteria on clinical caries trials. Caries Res., *17* : 145–151, 1983.
102. Blinkhorn, A. S., Holloway, P. J., Davies, T. G. H. : Combined effects of a fluoride dentifrice and mouthrinse on the incidence of dental caries. Community Dent. Oral Epidemiol., *11* : 7–11, 1983.
103. Ashley, F. P., Mainwaring, P. J., Emslie, R. D., Naylor, M. N. : Clinical testing of a mouthrinse and a dentifrice containing fluoride. A two-year supervised study in school children. Br. Dent. J., *143* : 333–338, 1977.
104. Takeuchi, M., Shimizu, T., Kawasaki, T., Kizu, T. : Caries prevention by a sodium monofluorophosphate dentifrice. Jpn. J. Dent. Health, *18* : 26–38, 1968. (Oral Res. Abs. 4 : 489, 1969.)
105. Kinkel, H. J., Raich, R. : Caries inhibition after 5 years application of a dentifrice containing $Na_2PO_3F$. Schweiz. Monatsschr. Zahnheilk., *84* : 1245–1247, 1974.
106. Kinkel, H. J., Stolte, G., Weststrate, J. : Study of the effect of a toothpaste containing fluorophosphate on the dentition of children. Schweiz. Monatsschr. Zahnheilk., *84* : 577–589, 1974.
107. Niwa, T., Baba, K., Niwa, N. : The caries-preventive effects of dentifrices containing sodium monofluorophosphate, sodium monofluorophosphate plus dextranase, and sodium monofluorophosphate plus sodium phosphate. Jpn. J. Dent. Health, *25* : 30–52, 1975.
108. Rijnbeek, P. L. C. A., Weststrate, J. : Development and study of the efficacy of a fluoridated dentifrice, Nederl. T. Tandheelk, *83* : 123–128, 1976 (Oral Res. Abs., *12* : 498, 1977).

109. Kinkel, H. J., Raich, R., Muller, M. : Die Karieshemmung einer $Na_2PO_3F$-Zahnpasta nach 7 Jahren Applikation. Schweiz. Mschr. Zahnheilk., 87 : 1218–1220, 1977.
110. Andlaw, R. J., Tucker, G. J. : A three-year clinical trial of a dentifrice containing 0.8 percent sodium monofluorophosphate in an aluminum oxide trihydrate base. Br. Dent. J., 138 : 426–432, 1975.
111. Hodge, H. C., Holloway, P. J., Davies, T. G. H., Worthington, H. V. : Caries prevention by dentifrices containing a combination of sodium monofluorophosphate and sodium fluoride. Report of a 3-year clinical trial. Br. Dent. J., 149 : 201–204, 1980.
112. Murray, J. J., Shaw, L. : A 3-year clinical trial into the effect of fluoride content and toothpaste abrasivity on the caries inhibitory properties of a dentifrice. Community Dent. Oral Epidemiol., 8 : 46–51, 1980.
113. Andlaw, R. J., Palmer, J. D., King, J., Kneebone, S. B. : Caries-preventive effects of toothpastes containing monofluorophosphate and trimetaphosphate : A 3-year clinical trial. Community Dent. Oral Epidemiol., 11 : 143–147, 1983.
114. Torell, P. : The use of fluoride toothpaste combined with fluoride rinsing every two weeks. Sver. Tandlak. Forb. Tidn., 61 : 873–875, 1969.
115. Peterson, J. K., Williamson, L. D., Casad, R. : Caries inhibition with MFP-calcium carbonate dentifrice in fluoridated area. Int. Assn. Dent. Res., Preprinted Abs. No. L338, 1975.
116. Mainwaring, P. J., Naylor, M. N. : A three-year clinical study to determine the separate and combined caries-inhibiting effects of sodium monofluorophosphate toothpaste and an acidulated phosphate-fluoride gel. Caries Res., 12 : 202–212, 1978.
117. Glass, R. L., Shiere, F. R. : A clinical trial of a calcium carbonate base dentifrice containing 0.76% sodium monofluorophosphate. Caries Res., 12 : 284–289, 1978.
118. Mainwaring, P. J., Naylor, M. N. : A four-year clinical study to determine the caries-inhibiting effect of calcium glycerophosphate and sodium fluoride in calcium carbonate base dentifrices containing sodium monofluorophosphate. Caries Res., 17 : 267–276, 1983.
119. Forsman, B. : Studies on the effect of dentifrices with low fluoride content. Community Dent. Oral Epidemiol., 2 : 166–175, 1974.
120. Naylor, M. N., Glass, R. L. : A 3-year clinical trial of calcium carbonate dentifrice containing calcium glycerophosphate and sodium monofluorophosphate. Caries Res., 13 : 39–46, 1979.
121. Glass, R. L. : Caries reduction by a dentifrice containing sodium monofluorophosphate in a calcium carbonate. Partial explanation for diminishing caries prevalence. Clin. Prev. Dent., 3 : 6–8, 1981.
122. Howat, A. P., Holloway, P. J., Davies, T. G. H. : Caries prevention by daily supervised use of a MFP gel dentifrice. Report of a 3-year clinical trial. Br. Dent. J., 145 : 233–235, 1978.
123. Rule, J., et al. : Anticaries properties of a 0.78% sodium monofluorophosphate-silica base dentifrice. Int. Assn. Dent. Res., Preprinted Abs. No. 921, 1982.
124. Autia, F. E., Shahni, D. R., Kapadia, J. D. : A clinical study of sodium monofluorophosphate dentifrice in institutionalized children in the city of Bombay. J. Indian Dent. Assoc., 46 : 165–170, 1974 (Oral Res. Abs., 10 : 407, 1975).
125. Riethe, V. P., Schubring, G. : Klinische Prufung einer Natriummonofluorphosphat-zahnpaste an Schulkindern. Dtsch. Zahnaertztl. Z., 30 : 513–517, 1975.
126. Kobylanska, M. : Evaluation of the caries-inhibiting effect of Polish manufactured fluoride dentifrices. Czas. Stomatol., 28 : 247–251, 1975.
127. Wilson, C. J., Triol, C. W., Volpe, A. R. : The clinical anticaries effect of a fluoride dentifrice and mouthrinse. Int. Assn. Dent. Res., Preprinted Abs. No. 808, 1978.
128. American Dental Association, Council on Dental Therapeutics : Council classifies Colgate with MFP (sodium monofluorophosphate) in Group A. J. Am. Dent. Assoc., 79 : 937–938, 1969.
129. American Dental Association, Council on Dental Therapeutics : Council accepts Macleans fluoride dentifrice. J. Am. Dent. Assoc., 92 : 966–967, 1976.
130. American Dental Association, Council on Dental Therapeutics : Council accepts Aquafresh. J. Am. Dent. Assoc., 97 : 80, 1978.
131. American Dental Association, Council on Dental Therapeutics : Council accepts Aim with sodium monofluorophosphate. J. Am. Dent. Assoc., 101 : 822, 1980.
132. Triol, C. W., Wilson, C. J., Volpe, A. R. : Effect on caries of two monofluorophosphate dentifrices in a nonfluoridated water area : A thirty-one-month study. Clin. Prev. Dent., 3 : 5–7, 1981.
133. American Dental Association : Dentifrices which contain sodium monofluorophosphate. Accepted Dental Therapeutics, 39th Ed. 1982, pp. 358–359.

134. Mitropoulos, C. M., Davies, T. G. H., Worthington, H. V. : Clinical comparison of two dentifrices with different levels of sodium monofluorophosphate. Int. Assn. Dent. Res., Preprinted Abs. No. 70 : 543, 1982.
135. Hanachowicz, L. : Caries prevention using a 1.2% sodium monofluorophosphate dentifrice in an aluminium oxide trihydrate base. Community Dent. Oral Epidemiol., *12* : 10-16, 1984.
136. Hargreaves, J. A., Chester, C. G. : Clinical trial among Scottish children of an anti-caries dentifrice containing 2% sodium monofluorophosphate. Community Dent. Oral Epidemiol., *1* : 47-57, 1973.
137. Lind, O. P., Møller, I. J., von der Fehr, F. R., Joost Larsen, M. : Caries-preventive effect of a dentifrice containing 2% sodium monofluorophosphate in a natural fluoride area in Denmark. Community Dent. Oral Epidemiol., *2* : 104-113, 1974.
138. James, P. M. C., Anderson, R. J., Beal, J. F., Bradnock, G. : A 3-year clinical trial of a dentifrice containing 2% sodium monofluorophosphate. Community Dent. Oral Epidemiol., *5* : 67-72, 1977.
139. Jiraskova, M., et al. : Effect of Czechoslovak-made toothpaste containing sodium fluoride. Cesk. Stomatol., *65* : 433-436, 1965.
140. Wellock, W. D., Brudevold, F. : A study of acidulated fluoride solutions. II. The caries inhibiting effect of single annual topical applications of an acidic fluoride and phosphate solution. A two-year experience. Arch. Oral Biol., *8* : 179-182, 1963.
141. Wellock, W. D., Maitland, A., Brudevold, F. : Caries increments, tooth discoloration, and state of oral hygiene in children given single annual applications of acid phosphate fluoride and stannous fluoride. Arch. Oral Biol., *10* : 453-460, 1965.
142. Gutherz, M. : Klinischer Nachweis der Karieshemmwirkung einer metaphosphathaltigen Fluorzahnpaste. Schweiz. Mschr. Zahnheilk., *78* : 235-247, 1968.
143. Reed, M. W., King, J. D. : A clinical evaluation of a sodium fluoride dentifrice. Int. Assn. Dent. Res., Preprinted Abs. No. 340 : 133, 1970.
144. Weisenstein, P. R., Zacherl, W. A. : A multiple-examiner clinical evaluation of a sodium fluoride dentifrice. J. Am. Dent. Assoc., *84* : 621-623, 1972.
145. Reed, M. W. : Clinical evaluation of three concentrations of sodium fluoride in dentifrices. J. Am. Dent. Assoc., *80* : 1401-1403, 1973.
146. Stookey, G. K., Beiswanger, B. B. : Influence of an experimental sodium fluoride dentifrice on dental caries incidence in children. J. Dent. Res., *54* : 53-58, 1975.
147. Ennever, J., et al. : Influence of alkaline pH on the effectiveness of sodium fluoride dentifrices. J. Dent. Res., *59* : 658-661, 1980.
148. Approved new drug application for Gleem II toothpaste, NDA No. 16-985, Federal Register, October 29, 1973.
149. Valery, P., Prevot, H. : Clinical results of the use of a fluoridated dentifrice. Chir. Dent. France, *41* : 21-23, 1971.
150. Onisi, M. : The caries preventive effect of a new dentifrice containing NaF and synthetic zeolite. Jpn. J. Dent. Health, *24* : 1-5, 1974.
151. Koch, G. : Effect of sodium fluoride in dentifrice and mouthwash on incidence of dental caries in school children. 8. Effect of daily supervised toothbrushing with a sodium fluoride dentifrice. A 3-year double-blind clinical test. Odont. Revy., *18* (Suppl. 12) : 1-125, 1967.
152. Koch, G. : Effect of sodium fluoride in dentifrice and mouthwash on incidence of dental caries in school children. 9. Effect of unsupervised toothbrushing at home with a sodium fluoride dentifrice. A 2-year double-blind clinical test. Odont. Revy., *18* (Suppl. 12) : 1-125, 1967.
153. Koch, G. : Selection and caries prophylaxis of children with high caries activity. One-year results. Odont. Revy. (Malmo), *21* : 71-82, 1970.
154. Beiswanger, B. B., Gish, C. W., Mallatt, M. E. : A three-year study of the effect of a sodium fluoride-silica abrasive dentifrice on dental caries. Pharmacol. Ther. Dent., *6* : 9-16, 1981.
155. Edlund, D., Koch, G. : Effect on caries of daily supervised toothbrushing with sodium monofluorophosphate and sodium fluoride dentifrices after 3 years. Scand. J. Dent. Res., *85* : 41-45, 1977.
156. Edwards, S., Torell, P. : Constituents of dentifrices. Abstracts of Papers, 24th ORCA Congress, Caries Res., *12* : 107, 1978.
157. Koch, G., Petersson, L. G., Kling, E., Kling, L. : Effect of 250 and 1000 ppm fluoride dentifrice on caries. A three-year clinical study. Swed. Dent. J., *6* : 233-238, 1982.

158. Silverstone, L. M. : Remineralization phenomena. Caries Res., *11* (Suppl. 1) : 59–84, 1977.
159. Kidd, E. A. M. : The histopathology of enamel caries in young and old permanent teeth. Br. Dent. J., *155* : 196–198, 1983.
160. Silverstone, L. M. : The effect of fluoride in the remineralization of enamel caries and caries-like lesions in vitro. J. Public Health Dent., *42* : 42–53, 1982.
161. ten Cate, J. M., Arends, J. : Remineralization of artificial enamel lesions in vitro. III. A study of the deposition mechanism. Caries Res., *14* : 351–358, 1980.
162. Featherstone, J. D. B., Cutress, T. W., Rodgers, B. E., Dennison, P. J. : Remineralization of artificial caries-like lesions in vivo by a self-administered mouthrinse or paste. Caries Res., *16* : 235–242, 1982.
163. Cilley, W. A., Haberman, J. P. : Fluoride in enamel and correlation to caries. Int. Assn. Dent. Res., Preprinted Abs. No. 1069, 1981.
164. Mobley, M. J. : Fluoride uptake from in situ brushing with a $SnF_2$ and a NaF dentifrice. J. Dent. Res., *60* : 1943–1948, 1981.
165. Stookey, G. K., et al. : In situ fluoride uptake from fluoride dentifrices. Int. Assn. Dent. Res., Preprinted Abs. No. 118, 1984.
166. Mellberg, J. R., Chomicki, W. G. : Effect of soluble calcium on fluoride uptake by enamel from sodium monofluorophosphate. Int. Assn. Dent. Res., Preprinted Abs. No. 281, 1982.
167. Mellberg, J. R., Chomicki, W. G. : Fluoride uptake by artificial caries lesions from fluoride dentifrices in vivo. J. Dent. Res., *62* : 540–542, 1983.
168. Mellberg, J. R., Chomicki, W. G. : Calcium effect on fluoride uptake from monofluorophosphate in vivo. Int. Assn. Dent. Res., Preprinted Abs. No. 764, 1984.
169. Mallon, D. E., Mellberg, J. R. : Calcium enhanced in vitro remineralization by monofluorophosphate. Am. Assn. Dent. Res., Preprinted Abs. No. 475, 1983.
170. Mellberg, J. R., Chomicki, W. G., Mallon, D. E., Castrovince, L. A. : In vivo remineralization of artificial caries lesions by an MFP dentifrice. Int. Assn. Dent. Res., Preprinted Abs. No. 763, 1984.
171. White, D. J., Lueders, R. A., Mobley, M. J. : A comparison of in vitro remineralization from fluoride dentifrices. Int. Assn. Dent. Res., Preprinted Abs. No. 624, 1984.
172. Park, K. K., Wood, G. D., Schemehorn, B. R., Stookey, G. K. : Remineralization from saliva and fluoride dentifrices. Int. Assn. Dent. Res., Preprinted Abs. No. 119, 1984.
173. Mellberg, J. R. : Monofluorophosphate utilization in oral preparations : Laboratory observations. Caries Res., *17* : (Suppl. 1) : 102–118, 1983.
174. Featherstone, J. D. B., ten Cate, J. M., Shariati, M., Arends, J. : Comparison of artificial caries-like lesions by quantitative microradiography and microhardness profiles. Caries Res., *17* : 385–391, 1983.
175. Gerdin, P. O., Serneke, D, : Studies in Dentifrices, VII : Fluoride dentifrices and remineralization of dental enamel surfaces. An in vivo study. Swed. Dent. J., *66* : 249–270, 1973.

Chapitre 10
# *Les méthodes de laboratoire pour l'évaluation des dentifrices fluorés et des autres agents topiques fluorés*

## Conrad A. NALEWAY

Le Laboratoire du Conseil des Thérapeutiques Dentaires a pour tâche d'assister le Conseil dans son évaluation des produits pour le Programme d'Homologation. Cette tâche comprend l'évaluation de l'intégrité chimique de tous les produits soumis pour homologation par le Conseil et le contrôle de la conformité des produits qui ont été homologués. Parmi les produits évalués par le Conseil figurent les dentifrices et les produits fluorés topiques à usage professionel comme les gels de fluorophosphate acidulé (FPA) et les produits à base de fluorure d'étain ($SnF_2$). Dans le cadre de ces évaluations, le Laboratoire compare tous les produits homologués appartenant à la même catégorie à partir de modèles chimiques ou in vitro. Ces études comparatives permettent au Conseil et à ses membres d'avoir une meilleure appréciation de la composition des produits commercialisés grâce à une technologie la plus récente d'apprendre et de contribuer à la compréhension des mécanismes d'action de ces agents et de ces produits. Ce travail s'est révélé très utile pour développer et prévoir des standards de référence pour l'homologation des dentifrices génériques. Ce chapitre passe aussi en revue les évaluations portant sur (1) les produits au FPA; (2) les gels au $SnF_2$; (3) les effets des produits fluorés appliqués topiquement sur les matériaux en porcelaine en terme d'altération de surface.

L'une des tâches primordiales du Conseil des Thérapeutiques Dentaires est l'évaluation des produits pharmaceutiques ayant un rapport avec l'odontologie pour déterminer leur efficacité thérapeutique. Un aspect important de ce Programme d'Homologation est de passer en revue les études cliniques soumises par les fabricants pour attester de l'efficacité de leur produits. Le Conseil a recours à des consultants experts dans des domaines variés pour l'aider à analyser les données qui leur sont proposées. Le Laboratoire du Conseil des Thérapeutiques Dentaires a pour tâche d'assister le Conseil dans cette procédure d'analyse. Cette responsabilité implique de vérifier l'intégrité chimique de tous les produits soumis pour homologation au Conseil et de contrôler le maintien de la conformité des produits qui sont homologués. Parmis les produits évalués par le Conseil on trouve les dentifrices délivrés sans ordonnance et les produits fluorés topiques à usage professionnel tels que les gels de fluorophosphate acidulé et les produits au fluorure d'étain.

Dans le cadre de cette analyse, le Laboratoire est amené à comparer périodiquement tous les produits homologués appartenant à la même catégorie et utilise pour ce faire des modèles chimiques ou in vitro. Ces études comparatives permettent au Conseil et à son personnel d'avoir une meilleure appréciation de la composition des produits commercialisés à partir des technologies les plus récentes, d'apprendre et de contribuer à la compréhension des mécanismes d'action de ces agents ou de ces produits. Ce travail s'est avéré très utile pour développer et prévoir des standards de référence pour l'homologation des dentifrices génériques. Ce chapitre a pour objet de présenter une vue d'ensemble des différentes activités de recherche qui ont été entreprises dans le Laboratoire au cours de ces quelques dernières années. Je n'ai pas l'intention d'être exhaustif en la matière mais plutôt de traiter des corrélations entre quatre programmes de laboratoire spécifiques et le Programme d'Homologation d'une part et l'efficacité clinique de divers agents fluorés d'autre part.

### Revue des dentifrices fluorés par le Conseil

L'une des plus récentes revues à laquelle le Conseil a procédé et pour laquelle il est toujours en cours de délibération porte sur le rôle des études de laboratoire pour l'évaluation de l'efficacité clinique des dentifrices au fluor. Tous les dentifrices thérapeutiques qui sont actuellement homologués ont été évalués sur la base de l'examen d'études cliniques bien contrôlées présentées par le fabricant. Le Tableau 10-1 donne la liste de ces produits. Ces études ont été conduites en utilisant la même formule que celle du produit tel qu'il est fabriqué aujourd'hui. Cette exigence du Conseil (la nécessité de produire des essais cliniques pour chaque dentifrice proposé pour homologation) est basée sur un certain nombre de facteurs :

(1) La communauté scientifique nourrit quelque inquiétude concernant les formules de dentifrice. Les données rassemblées par certains chercheurs montrent que le type et le caractère physique de l'abrasif aussi bien que d'autres constituants solubles (y compris le fluor) affectent l'activité chimique et biochimique du produit fini.

(2) Une revue de la littérature clinique révèle un large éventail de résultats concernant l'efficacité clinique de dentifrices dont la formule est identique. Un certain nombre de questions concernant la composition chimique de bon nombre de ces formules pourtant testées demeure sans réponse. De façon générale, le degré de corrélation entre n'importe quel indicateur chimique spécifique d'une éventuelle efficacité clinique (par exemple le nombre de caries chez le rat) et l'efficacité relative d'une formule spécifique apparaît faible.

(3) Le consommateur considère le Sceau de l'Association comme une preuve authentique d'efficacité. Lorsqu'il évalue un produit acheté dans le commerce par un consommateur, le Conseil se base sur des données scientifiques solides et exige des fabricants qu'ils limitent leur revendication d'efficacité concernant leurs produits et les assignent dans une catégorie correspondant aux données scientifiques obtenues

**Tableau 10-1.** Les dentifrices fluorés homologués.

AIM Toothpaste, Mint, Regular — Lever Brothers Co.
AQUA-FRESH — Beecham Products
COLGATE GEL Toothpaste with MFP — Colgate-Palmolive Co.
COLGATE with MFP Fluoride — Colgate-Palmolive Co.
CREST Toothpaste, Mint, Regular — Procter & Gamble
GEL FORMULA CREST — Procter & Gamble
MACLEANS Fluoride Toothpaste, Peppermint, Regular — Beecham Products

pour éviter des classements spéculatifs ou non fondés. En procédant ainsi, le Conseil a agi délibérément pour éviter de reconnaître ou d'homologuer des produits inefficaces ou inactifs.

Au cours des 18 derniers mois, le Conseil et son staff ont activement réévalué leur position concernant les fluorures majeurs et les chercheurs travaillant sur les dentifrices. La question qui fut posée fut la suivante : "Compte tenu de notre compréhension de l'action du fluor contenu dans un dentifrice, l'efficacité clinique des dentifrices fluorés peut-elle être déterminée à partir d'une batterie de tests de laboratoire?"

A la suite de cette discussion, le Conseil a exigé de son staff l'établissement d'une série de critères de référence appropriée pour évaluer tous les dentifrices apparaissant scientifiquement défendables, légalement tolérables et techniquement manipulables tant pour le staff de l'ADA que pour les fabricants eux-mêmes.

Depuis lors, le Conseil a exigé des essais cliniques pour attester de l'efficacité de tous les nouveaux dentifrices thérapeutiques et de tous ceux qui, précédemment homologués, avaient changé substantiellement de formule. La formule d'un produit fut considérée comme "nouvelle", si l'agent fluoré actif et/ou le système abrasif n'avaient pas été précédemment testés ou bien dans le cas ou ils auraient été testés cliniquement mais ne se seraient pas révélés efficaces cliniquement. Par ailleurs, des modifications substantielles portant, soit sur la nature ou le taux du système fluor/abrasif, imposent aussi des tests cliniques indépendants pour confirmer l'efficacité. De façon générale, des modifications du dentifrice portant sur des facteurs comme le colorant, l'arôme et le mouillant ou encore de petits ajustements du pourcentage d'abrasif n'entraînent pas l'obligation de procéder à de nouvelles études cliniques. Des données cariologiques obtenues en laboratoire ou sur l'animal, furent cependant exigées dans certains cas pour prouver que les nouvelles formules sont équivalentes à celles précédemment testées.

En général, des indications non écrites ont été utilisées dans le passé pour procéder à l'homologation des dentifrices fluorés et de tous les autres produits délivrés sans ordonnance. Etant donnée la nouvelle philosophie qui fera d'une part qu'une catégorie spécifique de produit (par exemple les dentifrices fluorés) ne puisse être approuvée que sur la base de données de laboratoire et d'autre part la complexité que représente le fait de définir des batteries d'indicateurs de laboratoire aussi complets que possible, il apparaît maintenant indispensable d'officialiser la position du Conseil.

*Les directives proposées au Conseil pour l'homologation des dentifrices au fluor*

Il est donc proposé que les critères suivants soient utilisés par le Conseil pour évaluer les dentifrices fluorés :

(1) L'analyse et l'homologation par le Conseil des dentifrices fluorés seront basées sur une revue scientifique des données cliniques ou de laboratoire correspondantes à chaque produit qui lui sera soumis. Ce statut d'homologation demeurera essentiellement le même que celui actuellement employé pour reconnaître les produits dentifrices homologués. Les produits homologués dans ce programme pourraient, dans le cadre de leur promotion publicitaire ou commerciale, porter le Sceau d'homologation, être accompagnés d'un commentaire concernant l'emploi du produit et faire mention de caractères ou de précisions thérapeutiques conformes aux données scientifiques obtenues. Par exemple, les produits homologués sur la base d'études cliniques doivent se référer spécifiquement à ces études.

(2) Le processus d'homologation sera maintenu sans grand changement. Les données scientifiques soumises par le fabricant devront toujours porter sur l'efficacité clinique et l'innocuité de chaque produit. *Les expérimentations in situ, en laboratoire et sur l'animal attestant de l'efficacité de l'équivalent d'un produit précédemment testé ou de produits cliniquement efficaces peuvent cependant être plus largement utilisés pour certains produits.* Pour évaluer l'action potentielle des dentifrices au fluor, le protocole d'évaluation exigé devra être le plus complet possible et refléter la *méthodologie actuelle, c'est à dire correspondant à celle de l'époque où il est soumis.* De façon plus spécifique :

(A) Des études cliniques seront exigées pour tous les *nouveaux* systèmes fluor/abrasif.

(B) Des études cliniques seront conseillées car elles permettent de dégager la preuve certaine de l'efficacité d'un dentifrice. Une autre approche peut être utilisée selon le choix du fabricant. Des formules qui se sont révélées chimiquement ou biochimiquement équivalentes à des produits précédemment testés cliniquement seront analysées selon les directives décrites dans le paragrapahe *Eléments Nécessaires Exigés pour l'Homologation en tant que Equivalent Générique.*

(C) Le fabricant aura l'obligation de procéder à tous les tests et de présenter les éléments scientifiques nécessaires pour prouver l'équivalence de la nouvelle formule par rapport à d'autres formules qui ont été testées cliniquement auparavant. Le staff du Conseil sera néanmoins à la disposition de ceux qui le désirent pour envisager des protocoles expérimentaux complémentaires à l'étude déjà réalisée.

(D) Le Conseil continuera de demander l'assistance de ses consultants scientifiques pour l'étude de *tous* les dentifrices qui lui seront soumis. Chaque évaluation lorsqu'elle sera terminée, sera reprise de façon critique par un Conseil indépendant de consultants appartenant à la communauté scientifique. Cette phase de la procédure fait partie intégrante du Programme d'Homologation et a été utilisée constamment pour examiner toutes les études cliniques.

(E) Les données de laboratoire exigées et nécessaires pour attester de l'efficacité des dentifrices seront déterminées à partir de la formule spécifique. Les incompatibilités chimiques potentielles et/ou les différences présentées par le produit à tester par rapport aux formules d'origine cliniquement testées serviront de base à cette évaluation. Cette procédure comprend l'analyse des caractéristiques physiques, chimiques et biochimiques des produits à tester et la possibilité pour chaque produit de voir ces différences affecter la bioactivité de l'agent fluoré. La nature des données de laboratoire nécessaires sera établie en collaboration avec le fabricant.

(F) Ces principes seront utilisés pour l'analyse de toutes les formules de dentifrice fluorés. Pour ce qui est des formules de produits spécifiques dans lesquels des ingrédients ont été introduits pour obtenir des effets thérapeutiques ou cosmétiques supplémentaires, le fabricant aura l'obligation de fournir les informations attestant de ces effets complémentaires en plus de celles précédemment définies dans ces directives.

*Eléments nécessaires exigés pour l'homologation en tant que Equivalent Générique*

La procédure d'homologation suivante sera suivie pour l'évaluation des dentifrices fluorés dans le cade du Programme d'Homologation. Chaque produit devra être accompagné de données d'appui correspondant aux cinq catégories suivantes :

1. *Etudes cariologiques sur l'animal.* Le modèle expérimental sur l'animal devra incorporer de façon substantielle la capacité globale du produit de traitement à; (i) fournir du fluor à l'émail; (ii) affecter la reminéralisation et la déminéralisation; (iii) modifier potentiellement la flore bactérienne de la plaque dentaire.

Le protocole de l'étude sur l'animal est souple mais doit demeurer scientifiquement crédible et solide.

2. *Disponibilité et stabilité du fluor.* Des données chimiques doivent être fournies pour montrer que l'agent fluor actif est chimiquement libre et disponible dans les échantillons récents et anciens.

3. *Biodisponibilité du fluor dans l'émail.* Chaque dentifrice testé doit faire la preuve de sa capacité à fournir et à intégrer dans l'émail sain et déminéralisé des taux de fluor équivalents à ceux constatés dans les formules qui ont été cliniquement testées.

4. *Capacité du produit à renforcer la reminéralisation.* Le protocole expérimental doit faire la démonstration quantitative que le produit testé reminéralise l'émail autant que peuvent le faire des formules testées cliniquement. La reminéralisation de l'émail déminéralisé peut être simulée soit in situ soit in vitro.

5. *Capacité du produit à réduire la déminéralisation.* Le produit testé doit se montrer capable de diminuer la déminéralisation de l'émail autant que peut le faire une formule similaire testée cliniquement. La déminéralisation de la structure dentaire doit être déterminée dans un environnement contrôlé au sein duquel les conditions chimiques et/ou biologiques de la cavité buccale sont reproduites.

Lorsque les modifications de la formule portent sur des caractères qui n'affectent pas l'activité du fluor (changements de colorant ou d'arôme), des tests spécifiques ne sont pas requis si le fabricant est en mesure de présenter des raisons recevables permettant de ne pas procéder à ces tests. Cependant, pour toute proposition, des données de référence resteront requises concernant la disponibilité et la stabilité du fluor, les caries sur l'animal et la biodisponibilité du fluor pour l'émail.

Le protocole expérimental de chaque étude devra correspondre à la méthodologie de recherche actuellement admise scientifiquement. Il doit inclure au minimum : (1) un placebo approprié (le produit testé moins l'agent fluoré actif); (2) un produit à tester de formule identique à celle du produit manufacturé; (3) un produit dont la formule a été cliniquement testée et dont la composition comprend le même système agent actif/abrasif; (4) (en option mais conseillé) le Conseil recommande d'inclure dans chaque étude de laboratoire plusieurs produits testés cliniquement pour déterminer le degré de variance associé à chaque protocole. L'efficacité potentielle la plus forte étant basée sur une formule test faisant partie d'un sous-groupe statistique de produits connus pour leur action thérapeutique et s'étant tous révélés statistiquement différents du placebo.

Dans chaque étude, l'analyse statistique doit nettement séparer le produit à tester du placebo et montrer nettement que la formule testée est équivalente à des formules déjà testées cliniquement.

## Reconnaissance par le Conseil des dentifrices au fluor compatibles

Une nouvelle catégorie est actuellement considérée, c'est la reconnaissance par le Conseil. L'une des tâches essentielles serait d'aider le consommateur à faire la différence entre les dentifrices potentiellement actifs et ceux qui ne le sont pas. Cela permettra aussi d'identifier les dentifrices qui sont chimiquement stables et de qualité constante. La batterie de tests qui reste assez limitée pour cette catégorie de produits sera exécutée soit en coopération avec le fabricant, auquel cas le fabricant pourra faire état de cette reconnaissance dans sa publicité, soit que ces tests seront effectués dans nos laboratoires et/ou en coopération avec d'autres laboratoires universitaires qui publieront conjointement et périodiquement les résultats positifs aussi bien que négatifs. Ces produits ne pourront dans leur publicité ou leur présentation faire état que des résultats correspondant aux données scientifiques les moins optimistes se rattachant au produit. Tout message publicitaire faisant mention de cette reconnaissance limitée devra être obligatoirement visé par le Conseil. Pour être reconnu par le Conseil, chaque produit devra se conformer aux standards minima suivants. Il devra :

(1) Contenir un système fluor/abrasif qui a été démontré comme étant cliniquement efficace.

(2) Contenir une quantité disponible de fluor libre et totale conforme à celle définie par le rapport du Comité des Marques Déposées de la FDA.

(3) Démontrer une bonne stabilité compatible avec la durée de stockage du produit.

(4) Ne contenir aucune contradiction chimique évidente ou suspecte de nature à nécessiter d'autres tests pour garantir leur biodisponibilité. Il appartiendra au fabricant de présenter au Conseil et à son staff suffisamment de données attestant de l'efficacité potentielle du produit.

(5) Maintenir un niveau élevé de contrôle de qualité. Des échantillons récents sélectionnés seront soumis au hasard à des tests et ils devront contenir des quantités de fluor à plus ou moins 10% près.

## Revue des gels de FPA par le Conseil

Les applications topiques avec des solutions de fluorure de sodium et des gels acidifiés avec de l'acide orthophosphorique se sont révélées extrêmement efficaces chez les enfants en terme cariostatique comme en témoignent les études cliniques.[1-3] Bien que toutes les études n'aient pas eu recours à des quantités de fluor et de phosphate équivalentes et que les méthodologies cliniques fussent aussi différentes, la réduction de l'incidence carieuse est apparue statistiquement significative dans tous les cas. Les préparations généralement employées dans les études cliniques contenaient 1,23% de fluor et environ 1% d'acide orthophosphorique. Comme pour toutes les études cliniques, le degré d'efficacité est apparu varier d'une étude à l'autre. Dans le cas des trois études précédemment mentionnées, l'emploi de cette préparation pendant 2 ans ou plus entraîna une réduction de l'incidence carieuse (CAOS) comprise entre 26 et 70%. Les gels de fluorophosphate acidulé ont été homologués par le Conseil dès 1968 avec le premier produit commercialisé qui était le Karidium Phosphate Fluoride topical Gel manufacturé par la Lorvic Corporation. Le Tableau 10-2 présente une liste mise à jour de tous les gels de FPA homologués.

De 1979 à 1980 une enquête sur les gels de fluorophosphate acidulé disponibles sur le marché fut conduite par la Division de la Chimie. Cette enquête montra que

**Tableau 10-2.** Les préparations topiques de FPA homologuées.

---

Butler Topical Fluoride Phosphate Anticaries Gel — John O. Butler Co.
Centra Guardian Angel Topical Fluoride Gel — Centra Dental Products
Fluorident Gel — Premier Dental Products Co.
Fluorident Liquid — Premier Dental Products Co.
Gell II — CooperCare, Inc.
Gelution Topical Fluoride — Unitek Corp.
Healthco Fluoride Gel, VM — Healthco, Inc.
Healthco Topical Fluoride Gel — Healthco, Inc.
Iradicav Acidulated Phosphate Fluoride Solution — Janar Co., Inc.
Janar's Acidulated Phosphate Fluoride Rinse — Janar Co., Inc.
Karidium Phosphate Fluoride Topical Gel — Lorvic Corp.
Karidium Thixotropic Acidulated Phosphate Fluoride Gel — Lorvic Corp.
Kerr Fluoride Gel — Sybron/Kerr
Luride Topical Gel — Hoyt Laboratories
Luride Topical Gel — Hoyt Laboratories
Luride Topical Solution — Hoyt Laboratories
Nufluor Acidulated Phosphate Fluoride Topical Gel — Janar Co., Inc.
Pacemaker Topical Fluoride Gel — CooperCare, Inc.
Pacemaker Topical Fluoride Solution — CooperCare, Inc.
Phos-Flur Oral Rinse Supplement — Hoyt Laboratories
Predent Topical Fluoride Treatment Gel — Harry J. Bosworth Co.
Rafluor New Age Gel — Pascal Co., Inc.
Rafluor Topical Gel — Pascal Co., Inc.
Rafluor Topical Solution — Pascal Co., Inc.
Sabragel — Sabra Dental Products, Inc.
Sultan Topical Fluoride Gel — Sultan Chemists, Inc.
Super-dent Topical Fluoride Gel — Rugby Laboratories, Inc.
Thera-Flur (acidulated) Gel-Drops — Hoyt Laboratories
Thixo-Flur Thixotropic Topical Gel — Hoyt Laboratories
Topical Fluoride Gel — Professional Way Corp.

---

la moitié de ces produits ne correspondait pas aux spécification de l'USP. De plus, des variations significatives entre différents lots du même produit furent mises en évidence. En raison de ces variations, le Conseil prit conscience que les praticiens pouvaient ne pas disposer, sur une base constante, de produits de haute qualité pour traiter leurs patients.

A sa réunion de juin 1980, le Conseil des Thérapeutiques Dentaires réaffirma que tous les gels de fluorophosphate acidulé actuellement homologués devaient être testés et devaient se conformer aux spécifications publiées dans l'actuel *United States Pharmacopeia* (USP) pour garder cette homologation. Il fut notifié aux fabricants qu'il était de leur responsabilité de maintenir un programme de contrôle de la qualité et de s'assurer que toutes les formules demeuraient constantes quant à leur composition chimique et à leurs propriétés physiques.

En conséquence, le Conseil décida que les fabricants devaient soumettre les preuves que leurs produits étaient conformes aux spécifications de l'USP en terme de pH, de viscosité et de teneur en fluor avant toute demande d'homologation pour un nouveau produit ou pour toute réévaluation d'un produit déjà homologué. En outre, le Conseil précisa que toutes les caractéristiques techniques dont se réclamaient les produits, comme par exemple la thixotropie, soit substantiée par des études complémentaires appropriées et acceptables pour la Division de la Chimie.

La Division de la Chimie fut sollicitée pour conduire des tests indépendants sur des échantillons fournis par le fabricant avant toute homologation ou renouvellement d'homologation d'un produit. De plus, des vérifications ponctuelles sur des échantillons pris chez des praticiens sélectionnés au hasard et/ou chez des distributeurs dans les zones de diffusion du fabricant. Il en résulte que maintenant, tous les produits fluorés sont soigneusement passés au crible avant toute homologation. Les échantillons de produit qui sont parvenus au Conseil depuis ce moment-là sont conformes aux caractéristiques exigées par l'USP.

Etant donnée la grande variabilité des résultats obtenus à partir des différents produits à base de FPA qui ont été testés, notre Laboratoire a entrepris une étude in vitro pour examiner comment une telle diversité de produits pouvait affecter l'action chimique et/ou biochimique d'un produit. Les résultats qui suivent tendent à répondre à cette question.

*Etude comparative in vitro portant sur les gels de FPA commercialisés*

Le bénéfice thérapeutique consécutif à un traitement avec un gel de fluorophosphate acidulé a été démontré cliniquement. Cependant, le mécanisme d'action de ces gels n'est pas totalement connu. Bien qu'une fraction du fluor retenu après traitement soit incorporée dans l'émail sous forme d'apatite, la majeure partie du fluor est présente sous forme de fluorure de calcium ($CaF_2$). Le fluorure de calcium est un sel assez soluble qui se forme aux dépens de la surface de l'émail.[4-6] Il a été avancé que le fluorure de calcium était en mesure de réduire la solubilité de l'émail en agissant comme source de fluor dans le lent processus de formation de la fluoroapatite.[7] Il est en outre permis de penser que ces applications topiques de fluor peuvent affecter les caractéristiques de surface de l'émail et de ce fait modifier la colonisation microbienne,[8,9] ou bien encore que la libération lente du fluor résultant de la dissolution du fluorure de calcium soit de nature à inhiber la glycolyse bactérienne.[10]

Cette étude fut entreprise pour tenter d'évaluer les propriétés physiques, chimiques et biochimiques des différents gels de fluor. Notre étude a été fortement influencée par le travail de Zahradnik et col.[11] et les conversations que nous avons pu avoir avec Moreno.[11] Leur étude montre clairement que le degré de déminéralisation par un agent chimique (l'acide lactique) de l'émail traité par le FPA était très faible. Par contre le degré de déminéralisation après traitement avec le FPA, et causé par l'activité des bactéries, apparaissait substantiel.

A partir d'un modèle expérimental in vitro, 19 gels au FPA furent comparés selon deux approches expérimentales. L'une de ces approches permit d'examiner l'incorporation de fluor total dans l'émail. La seconde permit de mesurer le degré de déminéralisation de l'émail en réponse aux acides produits par les micro-organismes. La sélection de ces gels fut effectuée sur la base de leur homologation par le Conseil des Thérapeutiques Dentaires entre 1979 et 1980.

*Méthode.* L'émail employé dans cette étude fut celui des incisives maxillaires de bovin (les centrales et les latérales). Les dents de bovin furent nettoyées, passées à la ponce et séchées à l'air. La surface vestibulaire de chaque dent fut recouverte de vernis à ongle à l'exception de trois fenêtres laissées exposées. Deux de ces trois fenêtres furent utilisées pour déterminer l'incorporation de fluor et la troisième pour évaluer la dissolution de l'émail.

Chaque dent fut traitée en appliquant directement pendant 4 minutes du gel de FPA sur une fenêtre. Les dents furent ensuite rincées avec de l'eau distillée et l'excès fut éliminé avec une peau de chamois. Les dents furent ensuite immergées dans une salive artificielle inorganique pendant 1 heure et transférées dans une autre solution de salive artificielle pendant 23 heures. Ce fluide simulait la salive humaine mais ne contenait pas de fluor. Le contenu en fluor des solutions salivaires fut analysé. Les dents furent alors immergées dans 1,5 ml de $NHCLO_4$ à 0,5% pendant 30, 40, 50, et 60 secondes. 1,5 ml de TISAB ajusté furent ajoutés après chaque immersion dans l'acide perchlorique. Le calcium, le fluor et le phosphate furent analysés au terme de ces quatre périodes expérimentales. Le fluor fut analysé avec une électrode ionique spécifique; le calcium fut analysé avec un spectrophotomètre à absorption atomique; le phosphate fut analysé par la formation du complexe de molybdate.

Le *Streptococcus mutans* souche 6715 fut employé dans l'expérience sur la dissolution. Cette souche est capable de produire beaucoup plus de glycan insoluble que la plupart des outres souches et aussi adhère beaucoup mieux à l'émail. La troisième fenêtre sur la surface vestibulaire des 200 dents de bovin utilisées dans cette étude fut exposée. Les dents furent à nouveau traitées pendant 4 minutes avec un gel de FPA, rincées avec de l'eau bidistillée et l'excès fut essayé avec une peau de chamois humide. Les dents furent alors immergées dans de la salive artificielle pendant 24 heures mais en deux temps, comme précédemment. Elles furent ensuite plongées pendant 3 jours dans une infusion de coeur contenant du saccharose inoculé avec 0,1 ml de culture fraîche de *Streptococcus mutans*, le tout dans un incubateur et dans des conditions anaérobies. Les dents furent ensuite transférées dans une infusion de

Tableau 10-3. Incorporation du fluor dans l'émail de bovin.

| No. du traitement | pH | Moyenne cumulée du fluor incorporé* | Fluor perdu dans la salive artificielle | | |
|---|---|---|---|---|---|
| | | | 1 hre | 23 hres | Total |
| 16 | 2,20 | 1,06 | 1,10 | 0.65 | 2,81 |
| 10 | 3,10 | 0,76 | 0,76 | 0.50 | 2,02 |
| 24 | 3,15 | 3,67 | 1,38 | 1,99 | 7,04 |
| 14 | 3,20 | 4,47 | 1,07 | 2,11 | 7,65 |
| 22 | 3,20 | 1,87 | 0,69 | 1,68 | 4,24 |
| 8 | 3,25 | 1,74 | 0,68 | 0,63 | 3,04 |
| 13 | 3,25 | 1,92 | 0,89 | 0,67 | 3,48 |
| 12 | 3,25 | 1,39 | 0,98 | 0,83 | 3,20 |
| 21 | 3,30 | 1,11 | 0,51 | 0,46 | 2,08 |
| 15 | 3,30 | 2,30 | 1,39 | 1,25 | 4,94 |
| 7 | 3,40 | 0,34 | 0,14 | 0,16 | 0,64 |
| 3 | 3,40 | 0,31 | 0,19 | 0,14 | 0,64 |
| 1 | 3,40 | 0,35 | 0,37 | 0,18 | 0,89 |
| 18 | 3,45 | 1,78 | 0,84 | 1,13 | 3,75 |
| 19 | 3,60 | 2,10 | 0,99 | 0,98 | 3,98 |
| 6 | 3,90 | 2,74 | 0,71 | 0,70 | 4,15 |
| 20 | 4,15 | 2,30 | 1,33 | 1,18 | 4,81 |
| 4 | 4,20 | 0,88 | 0,47 | 0,53 | 1,88 |
| 25 | 4,25 | 1,34 | 0,47 | 1,58 | 3,39 |
| 23 | 4,30 | 3,01 | 0,96 | 1,78 | 5,75 |
| 11 | 4,30 | 1,54 | 0,63 | 2,04 | 4,21 |
| 17 | 4,80 | 2,07 | 0,55 | 0,54 | 3,16 |
| 5 | 5,67 | 0,54 | 0,35 | 0,20 | 1,09 |
| 9 (Témoin) | — | 0,19 | 0,18 | 0,22 | 0,59 |
| 2 (Témoin) | — | 0,15 | 0,26 | 0,16 | 0,57 |

* *en microgrammes de fluor*

coeur fraîche pour une autre période de trois jours. Les milieux furent analysés en terme de pH et de calcium total. Des conditions stériles furent maintenues tout au long de l'expérience.

*Résultats.* Une courbe tridimensionnelle fut ajustée aux quatre totaux cumulés de fluor incorporé. Cette fonction fut ensuite différenciée pour obtenir par interpolation la concentration de fluor à des profondeurs comparables. Cette technique présente l'avantage d'obtenir une fonction constante avec toutes les données expérimentales.

Puisque l'on pouvait s'attendre à ce que l'incorporation de fluor et la résistance à la dissolution qui en découlerait varie d'un maxillaire à l'autre, un protocole équilibré mais comportant des segments incomplets fut utilisé pour analyser les données. Un total de 25 traitements furent comparés (y compris deux témoins non fluorés) et attribués à chaque dent de telle sorte que chaque traitement soit administré huit fois et que chaque paire de traitement possible soit administrée une fois sur chaque maxillaire. Ce protocole permet toutes les comparaisons entre les paires de traitement avec un degré de précision identique.

Les deux tiers du fluor total absorbé par l'émail de bovin furent libérés dans la salive artificielle dans les 24 heures qui suivirent le traitement. Ceci est présenté sur le Tableau 10-3. Entre 25 et 65% du fluor libéré dans la salive l'a été dès la première heure. L'analyse du fluor incorporé par l'émail n'intègre pas ce fluor libéré dans la salive.

L'incorporation totale de fluor fut déterminée à des profondeurs moyennes de 7,6, 18,1, 30,3, et 45,7 microns sur les dents de bovin. Les concentrations en fluor furent évaluées à des profondeurs de 2, 5 et 17 microns pour comparer le traitement au gel de FPA. Les valeurs moyennes de fluor qui ont été ajustées grâce au protocol équilibré avec des segments incomplets, sont présentées sur la Figure 10-1.

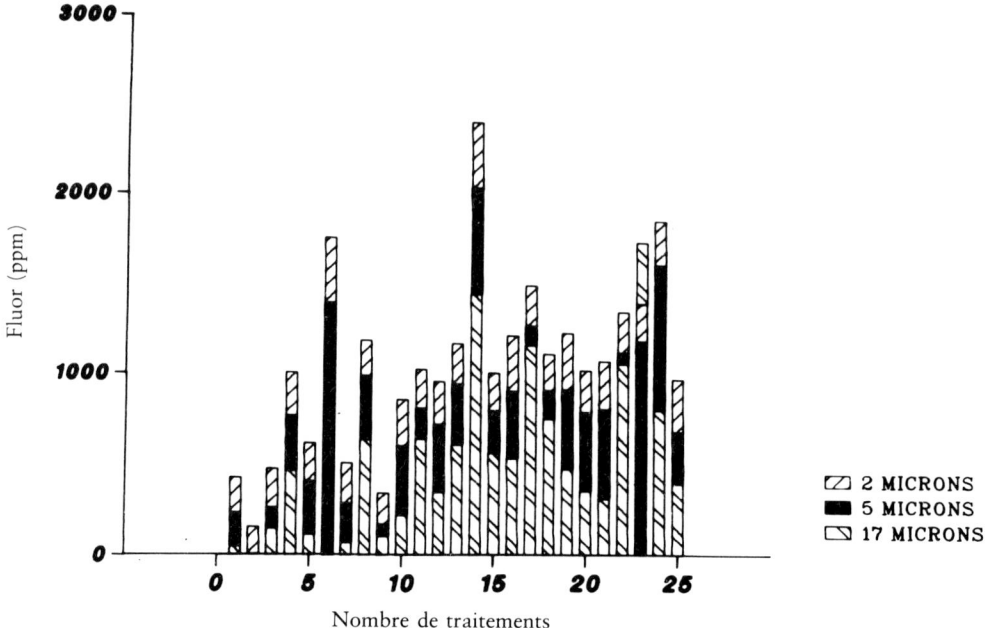

**Fig. 10-1.** Incorporation du fluor dans l'émail de bovin à la suite d'un traitement topique. Les moyennes sont compensées pour équilibrer le protocole des secteurs incomplets. Les valeurs de fluor interpolées à des profondeurs de 2, 5, et 17 microns sont présentées pour chaque traitement.

**Tableau 10-4.** Analyse de variance de l'incorporation du fluor dans le protocole des segments incomplets.

| Origine de fluctuation | DDL | Fluctuation moyenne | E |
|---|---|---|---|
| Traitement (Adj) | 24 | 1,768 | 2,67* |
| Secteur (Non adj) | 49 | 0,949 | 1,44 |
| Erreur | 126 | 0,658 | |
| Total | 199 | | |

*Significatif à 1,0%

Le Tableau 10-4 présente une répartition ANOVA de l'incorporation de fluor à la profondeur de 5 microns. Les résultats furent essentiellement les mêmes à chaque profondeur. La valeur du fluor incorporé par l'émail bovin apparaît significativement différente en fonction des différents traitements au gel de FPA. Bien que ces différences soient significatives pour les trois profondeurs considérées, l'amplitude de ces différences est apparue diminuer avec la profondeur.

Etant donné d'une part, que l'ADA est tenue, vis-à-vis des fabricants, de garder un caractère confidentiel et d'autre part qu'il existe un manque de corrélation nette entre les résultats de ces études et l'efficacité clinique des produits commercialisés, seules les caractéristiques chimiques des produits seront données et pas leur nom. Le Conseil n'a pas l'intention de classer les produits.

Les moyennes ajustées des traitements sont apparues varier d'une incorporation nulle pour les témoins jusqu'à une fourchette de 400 à 2.400 ppm à 2 microns de profondeur, de 200 à 2.000 ppm à 5 microns et de 100 à 1.700 microns à 20 microns. Par ailleurs, il n'a pas été possible d'établir de corrélation nette entre l'incorporation de fluor dans l'émail de bovin et le pH du gel de FPA.

La distribution du degré d'incorporation par l'émail bovin telle qu'elle apparaît sur la Figure 10-1, permet de définir une séparation statistique entre les traitements. On peut noter des différences statistiques entre les produits qui ont entraîné les forts degrés d'incorporation de fluor et les groupes témoins dont les valeurs de fluor décelable étaient les plus faibles. En outre, un certain nombre de produits du commerce ne sont pas apparus statistiquement différents des témoins en terme d'incorporation du fluor. Le code de ces traitements est constamment déterminé au cours de cette étude par l'ordre expérimental déterminé par l'étude microbiologique présentée sur la Figure 10-2.

Le Tableau 10-5 nous présente les résultats de l'analyse de variance concernant l'étude microbiologique qui permit de contrôler le degré de dissolution de l'émail de dent de bovin à la suite de plusieurs traitements au fluor. Il est bon de noter que le modèle utilisé pour analyser les valeurs de dissolution permet de rendre compte des différences de croissance microbienne au fur et à mesure des semaines. Ce correctif statistique n'altère pas notablement l'ordonnancement des traitements mais affecte considérablement le degré de séparabilité entre les traitements.

Le taux de dissolution du calcium à partir de l'émail de bovin et stimulé par le *Streptococcus mutans* apparaît significativement différent entre les types de traitements fluorés. Ces différences sont significatives pour les trois premiers jours, une deuxième période de 3 jours et pour la totalité de la période de 6 jours. Le degré de dissolution pendant la deuxième période de 3 jours s'est révélé cependant moins prononcé que

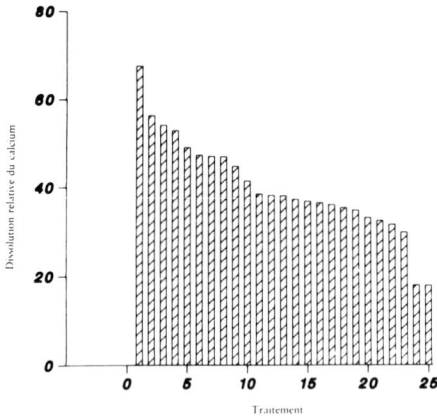

**Fig. 10-2.** Décalcification par le *Streptococcus mutans* souche 6715 de l'émail de bovin traité. Les moyennes sont ajustées selon le protocole. Les valeurs du calcium sont corrigées en fonction de la surface et du volume de solution. Le protocole ayant eu pour objectif de prendre en compte les variations microbiologiques par semaine et les différences entre les mâchoires des bovins.

durant la première période. Tout comme pour l'incorporation de fluor, certains produits n'induirent pas de différences statistiques par rapport aux témoins mais dissociables des produits qui présentaient une forte résistance à la dissolution (par exemple, des taux de faible dissolution). A l'opposé de l'étude sur l'incorporation, les témoins de l'étude sur la dissolution ne se situèrent pas à l'extrême du groupe expérimental. La Figure 10-2 résume les données réajustées par le protocole en segments incomplets et obtenues pour la première période de 3 jours; les traitements témoins correspondent à 2 et à 7.

La Figure 10-3 nous montre la corrélation entre les moyennes obtenues tant dans l'étude sur l'incorporation que dans celle sur la dissolution. Un coefficient de corrélation de ($-0,563$) fut obtenu, ce qui indique un niveau de confiance statistique de $p < 0,001$. Aucune relation statistique ne put être déterminée entre les deux paramètres dépendants (incorporation de fluor et dissolution du calcium) et le pH, le contenu en fluor ou la viscosité des produits de traitement.

**Tableau 10-5.** Analyse de variance de la dissolution par le Streptococcus mutans dans le protocole des segments incomplets.

| Origine de fluctuation | DDL | Carré moyen | F |
|---|---|---|---|
| Semaines (Non adj) | 5 | 102.265 | 286,72* |
| Secteur (Adj) | 44 | 6.955 | 19,50* |
| Traitement (Adj) | 24 | 1.316 | 3,63* |
| Semaines* Traitement | 90 | 1.607 | 4,51* |
| Erreur | 35 | 356,7 | |
| Total | 198 | | |

*Significatif à 1,0%

### Evaluation par le Conseil des gels au fluorure d'étain

Les gels non aqueux au fluorure d'étain à 0,4% ont été homologués par le Conseil depuis 1980 avec la première homologation d'un produit commercialisé, le Gel-Kam

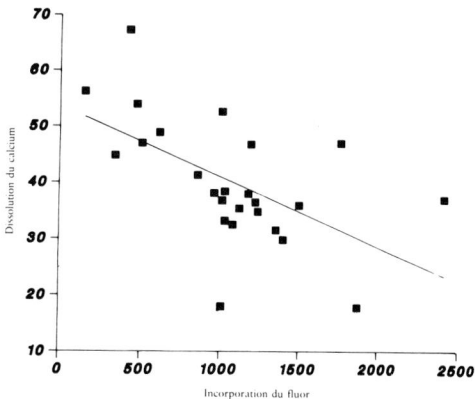

Fig. 10-3. Moyennes de l'incorporation du fluor opposées aux valeurs de décalfication par agression microbiologique.

fabriqué par les Laboratoires Scherer, Inc. La liste de tous les gels de fluorure d'étain, actuellement homologués, est présentée dans le Tableau 10-6. Ces produits, qui présentent quelques différences mineures entre eux, contiennent en poids, 0,4% de fluorure d'étain 98% de glycérine et une faible quantité d'agents aromatiques, épaississants et conservateurs. 0,4% de $SnF_2$ équivaut à 970 ppm de F, ce qui donne la même concentration en fluor que celle présente dans la plupart des dentifrices fluorés. Il est préconisé d'employer ces produits une fois par jour, de préférence le soir et en brossant pendant 1 minute.

Les gels de fluorure d'étain à 0,4% ont été testés dans le cadre d'études cliniques limité par nature et se sont avérés efficaces pour empêcher la déminéralisation chez les patients en traitement orthodontique[12] et pour la protection contre les effets cariogènes consécutifs aux irradiations.[13] L'homologation de cette classe de produits fut confortée par l'efficacité confirmée du premier dentifrice Crest au fluorure d'étain qui contenait la même quantité de fluor.[14-15] Le Docteur Clifford Whall qui fait partie du Staff du Conseil est en train de rédiger un bilan dans le cadre du Rapport du Conseil concernant les gels de fluorure d'étain à utiliser chez soi tous les jours par brossage. Ce document permettra au Conseil de mieux définir sa position concernant cette classe de produits.

Dans le cadre de son programme d'analyse des produits à évaluer, la Division de la Chimie du Conseil des Thérapeutiques Dentaires a examiné en 1982 un certain nombre d'échantillons de gels de fluorure d'étain à 0,4% pour déterminer leur teneur en fluor, en étain total et en ion stanneux. Le contenu en fluor et en étain total de ces produits est apparu correspondre à 5 ou 10% près au contenu de référence. Cependant, moins de 30% de l'étain fut identifié sous forme d'ion stanneux par la technique à l'iodate de Hefferren.[16] Les valeurs moyennes pour trois de ces produits évalués à cette époque sont présentées sur la Figure 10-4.

Le contenu total en étain étant conforme à la référence, les variations du contenu en ion stanneux peuvent être expliquées de plusieurs manières. Il est d'abord possible que la technique d'évaluation employée ne soit pas directement applicable aux gels non aqueux de fluorure d'étain. La détermination de l'ion stanneux par iodométrie n'est pas spécifique. Le titrage dépend de la quantification, par titration redox de l'ion stanneux par l'iode, de l'iodure et de l'ion stannique. Cette même technique a été cependant employée par Shannon pour contrôler dans des études la stabilité de telles formules.[17] Il est en outre possible que les agents colorants, épaississants ou

**Tableau 10-6.** Préparations topiques de fluorure d'étain homologuées.

EASYgel — Du-More, Inc.
FLO-GEL 0,4% Stannous Fluoride Gel — Sabra Dental Products, Inc.
GEL-KAM 0,4% Stannous Fluoride Gel — Scherer Laboratories, Inc.
GEL-TIN 0,4% Stannous Fluoride Gel — Young Dental Mfg. Co.
OMNI 0,4% Stannous Fluoride Gel — Dunhall Pharmaceuticals, Inc.
STOP 0,4% Stannous Fluoride Gel — CooperCare, Inc.

aromatiques contenus dans certaines formules commerciales modifient la matrice chimique du système test en se combinant d'une manière ou d'une autre avec l'ion stanneux. Une deuxième possibilité serait l'oxidation de l'ion stanneux par l'ion stannique. On peut penser que ce phénomène pourrait avoir lieu au cours des phases initiales de la préparation du produit, pendant le stockage ou bien encore quand la glycérine employée par le fabricant n'est pas suffisamment anhydre. D'un point de vue thermodynamique, en présence d'oxygène et avec la faible quantité d'eau toujours présente dans ces produits, l'oxidation de l'ion stanneux en ion stannique paraît inévitable.

Pour aller plus avant dans ce sens, le Laboratoire a demandé à tous les fabricants de tous les produits homologués ou en cours de demande d'homologation participent à ce travail de clarification pour mettre un terme à cette situation. Tous les fabricants participèrent à cette tâche avec le Laboratoire. Comme on pouvait s'y attendre, les différents fabricants aboutirent à un large éventail de réponses.

Il fut demandé aux fabricants qui sollicitaient une homologation de soumettre deux échantillons sélectionnés dans cinq lots d'âge différent et avec leur conditionnement normal. Il leur fut aussi demandé de prélever des échantillons dans chacun de ces lots pour procéder à leur propre évaluation. Nous leur avons en outre demandé de fournir les informations suivantes : (1) un plan détaillé du processus de fabrication ; (2) des renseignements détaillés concernant l'herméticité à l'air des conditionnements ; (3) une copie de toute étude de laboratoire ayant portée sur la composition chimique et la stabilité des produits commerciaux et qui semblerait appropriée.

De façon générale, le Conseil a exigé que, si un produit se voyait octroyer le Sceau d'Homologation sur la base d'études cliniques effectuées avec un produit chimique équivalent, ce produit devait clairement faire la preuve de son équivalence avec la formule testée cliniquement. Les gels de fluorure d'étain à 0,4% commercialisés, furent homologués par le Conseil sur la base des études cliniques menées par Shannon et coll. qui employèrent un gel stable et non aqueux. L'étude de laboratoire effectuée

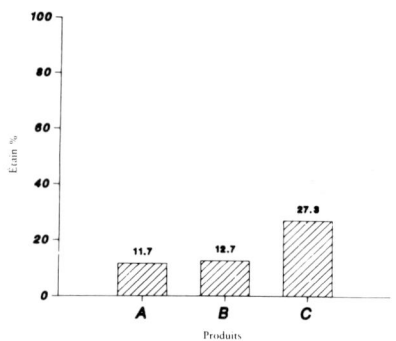

**Fig. 10-4.** Valeurs moyennes des ions stanneux libres présents dans trois gels non aqueux au fluorure d'étain à 0,4% et disponibles dans le commerce. Ces produits furent testés en 1982. Les pourcentages se réfèrent à la quantité d'ions stanneux marqués.

par Shannon et mentionnée précédemment a montré que le gel était chimiquement stable pour ce qui était de 95,3% du fluorure d'étain et cela pendant 15 mois.[17]

A sa réunion de janvier 1983, le Conseil a révisé sa position concernant les gels au fluorure d'étain. Le Conseil estima en effet que si l'on se basait sur une revue de la littérature scientifique concernant cette classe de produits, il n'existait pas pour le moment de relation claire entre la quantité exacte d'ions stanneux dans cette classe de produit et leur efficacité clinique. Le Conseil cependant demanda que l'on maintienne pour tous les "produits homologués" le niveau le plus stable et le plus constant possible. Pour maintenir ces standards de haut niveau, des informations complémentaires furent transmises à chaque fabricant d'un produit homologué dans cette classe.

(1) Il sera demandé aux fabricants de produits homologués de soumettre des échantillons de produits fluorés stabilisés appartenant à des lots les plus récents. Les séries de produits, dont la formule est récente, doivent contenir 90 à 105% de l'étain marqué sous forme d'ion stanneux. Bien qu'un certain nombre de facteurs doivent être pris en compte pour préparer de telles formules, les caractéristiques suivantes doivent être obtenues pour maintenir le plus haut degré de stabilité :

(a) Le plus haut degré possible en glycérol doit être employé. En effet l'eau et d'autres contaminants à l'état de traces peuvent catalyser l'oxidation de l'ion stanneux en ion stannique.

(b) Au cours des opérations de mélange et de conditionnement du produit on veillera à maintenir le niveau d'oxygène libre à son minimum. Ceci est impératif notamment lorsque le produit est porté à hautes températures.

(c) La stabilité et la réactivité de tout agent épaississant doivent être déterminée.

(d) La concentration en ion stanneux tant dans le matériau brut que dans le produit fini doit être régulièrement contrôlée pour détecter toute déterioration ou instabilité de la formule.

(e) On doit utiliser un matériau brut dont la teneur en fluorure d'étain est la plus élevée possible.

(2) Des études portant sur le vieillissment accéléré et ambiant des lots doivent être effectuées sur les lots définis en (1) ou sur des lots qui se sont révélés stables selon les critères définis ci-dessus. Les résultats doivent être présentés au fur et à mesure qu'ils sont disponibles.

(3) Il est demandé aux fabricants de mentionner sur l'étiquettage du produit soit la date d'expiration soit un commentaire précisant le taux prévisible de dégradation de l'ion stanneux dans leur produit. Initialement, cette période ou ce taux d'altération peut être basé soit sur les études accélérées de stabilité (haute température) soit sur les données concernant le vieillissement à température ambiante que possède ou est en voie d'acquérir le fabricant. Dans cette classe de produit, on peut considérer que la concentration minimale acceptable d'ion stanneux dans les échantillons vieillis est de 80%.

Ces directives sont considérées comme étant compatibles avec les techniques actuelles de fabrication. Les fabricants se sont montrés coopératifs puisqu'ils ont fourni les informations demandées sauf dans le cas où ils estimaient devoir garder le secret industriel et/ou quand une demande de brevet était en cours. Dans ces deux cas, une communication verbale fut établie pour faire le point au moins de façon conceptuelle.

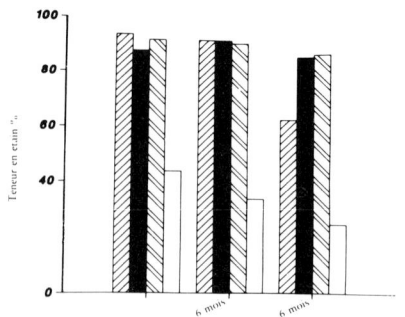

Fig. 10-5. Valeurs moyennes des ions stanneux libres présents dans quatre gels au fluorure d'étain à 0,4% et disponibles dans le commerce. Ces produits ont été évalués en terme de stabilité pendant 18 mois.

Certains de nos résultats les plus récents sont présentés sur la Figure 10-5. La plupart des produits évalués ont réussi à améliorer leur stabilité; cependant, une instabilité intrinsèque semble être inhérente aux produits de cette classe comme en témoigne pour chaque produit le glissement du contenu en ion stanneux avec le temps. Il existe en outre entre chaque produit des différences dans les modifications de ce taux.

### Les gels de FPA et leurs effets sur les restaurations en céramique et en composite

Un certain nombre de publications ont fait état que la céramique et les composites exposés au fluorophosphate acidulé présentaient une augmentation de la rugosité de surface,[18,19] une perte de l'esthétique[20] et une perte de poids.[21] Cela n'a rien de surprenant puisque l'on sait que la conservation du fluor dans du verre entraîne une mordançage de la surface du verre et une perte du contenu en fluor.[22] Les gels de FPA contiennent de l'acide hydrochlorique dont on sait qu'il mordance le verre, un des constituants essentiels de la céramique.

Les Laboratoires du Conseil des Thérapeutiques Dentaires et du Conseil des Matériaux, Instruments et Equipements Dentaires ont décidé de procéder à une étude pour analyser et déterminer quantitativement le degré d'altération de surface. Le développement qui va suivre porte sur cette étude qui est toujours en cours.

*Méthode.* Des échantillons de céramique ont été obtenus chez les cinq fabricants énumérés dans le Tableau 10-7. Jusqu'à présent, deux de ces céramiques commercialisées ont été examinées. Ces deux produits ont été traités avec trois gels fluorés : deux gels de FPA (Luride et Gel II) et un gel neutre de NaF à 2,00% (Nupro-Neutral). La nature chimique de ces traitements est présentée dans le Tableau 10-8.

Le degré de modification de la réflectance spéculaire en fonction de la durée d'application et de la longueur d'onde fut évalué sur cinq spécimens de chaque céramique. La sélection des échantillons s'est effectuée sur la base de l'uniformité de surface et de la couleur à partir d'une observation visuelle directe. Les échantillons devaient être lisses et plats. Les échantillons furent alors ajustés au porte-échantillon de telle sorte qu'ils puissent être interchangés sur le port-échantillon. Une période de temps importante fut consacrée à minimiser la variation de réflectance consécutive au remplacement de l'échantillon.

Les échantillons furent ensuite lavés à l'eau, essuyés avec un Kimwipe et séchés au séchoir pendant 2 minutes pour éliminer toute trace d'humidité. Ils furent replacés sur le porte-échantillon et essuyés une dernière fois.

**Tableau 10-7.** Les céramiques soumises à l'étude.

| | |
|---|---|
| HOWMEDICA, INC. | |
| | (Micro-Bond Natural Ceramic |
| | Fired to a Natural Glaze) |
| JOHNSON ET JOHNSON | |
| | (Cermaco B Gingival 59) |
| NEY | |
| | (Uncolored Porcelain Batch No. 157) |
| UNITEK | |
| | (VMK68, Shade $D_2$, Lot No. 453) |
| JELENKO | |
| | (Vita-Lumin Porcelain) |

**Tableau 10-8.** Composition chimique des traitements fluorés appliqués aux céramiques.

| | pH | $F^-$ marqué | $F^-$ trouvé | Viscosité | |
|---|---|---|---|---|---|
| | | | | 30 RPM | 60 RPM |
| Luride | 3,6 | 1,2 % | 100,3% | 11.337 | 7.164 |
| Gell II | 3,8 | 1,23 % | 96,1% | 7.611 | 4.681 |
| Nupro-Neutral | 7,0 | 0,9% | 101,0% | 8.595 | 5.348 |

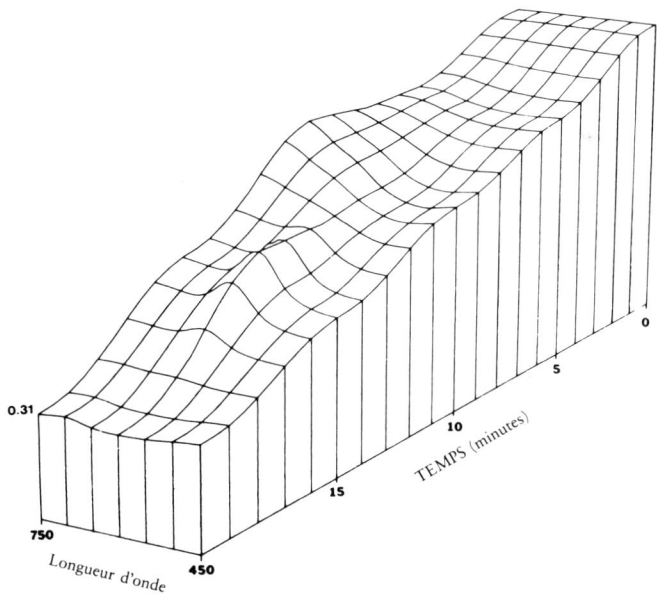

**Fig. 10-6.** Projection de la réflectance spéculaire relative présentée en fonction de la durée du traitement et de la longueur d'onde. Les changements d'intensité sont rapportés par rapport à la réflectance normalisée initiale au temps zéro. La céramique Micro-Bond Natural (Howmedica, Inc.) a été traitée avec un gel de type Gel II FPA.

La réflectance spéculaire fut contrôlée en utilisant un spectrofluoromètre Aminco Bowman à rayon unique dans lequel la chambre échantillon avait été modifiée pour pouvoir mesurer la réflectance à partir d'un échantillon solide avec un angle incident égal à l'angle de réflectance, c'est à dire 45°. Afin de pouvoir contrôler l'intensité et la longueur d'onde caractéristique dépendant de la source de lumière et du photomultiplicateur, un échantillon témoin et un miroir optique furent intercalés entre chaque observation. Cette étude nécessitant une quantification de l'intensité cette technique fut employée pour tenter de prendre en compte les faibles variations d'intensité lumineuse provenant, avec le temps, de notre lampe à haute intensité au xenon.

Etant donné le caractère fluorescent des échantillons, les mesures d'intensité furent effectuées tous les 50 nm entre 450 et 750 nm. Ces mesures commencèrent à 450 nm car il fut nécessaire d'utiliser un filtre ultra-violet pour réduire la fluorescence dans le spectre visible. Ce filtre avait une bande d'absorption qui ramena la transmission à 400 nm. En outre, les tests au delà de 750 nm ne purent être effectués étant donné le mauvais rapport signal-bruit qui découlait de l'émission relativement faible à ces longueurs d'onde de la lampe au xenon.

La source lumineuse fut ajustée à chacune de ces longueurs d'onde et l'intensité de la réflectance fut alors balayée sur un champ de 100 nm centré aux environs de la longueur d'onde intéréssante. De façon générale, les spectres d'émission se déplacèrent légèrement et obliquement vers des longueurs d'ondes plus élevées. Etant donné que la pente de ce changement d'intensité pour la longueur d'onde d'excitation était très marquée, c'est la lecture de l'intensité maximale plutôt que l'intensité correspondant à la longueur d'onde d'excitation qui fut constamment utilisée dans l'analyse de ces données.

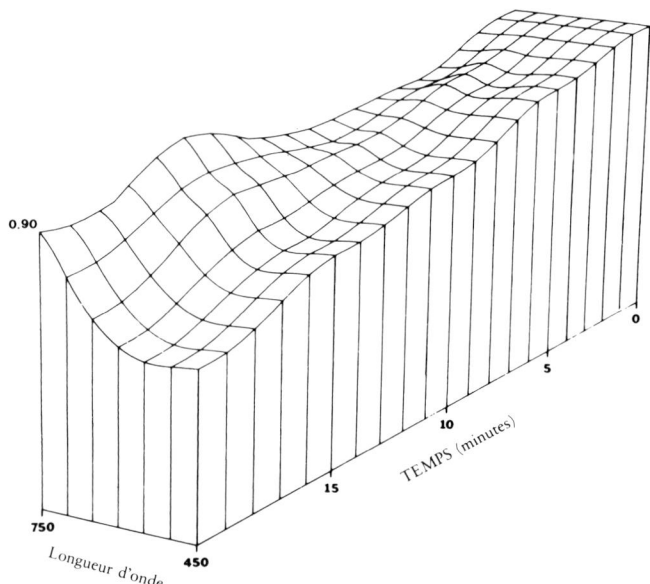

**Fig. 10-7.** Projection de la réflectance spéculaire relative en fonction de la durée du traitement et de la longueur d'onde. La céramique Micro-Bond Natural (Howmedica, Inc.) a été traitée avec un gel de type Luride FPA.

Après avoir mesuré la réflectance dans les limites de 450 à 750 nm, les échantillons furent badigeonnés avec une solution sélectionnée de fluor pendant 4 minutes. Les échantillons furent alors lavés à l'eau pour éliminer toute trace de produit test, essuyés et séchés pendant 2 minutes. Les échantillons furent ensuite replacés sur le porte-échantillon et la réflectance spéculaire fut à nouveau mesurée. Cette opération fut répétée cinq fois, permettant d'obtenir des informations concernant la réflectance au terme de 4, 8, 12 et 20 minutes de traitement.

## Conclusions

Les Figures 10-6 à 10-9 illustrent les variations d'intensité de la réflectance spéculaire pour des céramiques traitées avec les deux gels de FPA. Le degré relatif de réflectance pour une longueur d'onde de 450-nm et mesuré après 20 minutes de traitement avec le Gell II et Luride représente respectivement 30 et 59% de la réflectance initiale pour le produit Howmedica. Le degré de réflectance à 450 nm après le même traitement par ces gels au FPA représente respectivement 52 et 41% de l'intensité initiale pour le produit Johnson et Johnson. Exception faite pour le produit Howmedica traité avec le Luride, on constate une diminution assez uniforme de l'intensité avec le temps et sur tout le spectre visible. Ce cas spécifique peut résulter de modifications microscopiques de la structure de surface qui pourraient dépendre de la longueur d'onde.

Les modifications du degré relatif de réflectance spéculaire consécutivement au traitement de ces céramiques avec le produit fluoré presque neutre sont apparues très faibles.

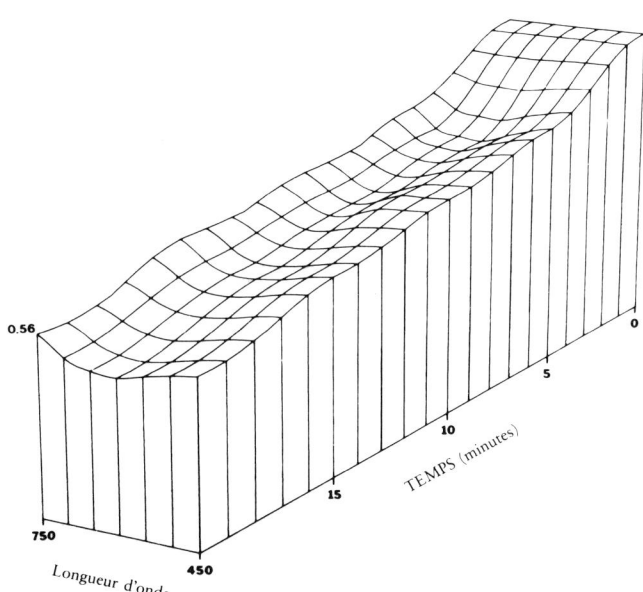

**Fig. 10-8.** Projection de la réflectance spéculaire relative en fonction de la durée du traitement et de la longueur d'onde. La céramique Ceramco B Gingival 59 (Johnson et Johnson) a été traitée avec un gel de type Gel II FPA.

Bien que l'on ait pu détecter une réduction de plus de 50% de la réflectance spéculaire sur des céramiques traitées pendant 20 minutes avec des gels de FPA, le degré d'altération à l'oeil nu du glaçage de ces produits est apparu extrêmement léger. Sur ces échantillons, les modifications ne sont visibles que si l'on procède à une comparaison rapprochée et si on les examine de telle manière que la réflexion d'une lumière externe non homogène soit optimale.

L'incidence clinique de telles modifications de la structure de surface n'est pas nette. Bien que des modifications décelables des céramiques soient observables au terme de périodes de temps qui sont à considérer sur le plan clinique, ces modifications ne constituent pas en elles-mêmes des facteurs significatifs à prendre en considération pour traiter les patients en général. Cependant d'autres facteurs sont eux à prendre en compte. Des modifications de l'état de surface peuvent en effet influer sur le degré des colorations subséquentes et/ou de l'accumulation de la plaque. Ces effets secondaires peuvent être plus importants que l'effet primaire d'érosion de surface.

De plus, les patients atteints de caries rampantes et justiciables de traitements spéciaux requièrent une attention particulière. Le recours intensif aux traitements fluorés (notamment lorsque l'on utilise des produits fluorés à faible pH) peut entraîner une perte plus importante des qualités esthétiques de la céramique. Dans des cas semblables, il est judicieux de prendre des précautions supplémentaires pour protéger les restaurations onéreuses du contact avec les produits au fluor acidulé.

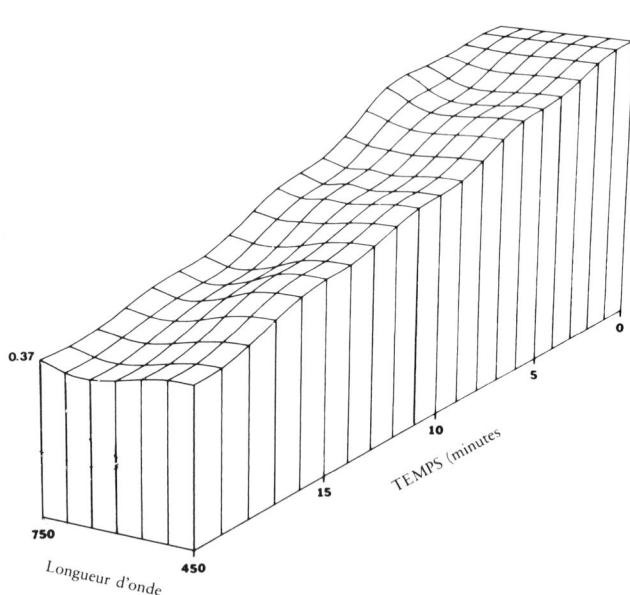

Fig. 10-9. Projection de la réflectance spéculaire relative en fonction de la durée du traitement et de la longueur d'onde. La céramique Ceramco B Gingival 59 (Johnson et Johnson) a été traitée avec un gel de type Luride FPA.

# REFERENCES

1. Wellock, W. D., Brudevold, V. : Caries increments, tooth discoloration, and state of oral hygiene in children given single annual applications of acid phosphate fluoride and stannous fluoride. Arch. Oral Biol., *10* : 453–460, 1965.
2. Cartwright, H. L., Lindahl, R. L., Bawden, J. W. : Clinical findings on the effectiveness of stannous fluoride and phosphate fluoride as a caries reducing agent in children. J. Dent. Child., *35* : 36–40, 1968.
3. Horowitz, H. S., Kau, M. C. W. : Retained anticaries protection from topically applied acidulated phosphate fluoride : 30- and 36-month post treatment effects. J. Prev. Dent., *1* : 22–27, 1974.
4. Scott, D. B., Picard, R. G., Wyckoff, R. W. G. : Studies of the action of sodium fluoride on human enamel by electron microscopy and electron diffraction. Public Health Rep., *65* : 43, 1950.
5. Frazier, P. D., Engin, D. W. : X-ray diffraction study of the reaction of acidulated fluoride with powdered enamel. J. Dent. Res., *45* : 1145–1148, 1966.
6. Wei, S. H. Y., Forbes, W. C. : X-ray diffraction analysis of the reactions between intact and powdered enamel and several fluoride solutions. J. Dent. Res., *47* : 471–477, 1968.
7. Liang, Z., Higuchi, W. I. : Kinetics and mechanism of the reaction between hydroxyapatite and fluoride in aqueous acidic media. J. Phys. Chem., *77* : 1704–1710, 1973.
8. Loesche, W. J., Murray, R. J., Mellberg, J. R. : The effect of topical fluoride on the percentage of *Streptococcus mutans* and *Streptococcus sanguis* in interproximal plaque samples. Caries Res., *7* : 283–296, 1973.
9. Tinanoff, N., Brady, J. M., Gross, A. : The effect of NaF and $SnF_2$ mouthrinses on bacterial colonization of tooth enamel : TEM and SEM studies. Caries Res., *10* : 415–426, 1976.
10. Jenkins, G. N. : Theories on the mode of action of fluoride in reducing dental decay. J. Dent. Res., *42* : 444–452, 1963.
11. Zahradnik, R. T., Propas, D., Moreno, E. C. : Effect of fluoride topical solutions on enamel demineralization by lactate buffers and *Streptococcus mutans* in vitro. J. Dent. Res., *57* : 940–946, 1979.
12. Stratemann, M. W., Shannon, I. L. : Control of decalcification in orthodontic patients by daily self-administered application of a water-free 0.4% stannous fluoride gel. Am. J. Orthod., *66* : 273–279, 1974.
13. Wescott, W. B., Starcke, E. N., Shannon, I. L. : Chemical protection against post-irradiation dental caries. Oral Surg., *40* : 709–719, 1975.
14. Zacherl, W. A., McPhail, C. W. B. : Final report on the efficacy of a stannous fluoride-calcium pyrophosphate dentifrice. J. Can. Dent. Assoc., *36* : 262–264, 1970.
15. Fogel, H. R., et al. : The relative caries-inhibiting effects of a stannous fluoride dentifrice on children : 2-year report of a supervised toothbrush study. J. Oral Ther. Parmacol., *4* : 175–180, 1967.
16. Hefferren, J. J. : Qualitative and quantitative tests for stannous fluoride. J. Pharm. Sci., *52* : 1090–1096, 1963.
17. Shannon, I. L. : Water-free solutions of stannous fluoride and their incorporation into a gel for topical application. Caries Res., *3* : 339–347, 1969.
18. Schlissel, E. R., Melnick, D. R., Ripa, L. A. : In vitro effect of topical fluoride on porcelain surfaces. AADR Abs. No. 910, 1980.
19. Lacy, A., Copps, D., Curtis, T. : Effects of topical fluorides on six low-fusing dental porcelains. AADR Abs. No. 602, 1982.
20. Gau, D. J., Krause, E. A. : Etching effect of topical fluorides on dental porcelains : A preliminary study. J. Can. Dent. Assoc., *6* : 410–415, 1973.
21. Kula, K., Nelson, S., Thompson, V. : In vitro effect of APF gels on three composite resins. J. Dent. Res., *62* : 846–849, 1983.
22. Hattab, F. : Stability of fluoride solutions in glass and plastic containers. Acta Pharm. Suec., *18* : 249–253, 1981.

# Chapitre 11
## *Fluorures et reminéralisation*

### Leon M. SILVERSTONE

Des éléments de preuve récents permettent d'affirmer que la reminéralisation constitue le mécanisme essentiel par lequel le fluor diminue l'incidence carieuse. Les lésions débutantes de l'émail qui sont, soit limitées à l'émail ou qui s'étendent jusqu'à la dentine dans les zones proximales, ne peuvent être détectées par les techniques cliniques ou radiologiques classiques. De ce fait, ces zones sont considérées comme étant saines d'un point de vue diagnostic. Le fluor se concentre dans ces zones déminéralisées qui se comportent comme des réservoirs pour l'ion fluor et favorise la reminéralisation. Des études expérimentales ont montré que bien que la présence de fluor soit importante pour augmenter la reminéralisation, il n'apparaît pas nécessaire d'avoir recours à de fortes concentrations puisque l'apport fréquent de faibles concentrations de fluor semble être optimal. L'utilisation de fluides calcifiants synthétiques sur des lésions débutantes permet une reminéralisation in vitro qui se limite soit à la surface ou se développe en profondeur dans l'ensemble de la lésion. La concentration en calcium du fluide calcifiant est importante pour déterminer quelles sont les phases de calcium phosphate qui sont sursaturées, ce qui en retour influe sur le degré de reminéralisation obtenu. Avec de fortes concentrations de calcium, la reminéralisation se développe dans les couches superficielles de la lésion en raison de la précipitation rapide des phases précurseurs qui bouchant les pores de surface, empêche ainsi la déminéralisation de se développer en profondeur. Avec de faibles concentrations de calcium, seules les phases d'apatite du fluide calcifiant sont sursaturées ce qui permet une reminéralisation en profondeur. Des cristaux plus gros que ceux qui constituent l'émail sain ont été mis en évidence, ils sont en fait le résultat du processus de reminéralisation et permettent d'expliquer pourquoi les lésions reminéralisées sont plus résistantes à la récidive.

De nombreuses preuves relevées dans la littérature nous enseignent que les lésions carieuses débutantes peuvent être arrêtées ou rendues reversibles par un processus connu sous le nom de reminéralisation.[1,2] De même, des études in vitro ont montré que différents types de lésions carieuses artificielles obtenues expérimentalement pouvaient aussi être reminéralisées par exposition dans le fluide buccal ou dans des fluides calcifiants synthétiques.[3-7] Tous les résultats obtenus concernant la reminéralisation des caries de l'émail, des caries artificielles ou de l'émail mordancé ont un facteur commun à savoir que la présence de fluor augmente le degré de reminéralisation obtenu et diminue le temps nécessaire au développement de ce processus. Le but de ce chapitre est de déterminer, in vitro, l'importance du fluor dans le processus de reminéralisation des lésions débutantes artificielles de l'émail humain.

Fondamentalement, la reminéralisation modifie la lésion débutante de deux façons. Premièrement, la taille de la lésion est réduite par ce phénomène. Deuxièment, la lésion reminéralisée devient plus résistante à la récidive. Bien que la taille de la lésion soit diminuée, c'est le deuxième mécanisme qui semble être le plus important en termes de prévention clinique de la lésion. Si la lésion se limite à l'émail, elle ne pourra être diagnostiquée par les moyens cliniques ou radiographiques et le clinicien ne pourra détecter sa présence.[8]

## Matériel et méthode

*L'effet des fluides buccaux et des fluides calcifiants synthétiques sur la reminéralisation des lésions in vitro*

Dans ces études, les fluides buccaux et les fluides calcifiants synthétiques furent utilisés. Les fluides buccaux furent prélevés sur un individu qui ne développait plus de caries et qui résidait dans une région où l'eau de boisson était fluorée. Sous le terme de fluide buccal, on désigne la salive totale obtenue par expectoration et qui contient des éléments supplémentaires que l'on ne retrouve pas dans la salive prélevée directement dans la glande.

Le fluide calcifiant fut préparé à partir d'hydroxyapatite avec un rapport de calcium/phosphate de 1,63. Les solutions employées présentaient deux concentrations en calcium différentes. L'une contenait 1,0 mM de calcium, l'autre 3,0 mM. Les concentrations en phosphate furent maintenues à un rapport constant de 1,63 (respectivement 0,61 et 1,84 mM). Du chlorure de sodium fut ajouté à ces fluides à la concentration de 200 mM; le pH fut ajusté à 7,0 à l'aide d'hydroxide de potassium à 0,05 mM.

Des ions fluor furent ajoutés à certains échantillons de fluides buccaux et de fluides calcifiants synthétiques. Les concentrations de fluor furent, soit de 0,05 mM (1 ppm), 0,5 mM (10 ppm) soit 5 mM (100 ppm). Dans ces expériences nous eûmes recours à des lésions artificielles pour avoir une source de lésions qui présentaient des caractéristiques histologiques identiques à celles des caries de l'émail. Ces lésions furent développés dans des fenêtres pratiquées sur les surfaces vestibulaires et linguales de dents humaines (Fig. 11-1, *1* ). Les dents furent immergées dans du gel de gélatine acidifié avec de l'acide lactique au pH de 4,3 pendant des périodes allant de 3 à 6 semaines (Fig. 11-2, *2* ) selon la méthode décrite précédemment.[9]

Les lésions obtenues, une section longitudinale passant par le centre de la lésion permit d'obtenir une coupe qui servit de témoin pour la lésion (Fig. 11-3, *3* ). Les caractéristiques histologiques des lésions furent enregistrées avec un microscope en lumière polarisée et en utilisant différents milieux d'imbibition pour explorer le volume des pores internes dans les différentes zones. Les surfaces sectionnées appartenant aux deux moitiés de dent furent ensuite recouvertes d'un vernis en ne laissant exposée que la surface de chaque lésion. Les deux moitiés furent alors plongées, soit dans les fluides buccaux, soit dans les fluides calcifiants synthétiques, (Fig. 11-1, *4* ). Au cours de chaque expérience, une moitié de dent fut immergée dans le fluide test alors que l'autre moitié adjacente fut immergée dans le même fluide mais contenant des ions fluor. Ainsi, pour chaque fluide test, trois groupes d'expériences furent menés, chacun permettant de comparer le fluide test sans fluor avec les trois concentrations de fluor employées dans cette étude. Ces batteries d'expérience furent pratiquées avec

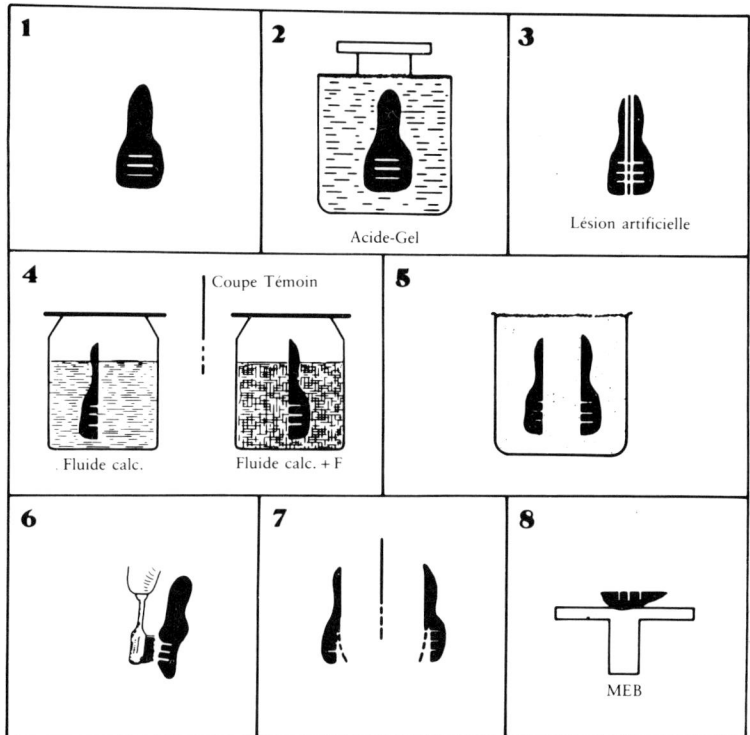

**Fig. 11–1.** Schéma du protocole expérimental suivi dans les expériences sur les fluides calcifiants avec ou sans ions fluor.

les fluides buccaux et avec les deux fluides calcifiants synthétiques. Les différents spécimens furent immergés dans les différents fluides tests pendant 1, 5 ou 10 périodes consécutives de 6 minutes et aussi pendant une période d'une heure. Au terme de ces périodes d'immersion, les surfaces d'émail furent brossées à l'eau avec une brosse à dents électrique et les spécimens furent nettoyés dans un agitateur contenant de l'eau bidistillée pendant 24 heures (Fig. 11–1, 5,6).

Au terme de l'expérience, des coupes longitudinales des moitiés de dents non déminéralisées furent obtenues à l'aide d'un Silverstone-Taylor Hard Tissue Microtome.[10] De cette façon, il fut possible de comparer sur les lésions témoins les effets des fluides tests avec ou sans fluor. Les lésions furent soumises à des études quantitatives d'imbibition avec un compensateur de Ehringhaus monté sur le microscope en lumière polarisée selon la technique que nous avons décrite précédemment.[11] Les différentes zones histologiques des lésions ainsi que leur périmètre furent analysés en utilisant les techniques quantitatives d'analyse d'image.

Les surfaces des lésions témoins et expérimentales furent aussi examinées en microscopie électronique à balayage (Fig. 11–1, 8) après métallisation sous vide avec du platine (−5 nm) dans un ISI DS-130 SEM. En outre, des prélèvements furent effectués sur les sections longitudinales en utilisant la technique de dissection à haute résolution décrite récemment pour examiner in situ les cristaux au sein des zones lésionnelles.[7,12]

*Effets in vitro des fluides calcifiants et fluorés sur la progression des lésions*

Pour ce groupe d'expérience, la technique des "sections uniques" fut utilisée pour créer des lésions in vitro sur des coupes longitudinales au lieu d'utiliser la dent en entier.[13,14] De cette façon, les lésions peuvent être obtenues en quelques jours et non plus en quelques semaines. Après la formation de la lésion, l'effet des fluides expérimentaux sur la surface de la lésion peut être évalué au cours du cycle de développement suivant de la lésion. De cette façon, il est possible d'observer les phases de progression d'une lésion particulière. La lésion constituant son propre témoin, l'effet du fluide expérimental peut être mesuré avec une grande précision. Le protocole expérimental est présenté sur la Figure 11-2. Une série de sections longitudinales fut préparée avec un Silverstone–Taylor Hard Tissue Microtome (Fig. 11-3A). Avec cet appareil, il est possible d'obtenir 15 coupes sériées non déminéralisées à partir d'une seule molaire (Fig. 11-3B). Une seule coupe (fig. 11-3B) est recouverte d'un vernis résistant aux acides sauf une zone test qui est laissée à nue (Fig. 11-2, 2). La coupe est alors maintenue en suspension dans un gel de gélatine acidifié à 17% avec de l'acide

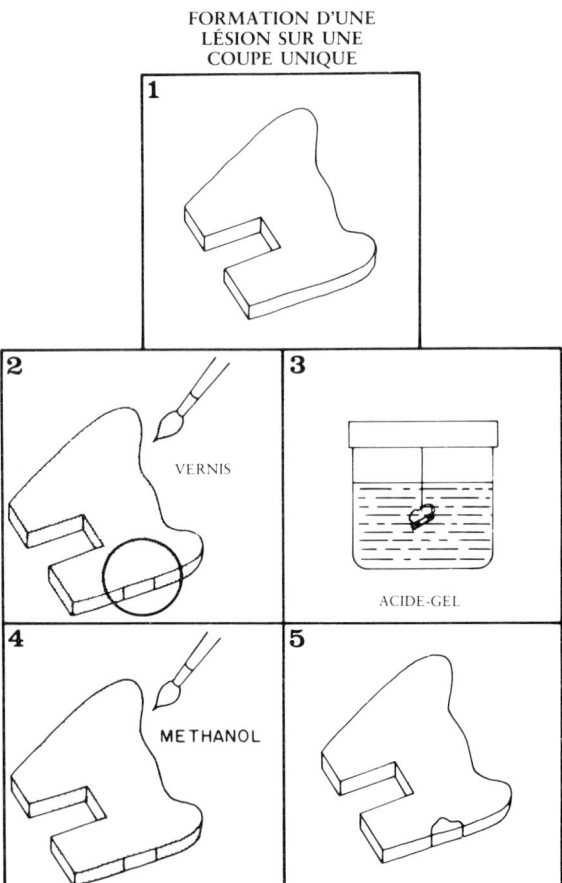

**Fig. 11-2.** Schéma du protocole expérimental suivi pour la technique de la "coupe unique".

lactique pH 4,3 et contenant 0,5 g/litre d'hydroxyapatite synthétique (Fig. 11-2, 3). Les coupes furent emergées après 3 jours; le vernis fut ôté dans du méthanol pour que les paramètres de la lésion puissent être enregistrés (Fig. 11-2, 4). Les coupes furent ensuite revernies, laissant à nue la fenêtre d'origine, et réimmergées dans le même gel acidifié pour une période supplémentaire de 3 jours pour laisser progresser

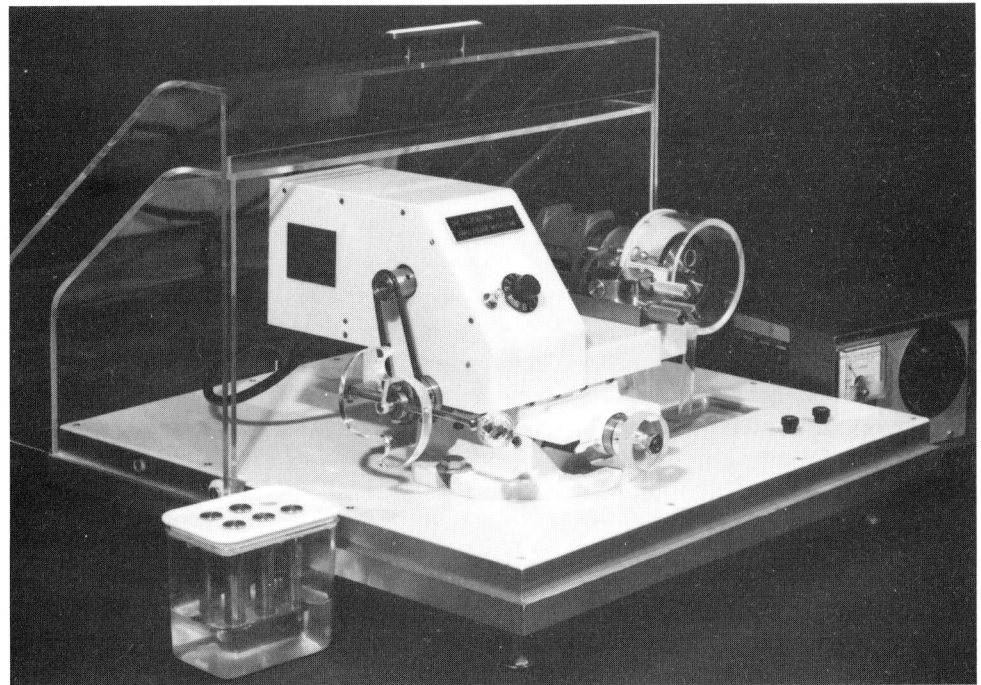

**Fig. 11-3,A.** Le Microtome Silverstone-Taylor Hard Tissue.

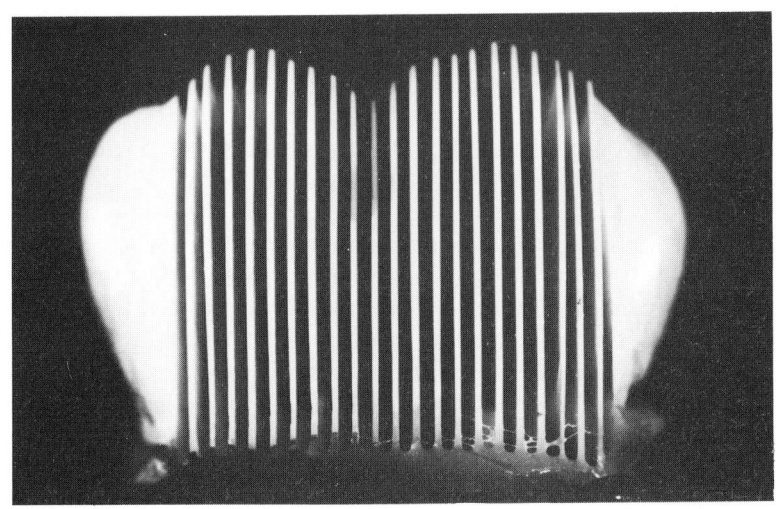

**Fig. 11-3,B.** 21 coupes non deminéralisées et en série ont été obtenues à partir d'une molaire avec un Microtome Silverstone-Taylor Hard Tissue.

la lésion. Après quoi, les paramètres de la lésion furent à nouveau enregistrés. La surface de la lésion fut alors exposée à l'un de ces trois systèmes.

(1) Une solution de 0,05 mM d'ion fluor, pH 7,0 (1 ppm).

(2) Un fluide calcifiant à 3 mM. Ce fluide fut préparé comme il a été décrit dans ce chapitre et contenait 0,05 mM d'ions fluor.

(3) Un fluide calcifiant á 1 mM, aussi préparé de la même manière et contenant aussi 0,05 mM d'ions fluor.

Les coupes furent une fois encore plongées dans le gel acidifié pendant 3 jours pour faire progresser la lésion. Les lésions furent alors évaluées au terme de cette dernière manipulation.

*Résultats*

*Expériences A.* Ces expériences ont montré que des petites lésions débutantes de l'émail humain pouvaient être reminéralisées in vitro.

Lorsqu'on utilise le fluide buccal, la reminéralisation se limite à la surface externe de la lésion. Les résultats des études d'imbition quantitative sont présentés sur la Planche 1, A. La zone correspondant au corps de la lésion a été tracée en vert. En superposition, la zone correspondant au corps de la lésion après exposition au fluide buccal est représentée en rouge. La zone du corps de la lésion après qu'elle ait été exposée au fluide buccal contenant du fluor apparaît en surimpression et en bleu sur le diagramme. La Planche 1, A montre le graphique final d'imbition comprenant les trois régions. La courbe correspondant à la lésion après exposition au fluide buccal avec ou sans ions fluor apparaît différente de celle correspondant au témoin. Cette différence est objectivée par le fait que ni les plages bleues ni les plages rouges ne recouvrent complètement la plage témoin qui est en vert. Lorsque le fluide buccal fut employé sans fluor, la zone correspondant au corps de la lésion apparaît réduite. Cependant, on note peu de différence entre le fluide buccal avec ou sans fluor. Cela se traduit par le fait que la plage rouge n'est pas très étendue. Lorsque le fluide buccal fut employé sans fluor on constate une réduction de 7,2% de la zone correspondant au corps de la lésion par rapport au témoin. Lorsque des ions fluor furent ajoutés au fluide buccal, le degré de reminéralisation est apparu plus élevé, comme en témoigne la plage bleue sur la Planche 1, A. La zone correspondant au corps de la lésion se trouve réduite de 10%. L'adjonction d'ions fluor permet donc de réduire encore plus la zone correspondant à la partie superficielle du corps de la lésion. Les valeurs moyennes pour les dix lésions de ces expériences furent respectivement 8 et 11%.

Avec les fluides calcifiants synthétiques, un degré de reminéralisation bien supérieur fut obtenu. La Planche 1, B nous montre l'effet obtenu avec un fluide calcifiant à 3 mM. Lorsque le fluide calcifiant a été employé sans adjonction d'ions fluor, on constate une réduction significative de la taille du corps de la lésion. La Planche 1, B montre un exemple typique de ce qui fut obtenu dans ces expériences en gardant les mêmes couleurs de référence que celles utilisées pour le fluide buccal. La lésion témoin est colorée à nouveau en vert. Sur cette plage on peut observer en surimpression rouge la plage correspondant à l'effet du fluide calcifiant sans fluor. Dans ce cas, on note une diminution de 12% de la taille du corps de la lésion. Comme dans les expériences avec le fluide buccal, les modifications se sont produites en surface de la lésion. Lorsque le même fluide calcifiant a été utilisé mais avec 0,05 mM de fluor, une réduction plus marquée fut enregistrée comme en témoigne la plage bleue. Dans ce même cas, la réduction fut de 34% par rapport au témoin. En dépit de cette augmentation significative de la reminéralisation, les modifications se sont développés en surface de la lésion. La réduction moyenne pour un groupe de dix lésions étudiées dans cette partie de l'étude a atteint 9 et 24% respectivement.

La Planche 1, C montre l'effet obtenu dans ces expériences avec le fluide calcifiant à 1 mM de calcium. Le même code de coloration a été utilisé. Lorsque le fluide calcifiant a été employé sans addition de fluor, la réduction fut de 20% au niveau du corps de la lésion comparativement au témoin. Cependant si l'on examine la plage rouge comparativement à la plage du témoin (en vert), on constate que les modifications ont pris place au niveau du front de déminéralisation de la lésion et non plus en surface. Ceci contraste nettement avec les deux groupes précédents. Lorsque du fluor fut ajouté, la réduction est apparue spectaculaire puisqu'elle atteint 86% par rapport au contrôle. De la même façon, la réduction de taille de la lésion est intervenue dans toute la profondeur de celle-ci et non plus seulement en surface. Les réductions moyennes correspondant à dix lésions sélectionnées au hasard furent de 22 et 72% respectivement. Les résultats obtenus tant avec le fluide buccal qu'avec les fluides calcifiants synthétiques sont présentés sur le Tableau 11-1.

En ce qui concerne les fluides calcifiants synthétiques, l'effet très important obtenu par adjonction de fluor s'est révélé indépendant de la quantité de fluor utilisée. Aucune augmentation de la reminéralisation ne fut obtenue par l'augmentation du fluor dans le fluide calcifiant. Pour ce qui est du fluide buccal, une augmentation significative de la reminéralisation ne fut obtenue que lorsque 100 ppm de fluor furent ajoutées à ce fluide. Aucune différence significative ne put être enregistrée entre un fluide buccal seul ou un fluide buccal ne contenant que 1 ou 10 ppm de fluor.

Lorsque le fluide buccal fut employé dans ces expériences, on put observer la présence d'une couche fortement adhérente à la surface de l'émail après une période d'exposition de 6 minutes. Cette couche s'épaissit et devint de plus en plus irrégulière avec le temps d'exposition. Les modifications les plus importantes prirent place après cinq périodes d'exposition consécutives de 6 minutes. Avec le fluide calcifiant synthétique, les modifications majeures furent enregistrées après la deuxième série de cinq périodes d'exposition de 6 minutes. Cependant, 75% de ces modifications sont intervenues après la première série de cinq expositions. Lorsqu'une lésion fut exposée pour une seule période de 1 heure, les modifications furent plus importantes qu'après une seule période d'exposition de 6 minutes mais furent inférieures à celles observées après la première série de cinq expositions de 6 minutes.

Tableau 11-1. Diminutions moyennes de la surface du corps de la lésion correspondant aux lésions sélectionnées au hasard.

| Fluide calcifiant | % Réduction du corps de la lésion |
|---|---|
| Fluide buccal | 8 |
| Fluide buccal + F | 11 |
| 3 mM Ca | 9 |
| 3 mM Ca + F | 24 |
| 1 mM Ca | 22 |
| 1 mM Ca + F | 72 |

L'étude des lésions en microscopie électronique à balayage permit de faire des observations intéressantes. Après exposition des surfaces d'émail au fluide buccal, une couche de surface est clairement visible sur l'émail et persiste même après brossage avec une brosse à dents électrique et après une période de nettoyage de 24 heures. La Figure 11-4 est une micrographie en microscopie électronique à balayage de la surface de l'émail après exposition au fluide buccal. La totalité de la surface de l'émail est recouverte par une couche organique irrégulière dont le relief est en crêtes et en dépressions. A plus fort grossissement, on distingue le réseau dense de ce matériau (Fig. 11-5). Dans d'autres régions, une série de formations arrondies et allongées est disséminée à la surface de cette couche de surface. Examinées de plus près, ces formations "arrondies" présentent des faces rectilignes et sont de forme hexagonales (Fig. 11-6). Certains de ces dépôts cristallins hexagonaux ont six côtés mais la majorité d'entre eux présente huit côtés. Adjacents à ces dépôts cristallins hexagonaux, on trouve des formations allongées. Les dépôts hexagonaux ont un diamètre qui varie de 150 à 300 nm alors que les formations allongées ont un diamètre qui varie de 100 à 200 nm.

Cette couche de surface n'existe pas lorsque les spécimens ont été exposés aux fluides calcifiants synthétiques. Cependant lorsque le fluide calcifiant à 3 mM de calcium

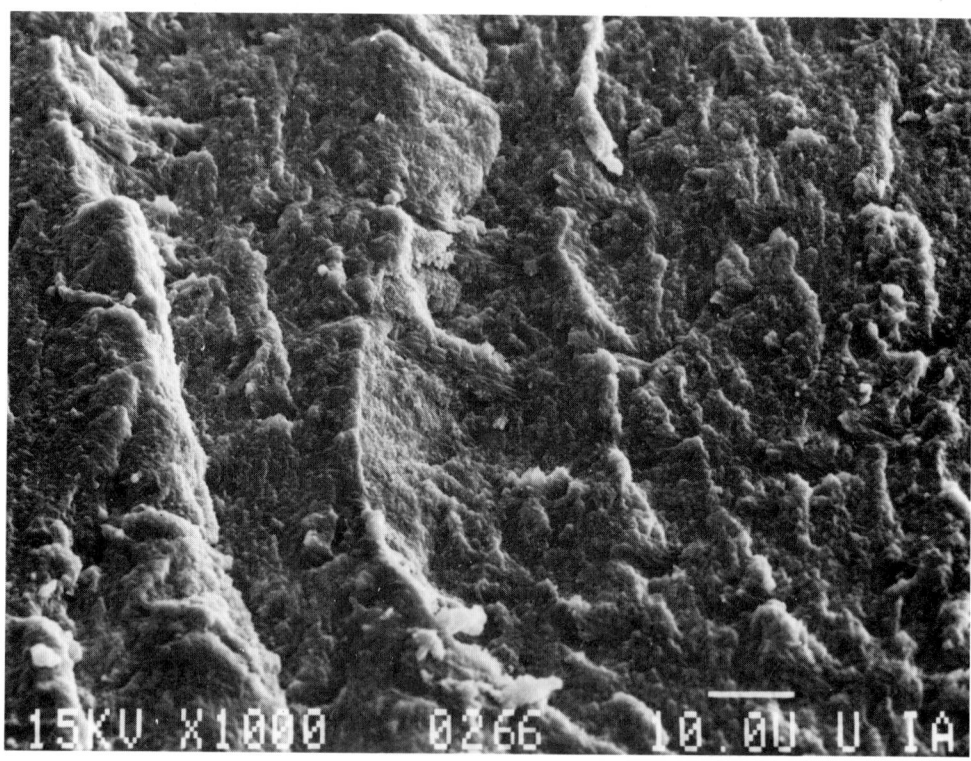

**Fig. 11-4.** Aspect en microscopie électronique à balayage de la surface de l'émail surplombant une lésion après cinq expositions consécutives au fluide buccal. La surface est recouverte d'une couche organique irrégulière qui apparaît côtelée. La barre correspond à 10 μm.

Fig. 11-5. Aspect au microscope électronique à forte puissance d'une partie de cette couche organique après exposition au fluide buccal. Cette couche apparaît sous la forme d'une masse irrégulière et dense de matière organique. La barre correspond à 1 μm.

fut employé avec du fluor, un matériau cristallin fut observé sur les surfaces d'émail testées. La Figure 11-7 est une micrographie en MEB des dépôts cristallins qui se sont formés dans ces conditions. Des amas de matériau en plaquettes sont observables à la surface de l'émail à partir de laquelle ils se développent. Ces formations peuvent avoir une forme en petite rosette ou en grosse plaque. Ces formations cristallines n'ont pu être observées sur les spécimens exposés au fluide calcifiant à 1 mM de calcium.

La Figure 11-8 est une micrographie en MEB d'une coupe provenant d'une lésion reminéralisée avec un fluide calcifiant à 1 mM de calcium avec du fluor. Cette coupe fut préparée par la technique de microdissection à haute résolution que nous avons décrite précédemment.[12] On distingue un prisme d'émail dans lequel on peut voir facilement les constituants cristallins. Au plus fort grossissement, il est évident que le diamètre des cristaux est augmenté au sein de la totalité de la lésion (Fig. 11-9).

*Expériences B.* Les séries d'expériences que nous avons pratiquées en utilisant la technique de la "section unique" montrent les effets des différents traitements sur la progression de la lésion. Lorsqu'une solution fluorée à 0,5 mM fut employé entre le premier cycle de progression de la lésion et le deuxième cycle; la différence du degré de progression fut très faible. La moyenne de réduction du taux de progression de la lésion pour un groupe de dix lésions ne fut que de 2%. Par contre, le fluide calcifiant à 3 mM de calcium et contenant 0,05 mM de fluor eut un effet significatif en retardant

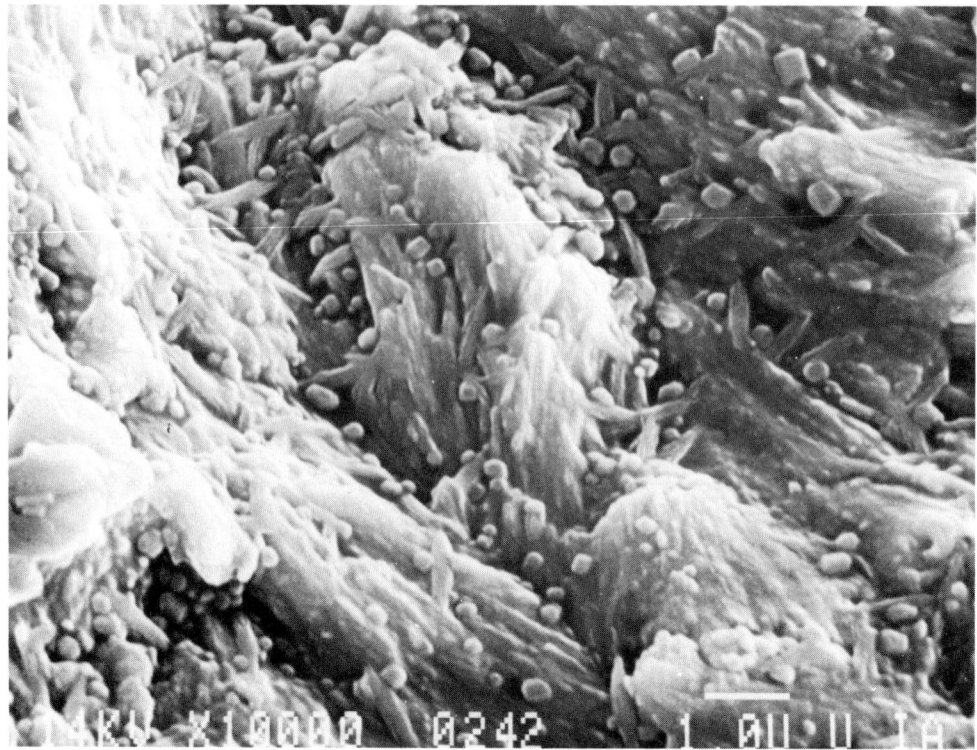

**Fig. 11-6.** Aspect en microscopie électronique à balayage d'une partie de la couche formée par le fluide buccal à la surface de l'émail. On peut observer de nombreuses formations allongées et arrondies. Les formations arrondies apparaissent le plus souvent de forme hexagonale alors que d'autres ne présentent que quatre à six faces. Ces formations précipitées sont observables en de nombreuses zones de cette couche et sont posées à la surface de la couche organique plus dense et apparemment sans structure définie. La barre correspond à 1 μm.

la progression de la lésion. Le taux de progression a été réduit de 23% pour une série de dix lésions examinées au cours de deux cycles de progression pour chaque lésion. Avec le fluide calcifiant à 1 mM de calcium et contenant 0,05 mM de fluor, le taux de progression de la lésion a été réduit de 73%. Ces résultats sont présentés sur l'histogramme de la Figure 11-10.

La technique de la "section unique" est une méthode idéale pour observer avec précision les modifications qui prennent place au sein de la lésion puisque la lésion est son propre témoin. La Planche 1, D nous montre une lésion artificielle qui fut développée sur la face externe d'une section unique après 18 jours d'exposition. Cette lésion est examinée dans l'eau en microscopie en lumière polarisée.

Le corps de la lésion correspond à la région de biréfringence positive lorsque la lésion est examinée dans l'eau et en lumière polarisée (Planche 1, D). Cette région présente à sa périphérie, un volume minimum de porosité correspondant à 5%, et pouvant atteindre plus de 25% en son centre. Après la première série d'expositions au fluide calcifiant, le corps de la lésion présentait une réduction de taille de l'ordre de 34% et un volume de porosité de 5% ou moins. Etant donné que le corps de la lésion est par définition la zone de biréfringence positive observée dans l'eau, cela démontre que le corps de la lésion a diminué de 66% par rapport à sa taille d'origine.

**Fig. 11-7.** Aspect en microscopie électronique de la surface de l'émail surplombant une lésion exposée au fluide calcifiant à 3 mM de calcium et contenant des ions fluor. A la surface de cet émail de nombreux cristaux sont en cours de développement. Ils peuvent prendre l'aspect de grosses plaquettes ou de groupes de rosaces. La barre correspond à 10 μm.

Après la seconde série d'expositions de 6 minutes dans le fluide calcifiant, on constate une réduction supplémentaire de la taille et de la porosité dans cette région. Le corps de la lésion (Planche 1, F) apparaît maintenant presque exclusivement comme une région de pseudoisotropie avec seulement 14% de sa surface initiale en biréfringence positive. De ce fait, 86% du corps initial de la lésion présente maintenant un volume de porosité de 5% au moins. Ainsi, la taille de la lésion a été diminuée de 86% après une période correspondant à dix expositions de 6 minutes dans le calcifiant.

La série des trois micrographies de la Planche 1, D-F, permet de constater une augmentation de l'épaisseur de la couche de surface. Cette couche présente une épaisseur de 20 μm dans la lésion témoin présentée sur la Planche 1, D. Après la première série d'exposition au fluide calcifiant (Planche 1, E), la couche de surface présente une épaisseur de 35 μm et une réduction de la porosité. Après la seconde et dernière série d'expositions au fluide calcifiant (Planche 1, F), la couche de surface s'est épaissie de 50 μm.

*Discussion*

De faibles réductions de la taille de la lésion sont observées lorsque le fluide buccal sert de fluide calcifiant; cependant ces modifications sont limitées à la surface de la

# Plate I

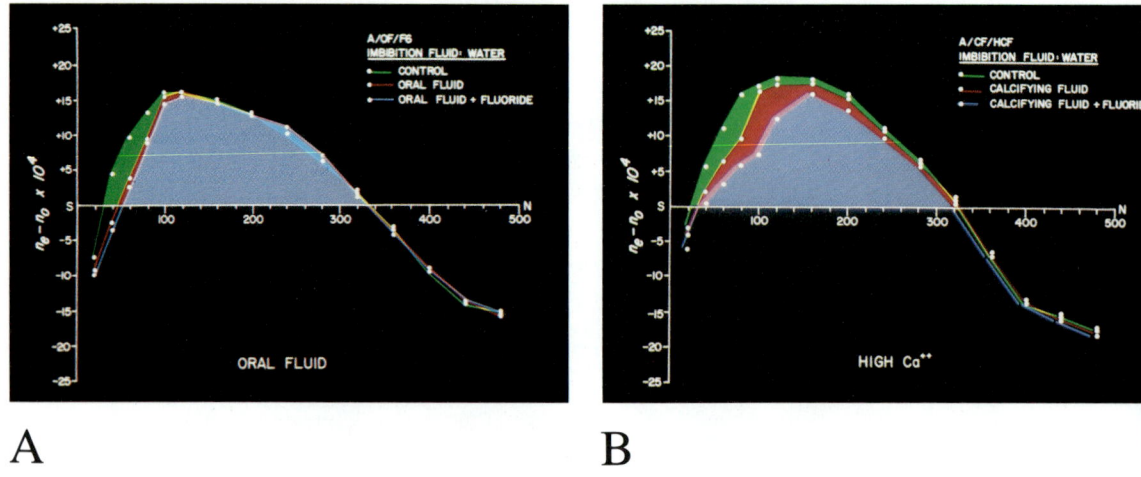

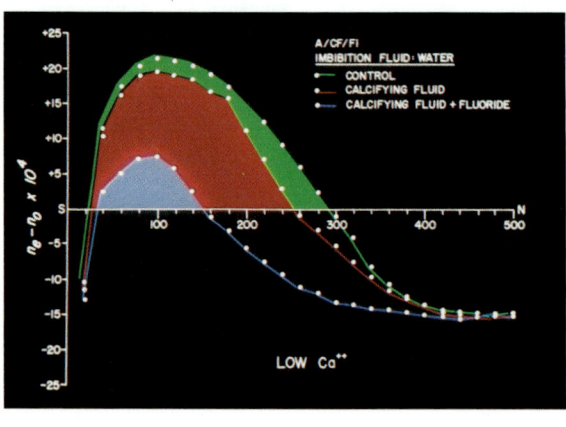

**A.** Graphiques d'imbibition montrant les courbes de biréfringence d'une lésion artificielle après exposition à un fluide buccal avec et sans ion fluor. L'abcisse S-N représente la pénétration à partir de la surface de l'émail (S) à travers la lésion et au sein de l'émail sain (N), mesuré en micromètres. L'ordonnée représente la biréfringence observée; plus la courbe se développe verticalement dans le quadrant supérieur positif, plus le degré de deminéralisation est élevé. Les résultats obtenus avec la lésion témoin sont représentés en vert alors que l'effet de l'exposition à un fluide buccal ne contenant pas de fluor apparaît en surimpression rouge. La plage bleue représente l'effet d'un fluide buccal contenant 100 ppm de fluor. Les plages bleues et rouges sont de taille identique, la plage verte étant légèrement plus grande. Cela montre que le fluide buccal contenant du fluor à 100 ppm a été légèrement plus efficace que le fluide buccal sans fluor. L'effet de ces deux traitements a été limité aux couches de surface de la lésion.

**B.** Graphique identique mais établi pour une lésion exposée à un fluide calcifiant synthétique contenant 3 mM de calcium. Le fait d'avoir ajouté 1 ppm de fluor a permis de doubler le degré de réduction de la porosité de la lésion. Dans les deux cas, cependant, la reminéralisation reste limitée à la partie superficielle du corps de la lésion.

**C.** Graphique identique établi pour une lésion exposée au fluide calcifiant à 1 mM de calcium. Comme pour les deux premiers graphiques, le témoin est en vert, l'effet du fluide calcifiant sans fluor est en rouge et le même fluide avec 1 ppm de fluor apparaît en bleu. L'adjonction de fluor entraîne une réduction spectaculaire de la taille et de la porosité de la lésion comparativement à l'utilisation du fluide calcifiant sans fluor. Dans les deux cas, cependant, la reminéralisation s'est developpée dans toute la profondeur de la lésion.

**Plate I** *continued*

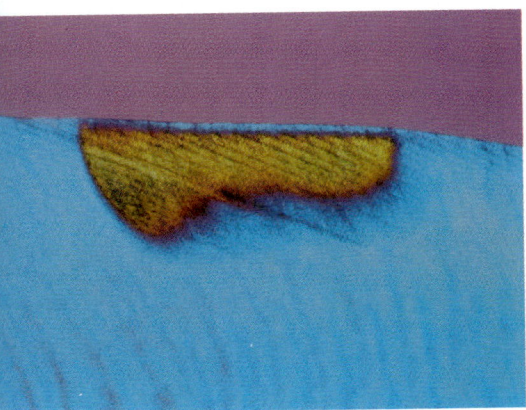 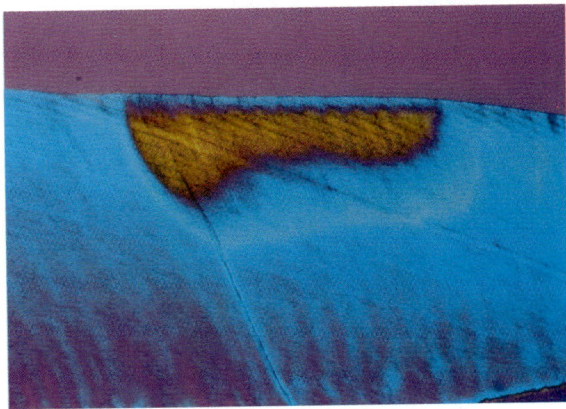

E

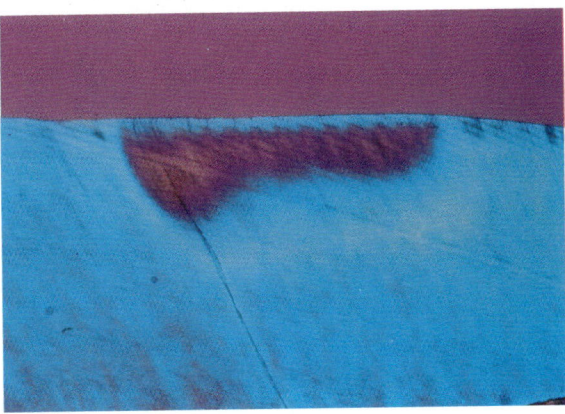

F

**D.** Coupe longitudinale non deminéralisée d'une dent humaine montrant une lésion artificielle créée à la surface de la coupe en utilisant la technique de la "coupe unique". La coupe est examinée sous l'eau en lumière polarisée. La lésion a été créée par exposition pendant 18 jours à un gel acidifié. La lésion montre une zone de surface négativement biréfringente de 20 μm au dessus du corps de la lésion qui est positivement biréfringent.

**E.** Même coupe que celle présentée en D, mais cette fois la surface externe du site expérimental a été exposée à un fluide calcifiant pendant cinq périodes consécutives de 6 minutes. La section est ensuite examinée de la même façon qu'en D. La surface du corps de la lésion se trouve réduite de 34% par rapport à sa taille de départ. La zone de surface s'est épaissie de 20 à 35 μm et présente une diminution de la porosité.

**F.** Même coupe que précédemment mais la surface externe du site expérimental a été exposée au fluide calcifiant pendant une période supplémentaire de cinq fois 6 minutes. La majeure partie de la lésion montre maintenant une région de pseudo-isotropie. La surface du corps de la lésion se trouve réduite de 86% comparativement au témoin présenté en D. De plus, la zone de surface s'est encore épaissie de 50 μm. Tout ceci tend à prouver que la technique de la "coupe unique" est très précise pour expérimenter sur la création, le développement et la reminéralisation des lésions.

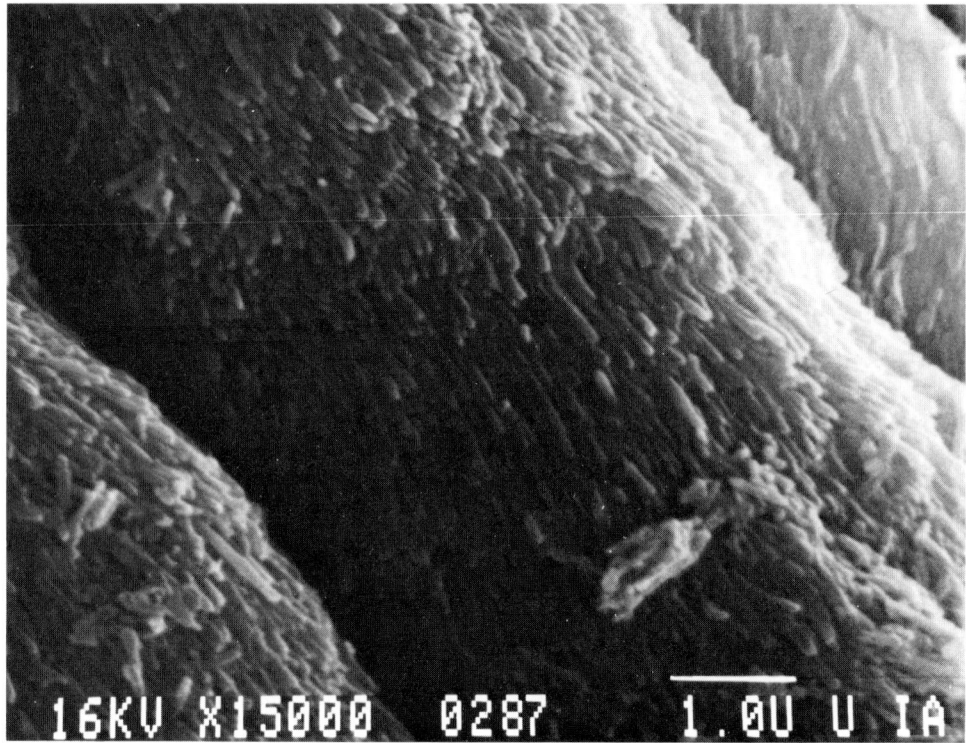

**Fig. 11-8.** Aspect en microscopie électronique à balayage d'un seul prisme provenant de la "zone sombre" située au front de deminéralisation de la lésion. Les cristaux sont bien visibles. La barre correspond à 1 $\mu$m.

lésion. L'adjonction de fluor au fluide buccal à des concentrations de 1 ou 10 ppm n'entraîne pas d'augmentation notable de la reminéralisation. Ceci peut être dû au fait que le fluide buccal contenait du fluor puisque ce fluide fut prélevé sur un sujet résidant dans une région dite fluorée. Lorsque la concentration en fluor fut portée à 100 ppm, une augmentation de la reminéralisation fut enregistrée et le corps de la lésion a diminué de 8 à 11%. Un dépôt tenace se forme à la surface de l'émail et devient de plus en plus épais et irrégulier avec le temps. La présence de ce dépôt explique peut-être pourquoi la reminéralisation est limitée à la surface de la lésion et pourquoi aucun effet supplémentaire ne fut constaté après le première série de cinq expositions successives. La masse de ce dépôt apparaît de nature organique mais des formations cristallines sont disséminées à sa surface. Ces formations cristallines apparaissent soit sous la forme de masses allongées ou arrondies. Le diamètre de ces masses cristallines est plus important que celui des cristaux de l'émail normal mais significativement plus petit que celui des microorganismes. Ces corps cristallins ont des pans rectilignes et sont le plus souvent hexagonaux. Ces corps cristallins sont le résultat de la précipitation du fluide buccal qui est sursaturé en calcium et en phosphate. S'ils ne sont pas tous de forme hexagonale et de ce fait pas comparables à des cristaux d'hydroxyapatite, la raison en est peut-être la présence, dans le fluide calcifiant, d'inhibiteurs de la calcification qui agiraient comme "poisons" à la surface du cristal et empêcheraient le développement normal du cristal. Il a été montré précédemment que les fluides corporels contiennent, à des concentrations physiologiques, du magnesium, du zinc,

**Fig. 11-9.** Aspect en microscopie électronique d'une zone du corps de la lésion provenant d'un échantillon après exposition au fluide calcifiant à faible teneur en calcium et contenant des ions fluor. Des groupes de cristaux, qui ont tous un diamètre environ deux fois supérieur à celui des cristaux de l'émail sain, peuvent être observés. De nombreux centres de recalcification peuvent être observés le long de la surface des cristaux en réponse au phénomène de reminéralisation. La barre correspond à 125 nm.

du bicarbonate, du chromate ou du pyrophosphate qui réduisent de façon significative le degré de reminéralisation.[15]

Avec les fluides calcifiant synthétiques, on obtient un degré plus marqué de reminéralisation. Avec le fluide calcifiant à 3 mM de calcium, un dépôt cristallin se forme à la surface de l'émail. Silverstone et Wefel[16] ont montré qu'avec ce fluide calcifiant plusieurs des phases de calcium phosphate les plus acides sont sursaturées en plus des phases d'apatite. De ce fait, les phases de calcium phosphate acides et les phases de transformation précipitent sur la surface de l'émail et tendent à boucher les pores de surface. Ceci explique pourquoi la reminéralisation des lésions se limite à une profondeur d'environ 100 $\mu$m. Avec le temps, ces précurseurs se transforment en apatite. Le fluide calcifiant, sans adjonction de fluor, permet d'obtenir une réduction moyenne de 9% sur dix lésions sélectionnées au hasard. Avec adjonction de fluor, cette réduction est de 24%.

Avec le fluide calcifiant à 1 mM de calcium, seules les phases d'apatite sont sursaturées;[16] de ce fait, on ne trouve aucun dépôt cristallin à la surface de l'émail. Ce qui explique pourquoi la reminéralisation dans ce cas se développe à travers toute la lésion, grâce aux meilleurs résultats obtenus avec ce fluide synthétique. La réduction moyenne fut de 22% mais passa à 72% avec l'adjonction de fluor. Il est donc permis

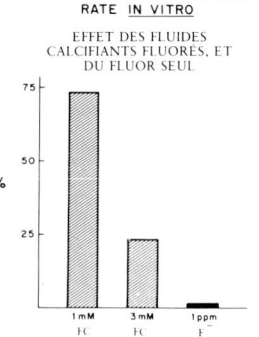

Fig. 11-10. Histogramme montrant la réduction de la progression de la lésion in vitro après emploi de fluides calcifiant synthétiques contenant du fluor et après emploi de fluor seul.

de dire que l'adjonction de fluor aux fluides calcifiants synthétiques permet d'obtenir un effet significativement favorable au développement de la reminéralisation.

Il faut en outre noter que l'effet maximum obtenu par adjonction de fluor demeure indépendant de la quantité de fluor ajoutée. Des résultats identiques furent en effet obtenus avec 1,10 ou 100 ppm de fluor. De même l'augmentation du fluor dans le fluide calcifiant ne permet pas d'obtenir un degré plus marqué de reminéralisation. De fait, des travaux en cours permettent de penser que si l'on utilise des fortes concentrations en fluor, on observe une nette réduction de la reminéralisation comparativement à celle obtenue avec de plus faibles concentrations de fluor comme celles utilisées dans le cadre de ces expériences.

Les études qui ont été effectuées avec la technique de la "section unique" se sont révélés extrêmement utiles. C'est en effet la seule technique qui permet d'observer l'émail sain avant de créer la lésion dans une localisation expérimentale identique. Après avoir initié la lésion, celle-ci peut être développée en plusieurs stades de progression. A tout moment, des agents expérimentaux comme les fluides calcifiants peuvent être mis en contact avec la surface de la lésion. Ainsi chaque stade de développement de la lésion permettra d'évaluer l'effet de l'agent expérimental.

La Planche 1 permet d'observer une telle lésion sur une coupe longitudinale unique. La lésion (Planche 1, A) présente les deux zones de carie de l'émail qui peuvent être observées après imbition dans l'eau, c'est à dire la zone de surface et le corps de la lésion. La zone de surface a été décrite par Silverstone comme étant la zone de biréfringence négative lorsque la section est examinée dans l'eau.[17,18] Le fait que la couche de surface d'une lésion apparaisse radio-opaque sur une microradiographie ne signifie en aucun cas qu'il s'agit d'une couche comparable à celle que l'on observe au niveau des lésions carieuses de l'émail comme nous le verrons plus loin.

Lorsque cette section fut examinée (Planche 1, A) dans de la quinoline, on put observer une zone claire et une zone sombre au niveau du front de développement de la lésion. Cette lésion est donc apparue comme étant tout à fait comparable à celle observée dans le cas de carie de l'émail et cela sur la base des quatre zones lésionnelles histologiques classiques.[9] C'est donc la première fois qu'il est possible de créer une lésion sur une section unique qui soit tout à fait superposable à une lésion carieuse naturelle de l'émail.

Les Planches 1, E et F montrent la diminution significative de la taille et de la porosité de la lésion obtenue après exposition dans un fluide calcifiant à 1 mM de calcium et contenant 0,05 mM de fluor. Au terme d'une période de dix expositions de 6 minutes, la région de la lésion la plus déminéralisée, c'est à dire le corps de la lésion, présente une réduction de taille de 86%. Dans le même temps, la couche de surface de la lésion est passée de 20 à 50 $\mu$m d'épaisseur et sa porosité est de l'ordre de moins de 1%.

La zone de surface d'une lésion est peut-être la région la plus importante dans le devenir de la lésion car elle agit comme une membrane limitante. Même dans le cas d'une lésion de très petite taille et indécelable radiographiquement, la zone en subsurface de la lésion présente une porosité d'environ 25%. La zone de surface d'une telle lésion est négativement biréfringente lorsqu'on l'examine dans l'eau (c'est à dire que le volume des porosités est inférieur à 5%). Souvent la zone de surface présente un degré de porosité de 1%. Ainsi pour qu'il y ait reminéralisation, les ions doivent passer à travers cette barrière bien minéralisée. Il est donc très important de simuler cette distribution des porosités lorsque l'on crée des lésions artificielles expérimentales. Si les lésions produites artificiellement présentent une couche de surface fortement déminéralisée, ce qui n'est pas le cas dans une lésion naturelle, il est très facile de faire pénétrer les ions à travers cette couche et ainsi de modifier le corps de la lésion sous-jacente.

La figure 11-11 nous montre une lésion observée selon deux techniques, en lumière polarisée et en microradiographie. Les caractéristiques histologiques de la lésion apparaissent sous la forme de la zone claire et de la zone sombre au niveau du front de développement de la lésion. Au dessus de ces deux zones, apparaît le corps de la lésion. Ce schéma objective un moment où la couche de surface a été si fortement déminéralisée que la zone de surface a disparu de la lésion. C'est ce qui arrive généralement juste avant le phénomène de cavitation. L'aspect de la lésion en microradiographie est à droite sur le schéma. Le corps de la lésion apparaît en subsurface, comme une région radioclaire alors que la surface de la lésion est radio-opaque. Ceci se produit à condition que le contenu en minéral soit différent entre la surface et la région en subsurface, ce qui est toujours le cas. Donc si le corps de la lésion a perdu 70% de son contenu minéral contre 60% pour la zone de surface, la microradiographie montrera toujours une couche de surface radio-opaque. Il est donc impossible de déterminer si une lésion présente une couche de surface comparable à celle d'une lésion naturelle sur la seule base microradiographique. Voilà pourquoi la microradiographie n'est pas un bon critère pour comparer des lésions artificielles et des lésions carieuses naturelles de l'émail.

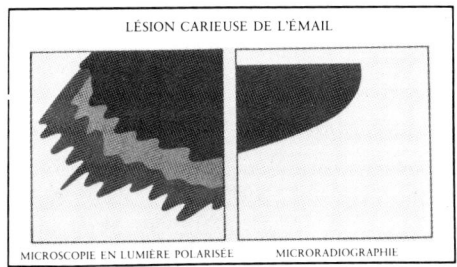

Fig. 11-11. Schéma montrant l'aspect d'une lésion de l'émail selon deux techniques différentes. En microscopie en lumière polarisée, (à gauche) le front de développement de la lésion présente à la fois une zone translucide et une zone sombre. Ces deux zones ne peuvent être observées sur une micrographie (à droite). La lésion représentée sur le schéma est une lésion au sein de laquelle la deminéralisation de surface est importante; la conséquence en est l'absence de zones de surface. Cette absence de la zone de surface n'apparaît pas sur la microradiographie. Ainsi, la microradiographie permettra toujours de détecter le corps de la lésion. La couche de surface radio-opaque peut coincider ou ne pas coincider avec la zone de surface de la lésion. De ce fait, la microradiographie permettra de détecter une et peut-être deux des quatre zones histologiques d'une lésion débutante de l'émail. La présence d'une couche de surface radio-opaque sur une microradiographie ne constitue pas un critère suffisamment précis pour déterminer si la lésion présente une zone de surface.

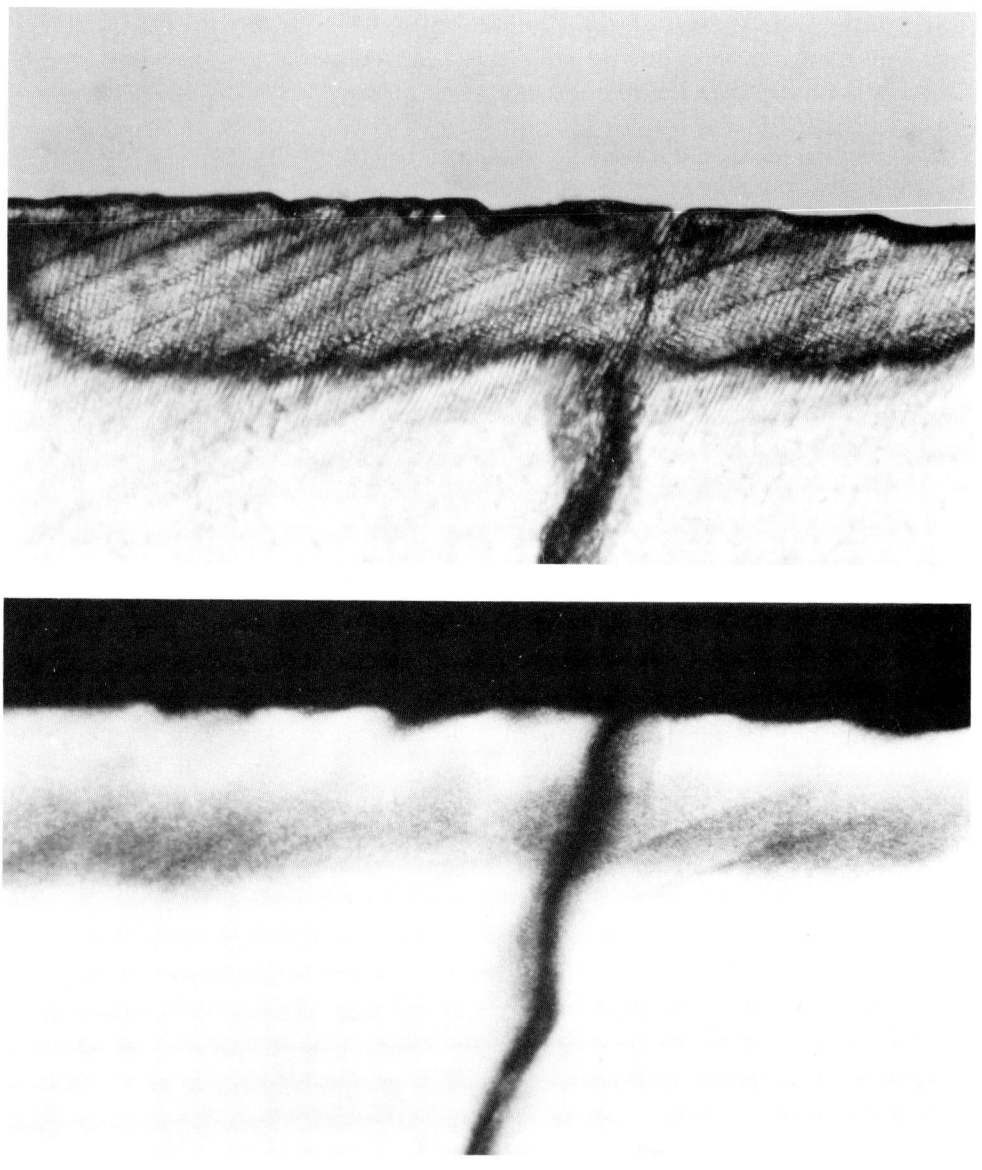

**Fig. 11-12.** A. Coupe longitudinale d'une lésion artificielle obtenue par de l'acide lactique tamponné examinée dans l'eau en lumière polarisée (125). Le corps de la lésion présente une biréfringence positive et cette zone s'étend superficiellement jusqu'à la couche de surface. Ainsi cette lésion ne présente pas de zone de surface. B. Microradiographie de la même coupe. La région de subsurface de la lésion apparaît radioclaire, contrastant avec la couche de surface qui apparaît radio-opaque.

La Figure 11-12A nous montre une coupe passant par une lésion de l'émail développée dans un système acide tamponné et qui ne ressemble que très loin à une lésion naturelle de l'émail. La coupe est examinée dans l'eau et ne présente pas de couche de surface puisque le corps de la lésion s'étend jusqu'à la surface externe de l'émail. En outre, on peut noter des pertes en surface. Il n'y a pas non plus de zone sombre lorsque la coupe est examinée dans la quinoline. Cette lésion est donc un mauvais fac-similé d'une lésion carieuse de l'émail. La Figure 11-12B est une microradiographie de cette lésion qui nous montre une couche de surface radio-opaque au dessus du corps de la lésion. Sur la seule base de cette microradiographie, on pourrait conclure que cette lésion présente une couche de surface identique à celle que l'on trouve dans la petite lésion de l'émail. Cette remarque n'est pas seulement d'ordre académique. Si des lésions expérimentales présentent des couches de surface très poreuses, l'effet de l'agent de reminéralisation testé sera plus marqué que s'il avait été employé sur une lésion ayant une couche de surface normale, hautement minéralisée et constituant une barrière. C'est peut-être la raison pour laquelle Gelhard et Arends[19] ont observé que la reminéralisation in vitro de leur lésions expérimentales était plus marquée que celle observée in vivo.

Sur la Figure 11-10, l'histogramme nous montre les résultats des études concernant la progression d'une coupe unique. Avec le fluide calcifiant à 3 mM de calcium et contenant 1 ppm de fluor, le taux de progression de la lésion fut reduit de 23%. Avec le fluide calcifiant à 1 mM de calcium et contenant la même concentration de fluor, le taux de progression a été réduit de 73%. Il apparaît que la reminéralisation plus profonde et plus diffuse obtenue avec le fluide calcifiant à faible teneur en calcium a permis de rendre la lésion plus résistante à la progression. Cependant, avec une solution de fluor à 1 ppm, pratiquement aucun effet sur le taux de progression ne fut obtenu. De même, la solution fluorée n'eut que très peu d'effet sur la reminéralisation, même dans des conditions de laboratoire idéales. Il est essentiel d'avoir du calcium et du phosphate en plus du fluor. Brown[20] a montré qu'abaisser l'activité de l'hydroxide de calcium au sein de la lésion était bénéfique puisque cela permettait de réduire les forces de diffusion du calcium vers l'extérieur de la lésion et les forces de diffusion des protons dans la lésion. La présence d'ions fluor tend à diminuer le pH et l'activité de l'hydroxide de calcium et d'augmenter l'activité de l'acide phosphorique. Lorsqu'il est appliqué à la phase en solution de la lésion, le fluor a

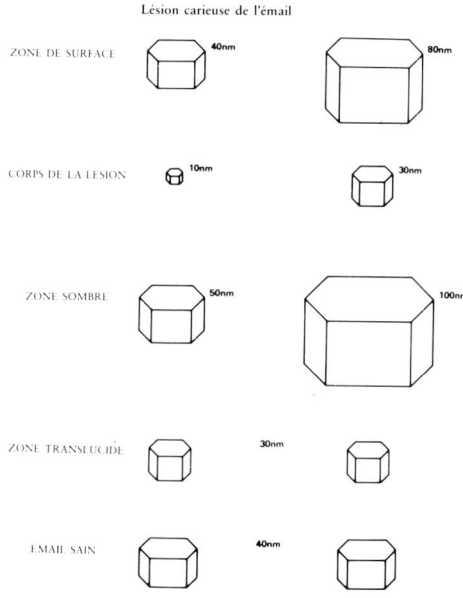

**Fig. 11-13.** Schéma illustrant le diamètre relatif des cristaux de l'émail sain et de ceux présents au sein des quatre zones histologiques de la lésion de l'émail.

pour effet terminal d'altérer les taux de diffusion de telle sorte que cela diminue le taux de développement de la lésion ou augmente le taux de reminéralisation. De ce fait, les agents préventifs de la carie utilisés pour la reminéralisation ne seront pas très efficaces s'ils reposent uniquement sur la présence de l'ion fluor.

Pourquoi une lésion reminéralisée présente-t-elle une plus forte résistance à l'évolution? On a d'abord pensé que l'augmentation du fluor dans la lésion en était la cause. Des études récentes basées sur les techniques de microdissection associées à la microscopie électronique en balayage à haute résolution ont permis d'obtenir des informations valables. Au cours de la formation de la lésion, les cristaux submicroscopiques sont altérés par la dissolution acide, ce qui entraîne une diminution ou un amincissement de leur axe-C. Ce phénomène entraîne la formation de cristaux plus petits et plus étroits qui, en retour, sont responsables de l'augmentation de la porosité dans la lésion qui va de paire avec l'augmentation de la déminéralisation. Avec la technique de microdissection, il a été possible de préparer des coupes passant par la lésion de telle sorte que les cristaux correspondant à la lésion puissent être examinés directement en MEB.[12] Silverstone[12] a observé que les cristaux de la zone sombre (Zone 2) et de la zone de surface (Zone 4) de la lésion carieuse avaient un diamètre significativement plus gros que ceux du reste de la lésion ou de l'émail sain (Fig. 11-13). Il est important de noter que ces deux zones sont dites être le résultat des phénomènes de reminéralisation. Lorsque des moitiés de lésions expérimentales sont exposées au fluide calcifiant synthétique, on observe une augmentation significative du diamètre des cristaux de la lésion dans sa totalité (Fig. 11-14). La Figure 11-9 montre en MEB à haute résolution les cristaux du corps de la lésion après exposition dans un fluide calcifiant à 1 mM de calcium contenant du fluor. Ces cristaux ont un diamètre moyen d'environ 70 nm bien que cette région soit celle qui ait subi la plus forte déminéralisation et dont le diamètre des cristaux était de moins de 40 nm comme dans l'émail sain. Il est aussi possible d'observer des foyers séparés de recalcification

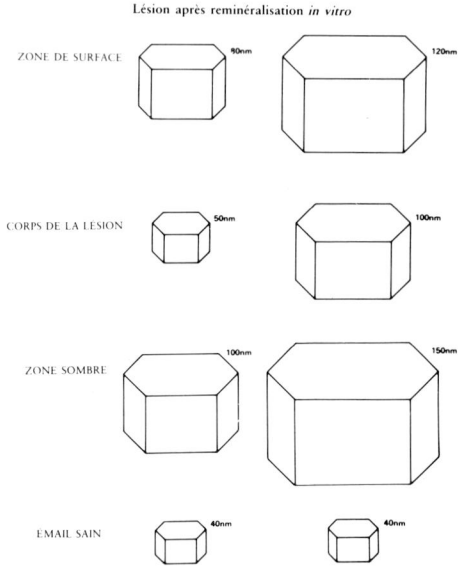

Fig. 11-14. Schéma montrant le diamètre relatif des cristaux d'une lésion après exposition au fluide calcifiant à faible teneur en calcium et contenant des ions fluor.

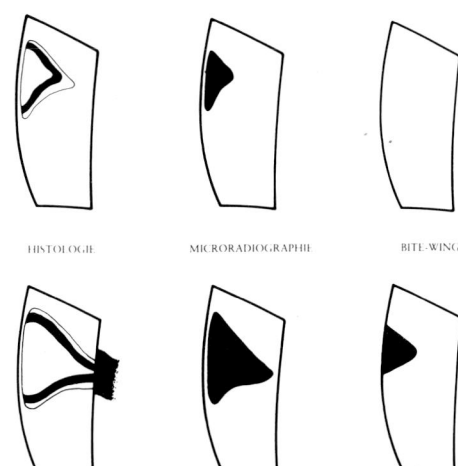

**Fig. 11-15.** Schéma montrant la taille d'une lésion de l'émail selon différentes techniques. La technique la plus sensible est représentée par les méthodes d'examen optique, notamment la microscopie en lumière polarisée, en utilisant la quinoline comme milieu. Avec cette technique, la zone translucide (Zone 1) et la zone sombre (Zone 2) sont placées avant le corps de la lésion. En seconde place, vient la microradiographie, qui permet de mettre en évidence la profondeur du corps de la lésion. Le résultat est comparable à celui obtenu en examinant la lésion dans l'eau et en l'observant avec des méthodes optiques. La technique la moins sensible est la technique des radiographies bite-wing. La radiographie bite-wing ne permet pas de déceler la lésion sur la rangée du bas montrant des lésions plus développées, la radiographie bite-wing montre une lésion placée dans la moitié externe de l'émail alors qu'en fait la lésion a déjà pénétré au sein de la dentine.

le long des cristaux. Certains éléments permettent de penser que l'octacalcium phosphate est impliqué dans la croissance des cristaux d'émail.[21] Il a été suggéré que l'un des rôles de l'ion fluor serait d'éliminer l'octacalcium phosphate en facilitant sa transformation en apatite. La transformation de cette phase relativement soluble (OCP) en apatite permettrait de mieux comprendre comment seulement quelques ions fluor pour 100 unités cellulaires peuvent avoir un effet majeur sur l'incidence carieuse.

Etant donnée que la présence de gros cristaux entraîne des modifications favorables à la surface en terme de rapport de volume, et que d'autre part, ces nouveaux cristaux sont presque certainement constitués d'hydroxyapatite fluorée, il est permis de penser que ces facteurs doivent jouer un rôle majeur dans l'augmentation de la résistance à l'évolution que manifeste la lésion.

## Conclusions

Des éléments de preuve récents permettent de penser que le mécanisme essentiel par lequel le fluor réduit l'incidence carieuse est la reminéralisation. Les petites lésions carieuses de l'émail, et limitées à ce tissu dans les régions proximales, ne peuvent être décelées par les moyens cliniques ou radiographiques conventionnels.[5]

Les diagrammes de la Figure 11-15 nous montre la taille d'une lésion carieuse selon différentes techniques. Sur les trois schémas du haut, la lésion s'étend jusqu'aux deux tiers de l'épaisseur de l'émail lorsqu'elle est observée histologiquement. Lorsque la même section longitudinale est examinée en microradiographie, la lésion apparaît plus petite car, seul le corps de la lésion, peut être détecté par cette technique. De ce fait, sur la microradiographie, le front de développement de la lésion coincide avec le contour profond du corps de la lésion. Histologiquement, la zone sombre et la zone claire sont observables au plus profond du corps de la lésion. Le troisième schéma nous montre les résultats obtenus avec un film bite-wing. Pour une lésion de cette taille, aucune zone radioclaire n'apparaît sur le film et une telle image permet de conclure à une surface saine en terme de carie. Les trois schémas du bas nous montrent une lésion plus développée. Histologiquement, la lésion a pénétré dans la dentine.

La microradiographie montre que la lésion est limitée à l'émail alors que le bite-wing indique que la lésion reste limitée à la moitié externe de l'émail. De ce fait, des surfaces d'émail atteintes par de telles lésions sont considérées comme saines. C'est dans ces régions deminéralisées que se concentre le fluor et ces régions jouent le rôle de réservoir de fluor et favorisent la reminéralisation. Ainsi, chez un patient "indemne" de carie, de très nombreuses surfaces proximales d'émail présentent de petites lésions qui sont maintenues à une taille histologique subclinique par reminéralisation continue. En cas d'absence de fluor, les lésions peuvent se développer en taille et devenir détectables cliniquement ou radiographiquement. Dès que la lésion est diagnostiquée, des techniques de prévention doivent être instituées pour favoriser la reminéralisation. Les lésions peuvent alors régresser ou "disparaître" à la radio.

Bien que le fluor soit très important pour renforcer la reminéralisation, il ne semble pas nécessaire d'employer de fortes concentrations. Des études cliniques récentes ont montré que des apports fréquents de fluor, à faible concentration, sont plus efficaces que des apports fréquents à forte concentration. Les résultats de cette étude confirment ce fait puisque le degré maximal de reminéralisation est obtenu avec du fluor à la concentration de 0,005 mM (1 ppm) appliqué à la surface de l'émail. Si l'on multiplie par 100 la concentration de fluor, cela n'a aucun effet sur le degré de reminéralisation obtenu. Puisqu'il peut falloir 3 à 4 ans pour qu'une lésion des surfaces lisses atteigne la dentine, cela donne tout le temps nécessaire à son interception. A cet égard, il est fort probable que l'usage très répandu des dentifrices fluorés ait significativement contribué à la réduction de l'incidence carieuse. Les données récentes faisant état d'une réduction de l'incidence carieuse dans de nombreuses nations occidentales montrent que cela a été obtenu aussi dans des régions où la fluoration de l'eau de boisson était, soit minimale, soit totalement absente. Dans de telles régions, ce sont les dentifrices fluorés qui constituent l'apport majeur de fluor à faible concentration et permettent de contribuer à la reminéralisation des lésions.

La démonstration de la présence, dans deux des quatre zones de la lésion de l'émail, de cristaux d'un diamètre significativement plus gros que celui des cristaux de l'émail sain est très importante car elle permet de comprendre pourquoi les lésions reminéralisées deviennent plus résistantes á l'évolution. Il apparaît donc que le développement d'une petite lésion subclinique de l'émail externe permet paradoxalement d'empêcher sa progression. Tout d'abord, elle agit préférentiellement en incorporant significativement plus de fluor que l'émail sain adjacent. Les lésions agissent donc comme des réservoirs de fluor et au cours de la dissolution, lorsque les ions calcium et phosphate sont libérés, la présence d'ions fluor au sein de la lésion favorise la reminéralisation. Ensuite, s'il n'existait aucun espace disponible dans un tissu très minéralisé, la croissance des cristaux ne serait pas possible. Le fait que le contenu cristallin de la lésion peut se modifier, comme le montre l'augmentation de taille significative des cristaux du corps de la lésion, démontre la possibilité d'une augmentation de la reminéralisation. Il apparaît donc que des agents qui ne sont pas d'un usage clinique courant peuvent avoir de très fortes capacités pour stopper ou réversibiliser des petites lésions subcliniques, et en même temps, accroître la résistance de ces lésions à de nouvelles agressions.

*Remerciements*

Cette étude a été financée par une subvention du NIDR No. 7 RO1 DE 06564.

# REFERENCES

1. Backer-Dirks, O. : Posteruptive changes in dental enamel. J. Dent. Res., *45* : 503–511, 1966.
2. Silverstone, L. M. : Remineralization phenomena. Caries Res., *11* : (Suppl. 1) : 59–84, 1977.
3. Koulourides, T., Feagin, F., Pigman, W. : Effect of pH ionic strength and cupric ions on the rehardening rate of buffer-softened human enamel. Arch. Oral Biol., *13* : 335–341, 1968.
4. ten Cate, J. M., Arends, J. : Remineralization of artificial enamel lesion in vitro. Caries Res., *11* : 277–281, 1977.
5. Featherstone, J. D. B., Rodgers, B. E., Smith, M. W. : Physicochemical requirements for rapid remineralization of early carious lesions. Caries Res., *15* : 221–235, 1981.
6. Silverstone, L. M. : The effect of oral fluid and synthetic calcifying fluids in vitro on the remineralization of enamel lesions. Clin. Prev. Dent., *4* : 13–22, 1982.
7. Silverstone, L. M. : Remineralization and enamel caries: New Concepts. Dental Update, *10* : 261–273, 1983.
8. Silverstone, L. M. : The relationship between the macroscopic, histological, and radiographic appearance of interproximal lesions in human teeth : An in vitro study using an artificial caries technique. Ped. Dent., *3* : 414–422, 1982.
9. Silverstone, L. M. : The structure of carious enamel, including the early lesion. *In* Oral Sciences Reviews, No. 3. Dental Enamel, ed. A. H. Melcher, G. A. Zarb, Munksgaard, Copenhagen, 1973.
10. Silverstone, L. M., Taylor, R. : Preparation of thin, undermineralized, unembedded sections of human enamel : The Silverstone–Taylor Hard Tissue Microtome. J. Dent. Res., *60* : 2, 1981.
11. Silverstone, L. M., et al. : Remineralization of natural and artificial lesions in human dental enamel in vitro : The effect of calcium concentration of the calcifying fluid. Caries Res., *15* : 138–157, 1981.
12. Silverstone, L. M. : Remineralization and Enamel Caries : Significance of fluoride and effect on crystal diameters. *In* Demineralization and Remineralization of the Teeth, ed. S. A. Leach, W. M. Edgar. Oxford, England, IRL Press Ltd., 1983.
13. Featherstone, M. J., Silverstone, L. M. : Creation of caries-like lesions in section of teeth using acid-gels. J. Dent. Res., *61* : 279, 1982.
14. Featherstone, M. J., Silverstone, L. M., Taylor, R. E. : Remineralization of caries-like lesions in vitro using the "single-section" technique. J. Dent. Res., *62* : (Abst.) : 188, 1983.
15. Feagin, F. F., Walker, A. A., Pigman, W. : Evaluation of the calcifying characteristics of biological fluids and inhibitors of calcification. Calcif. Tissue Res., *4* : 231–244, 1969.
16. Silverstone, L. M., Wefel, J. S. : The effect of remineralization on artificial caries-like lesions and their crystal content. J. Cryst. Growth., *53* : 148–159, 1981.
17. Silverstone, L. M. : Surface phenomena in dental caries. Nature (Lond.), *214* : 203–204, 1967.
18. Silverstone, L. M. : The surface zone in caries and in caries-like lesions produced in vitro. Br. Dent. J., *125* : 145–157, 1968.
19. Gelhard, T. B. F. M., Arends, J. : In vivo remineralization of artificial subsurface lesions in human enamel. J. Biol. Buccale, *12* : 49–57, 1984.
20. Brown, W. E. : Physicochemical mechanisms in dental caries. J. Dent. Res., *53* : 204–225, 1974.
21. Brown, W. E., Smith, J. P., Lehr, J. R., Frazier, A. W. : Crystallographic and chemical relations between octacalcium phosphate and hydroxyapatite. Nature (Lond.), *196* : 1050–1055, 1962.
22. Brown, W. E. : Crystal growth of bone mineral. Clin. Orthop., *44* : 205–220, 1966.

# Chapitre 12
## *Les nouveaux agents fluorés et leurs modes d'administration*

### John W. STAMM

La découverte de Dean, à savoir que l'eau de boisson fluorée permettait de réduire de 50% l'incidence de la carie dentaire chez les enfants, est à l'origine de deux initiatives significatives en odontologie. La première, qui date de 1945, a consisté à mettre en oeuvre et à développer la fluoration municipale des eaux de boisson. En conséquence, environ 116 millions de personnes bénéficient d'une eau fluorée aux Etats-Unis à la date de 1980[1] et ce nombre s'accroît encore. La deuxième initiative a consisté à rechercher et à développer les fluorures topiques qui pourraient être utilisés directement sur les dents ayant fait leur éruption pour prévenir la carie. Depuis le début des années 1940, date des premiers travaux, des progrès considérables ont été réalisés concernant les formules et les modes d'administration d'agents fluorés topiques efficaces et utilisables en odontologie clinique. Malgré cette réussite, la science odontologique ne s'en est pas tenue là. Les recherches pour trouver de meilleurs agents topiques fluorés et des modes d'administration plus efficaces se poursuivent avec acharnement. Le but de ce chapitre est de procéder à une revue des agents fluorés topiques les plus récents et/ou les plus novateurs qui sont le fruit de la recherche du monde entier.

De façon générale, les innovations en thérapeutique fluorée topique peuvent être regroupées en deux catégories. La première catégorie comprend les nouveaux composés fluorés. Dans ce chapitre, trois des nouveaux composés chimiques fluorés seront discutés. La seconde catégorie rassemble les nouveaux modes d'administration de l'agent fluoré sur l'émail et les surfaces radiculaires. Les nouveaux modes d'administration peuvent à leur tour être subdivisés en trois groupes désormais classiques : (1) les fluorures auto-administrables; (2) les fluorures administrés par les praticiens; (3) certains matériaux dentaires. Ce chapitre permettra de passer en revue les innovations récentes concernant ces trois types de mode d'administration.

### Les agents fluorés autres que les composés fluorés traditionnels

En Amérique du Nord, les agents fluorés traditionnels employés en thérapeutique fluorée topique sont le fluorure d'étain ($SnF_2$), le fluorure de sodium (NaF), le fluorophosphate acidulé (FPA) et le monofluorophosphate de sodium ($Na_2PO_3F$). L'emploi et l'efficacité de ces composés anti-carieux sont connus depuis longtemps[2-5] même si les mécanismes biologiques et chimiques qui entraînent cet effet anti-carieux ne sont pas totalement connus.[6-7] Les agents fluorés qui ne sont pas d'usage courant aux Etats-Unis sont le fluorure d'ammonium, le fluorure d'amine et le fluorure de titane.

*Le fluorure d'ammonium*

Sachant qu'une forte concentration en fluor à la surface des dents entraîne une réduction des caries,[8,9] l'emploi du fluorure d'ammonium pour prévenir la carie est basé sur le fait que ce fluorure d'ammonium est incorporé à la surface de l'émail en plus grande quantité que ne le sont les autres agents fluorés classiques.[10-13] Cette augmentation de la déposition du fluor peut s'expliquer en partie par le fait que le fluorure d'ammonium présente une plus grande capacité à déminéraliser passagèrement l'émail et de ce fait la déposition du fluor est meilleure qu'avec le fluorure de sodium au même pH. Cependant, d'un point de vue clinique, l'étude réalisée par De Paola n'a pu démontrer aucune accentuation de la prévention carieuse avec des bains de bouche ou des dentifrices au fluorure d'ammonium comparativement aux fluorures classiques. Le Tableau 12-1 montre que des bains de bouche quotidiens avec du fluorure de sodium et du fluorure d'ammonium à forte concentration entraînaient une réduction significative de l'incidence carieuse mais que l'on ne pouvait observer aucune différence clinique entre ces deux bains de bouche fluorés. Il est utile de noter que dans cette étude, l'incidence carieuse est anormalement élevée, ce qui rend toute généralisation difficile. Si l'on se base sur toutes les données dont nous disposons à ce jour, il n'y a aucun avantage à recommander les composés à base de fluorure d'ammonium pour prévenir la carie. Des considérations de goût n'empêchent pas de le considérer comme un mauvais choix comparé aux agents fluorés conventionnels.

*Le fluorure d'amine*

Les fluorures d'amine constituent un groupe de fluorures organiques qui ont été extensivement testés en termes de prévention de la carie en Europe et surtout en Suisse par Muhlemann et coll. Les fluorures d'amine présentent in vitro deux propriétés intéressantes pour la prévention de la carie. Ces propriétés sont : (1) augmentation de l'incorporation de fluor par l'émail[14-15] et (2) action anti-bactérienne à l'égard de certains microorganismes de la plaque.[14,16-19] Le mécanisme précis par lequel les fluorures d'amine ont un effet anti-microbien reste inconnu. Il apparaît cependant être en rapport avec la fraction organique de la molécule plutôt qu'avec le fluor per se. Cette hypothèse a été confirmée par les résultats d'une étude sur l'animal au cours de laquelle des traitements quotidiens de 15 minutes avec des solutions à 250 ppm de fluorure de sodium, de fluorure d'amine, de chlorure d'amine et de EHDP furent administrés à des rongeurs nourris avec un régime alimentaire hautement cariogène.

**Tableau 12-1.** Effet des bains de bouche à haute concentration de fluorure d'ammonium et de fluorure de sodium chez des enfants de 10 à 12 ans et après 24 mois d'utilisation. (D'après DePaola, P.F. et al. : Effect of high-concentration ammonium and sodium fluoride rinses on dental caries in schoolchildren. Community Dent. Oral Epidemiol. 5, 7-14, 1977. © 1977 Munksgaard International Publishers Ltd., Copenhagen, Denmark.)

| Bain de bouche | n | COS augmentation | % Réduction |
|---|---|---|---|
| $NH_4F$ | 159 | 4,40 | 41,7 |
| NaF | 158 | 4,43 | 41,3 |
| Placebo | 158 | 7,55 | — |

**Tableau 12-2.** Réduction des caries par un dentifrice au fluorure d'amine chez des enfants du Primaire et après 6 ans. (D'après Marthaler, T. M. : Caries-inhibition by an amine fluoride dentifrice. Results after 6 years in children with low caries activity. Helv. Odontol. Acta, **18**(Suppl. 8) : 35-44, 1974.)

| Indice carieux | Groupe témoin ($n = 59$) | | Groupe fluor ($n = 50$) | | t-test |
|---|---|---|---|---|---|
| | Moyenne | D.S. | Moyenne | D.S. | |
| $D_{3-4}FS$ | 8,39 | 5,77 | 5,62 | 5,46 | $P \leq 0,05$ |
| $D_{1-4}$ | 18,34 | 10,53 | 13,90 | 10,04 | $P \leq 0,05$ |

Sur un plan clinique, les fluorures d'amine ont reçu un accueil très favorable en Europe, notamment grâce aux efforts de la compagnie GABA qui utilise les fluorures d'amine comme élément actif dans le dentifrice Elmex, dans les gels fluorés topiques et dans les bains de bouche. Toutes les études qui ont porté sur l'efficacité montrent cependant que si les fluorures d'amine sont probablement aussi efficaces que les fluorures conventionnels, ils ne sont pas cliniquement supérieurs. Par exemple, le Tableau 12-2 nous montre que l'emploi à la maison d'un dentifrice au fluorure d'amine pendant plus de 6 ans est efficace pour réduire l'incidence carieuse[20] mais que le nombre des caries ainsi évitées était presque le même que celui enregistré avec les dentifrices fluorés conventionnels. Aux Etats-Unis, les dentifrices et les bains de bouche au fluorure d'amine se sont révélés aussi efficaces mais pas plus efficaces que les dentifrices et les bains de bouche au fluorure de sodium. Pour le moment, il est raisonnable de conclure que les fluorures d'amine sont aussi efficaces que les fluorures conventionnels mais que la preuve d'une quelconque supériorité reste à faire.

*Le fluorure de titane*

Au cours des dernières années, des articles ont suggéré que le fluorure de titane aurait des potentialités considérables en tant qu'agent de prévention de la carie. En 1972, Shrestha et coll.[21] ainsi que Mundorff et coll.,[22] ont montré qu'une solution de tétrafluorure de titane ($TiF_4$) à 1% était en mesure de réduire la solubilité de l'émail. En 1976, Wei et coll.[23] ont fait la preuve que le tétrafluorure de titane permettait d'incorporer convenablement le fluor dans l'émail et que cet élément formait un revêtement résistant aux acides à la surface de l'émail. Plus récemment, ce travail a été développé par Wefel[24] et par Clarkson et Wefel[25] qui ont confirmé que l'application de tétrafluorure de titane in vitro entraînait une incorporation de fluor par l'émail inférieure à celle obtenue avec des solutions de FPA comme le montre la Figure 12-1. Ces auteurs ont également observé la présence d'un revêtement tenace et résistant aux acides à la surface de l'émail. L'émail traité au tétrafluorure de titane et soumis au processus de développement des caries artificielles s'est avéré plus résistant au développement de la carie que l'émail traité avec le FPA. Ces résultats ont suscité des recherches concernant l'incorporation du fluorure de titane par le ciment[26-27] et les résultats préliminaires apparaissent conformes à ceux obtenus in vitro sur l'émail.

A ce jour nous ne disposons que de très peu d'études cliniques concernant le tétrafluorure de titane. L'une de ces études est présentée sur le Tableau 12-3. Reed et Bibby[28] ont mentionné qu'une application annuelle de 1 minute avec une solution de tétrafluorure de titane à 1% sur les dents d'une hémie-arcade de 110 enfants,

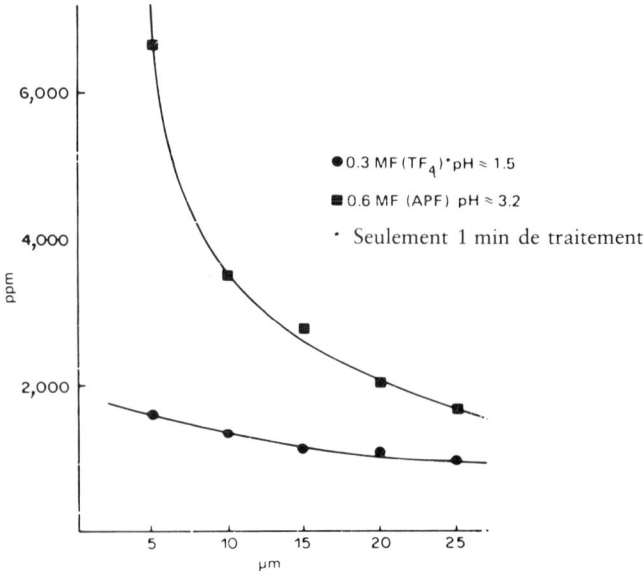

**Fig. 12-1.** Concentrations moyennes de fluor dans l'émail à des profondeurs standardisées après traitement topique avec de TiF$_4$ et du FPA. (D'après Wefel, J. S. : Artificial lesion formation and fluoride uptake after TiF$_4$ application. Caries Res. 16 : 26-33, 1982.)

entraînait une meilleure protection après 3 ans que l'application pendant 4 minutes de FPA sur l'autre hémie-arcade. Ces deux formes de traitement se sont révélées efficaces comparativement à un groupe témoin de 88 enfants qui ne reçurent aucun traitement. Une seule étude clinique est insuffisante pour permettre de recommander cet agent en pratique clinique. Il est à souhaiter que dans le futur, d'autres travaux cliniques soient entrepris avec le tétrafluorure de titane.

### Les modes d'administration du fluor autres que ceux utilisés classiquement

Il existe bien sûr de nombreuses façons permettant d'administrer le fluor à la surface de l'émail, mais il est pratique de les diviser en trois catégories. La première, regroupe l'ensemble des techniques basées sur l'auto-administration. La deuxième est constituée par la méthode standard et classique mise en oeuvre par les praticiens. La troisième repose sur la capacité, connue depuis longtemps, de certains matériaux dentaires à transférer le fluor aux structures dentaires adjacentes. Des idées et des développements nouveaux pour délivrer le fluor s'intègrent dans ces trois catégories.

**Tableau 12-3.** Effet du TiF$_4$ sur le développement des caries pendant 3 trois ans chez des enfants de 11 à 13 ans. (D'après Reed, A. J., Bibby, B.G. : Preliminary report on effect of topical applications of titanium tetrafluoride on dental caries. J. Dent. Res., 55 : 357-358, 1976.)

| Agent | n | Départ CAOS | CAOS augmentation |
|---|---|---|---|
| TiF$_4$ | 110 | 3,85 | 3,10 |
| FPA | 110 | 3,70 | 4,60 |
| Nul | 88 | 3,50 | 5,80 |

La technique d'auto-administration la plus classique consiste à utiliser un dentifrice fluoré. Ensuite vient le bain de bouche au NaF à 0,2%. Depuis quelques années, deux véhicules du fluor beaucoup moins conventionnels ont fait leur apparition, il s'agit du fil de soie imprégné de fluor et les chewing-gums contenant du fluor.

*Les fils de soie dentaires imprégnés de fluor*

Gillings,[29] en 1973, a démontré que le fil de soie dentaire imprégné avec un composé fluoré pouvait être utilisé pour augmenter la déposition de fluor sur les surfaces proximales des dents. Cette observation a été confirmée par Bohrer et coll.[30] ainsi que par Chaet et Wei.[31] Ces deux derniers auteurs ont aussi montré que l'emploi in vivo d'un fil imprégné de fluor permettait de réduire le nombre de sites interproximaux envahis par le *Streptococcus mutans*. Kaufman et coll.,[32] Tsao et coll.[33] et Gellens et col.[34] ont aussi travaillé sur le fil en tant que véhicule du fluor dans les zones interproximales. Ces chercheurs ont imprégné le fil avec du fluorure d'étain et ont observé une réduction de l'activité bactérienne dans la plaque supra-gingivale in vitro mais aussi une augmentation des concentrations de fluor dans la plaque supra-gingivale in vivo. A ce jour, aucune étude clinique n'a démontré que le fil imprégné de fluor était en mesure de prévenir la carie dentaire ou d'inhiber la gingivite.

*Les chewing-gums au fluor*

Les chewing-gums au fluor n'ont fait l'objet que de peu de recherche. Une étude clinique récente a été menée en Thaïlande sous le contrôle de L'Organisation Mondiale de la Santé, et a permis de comparer l'efficacité préventive de deux chewing-gums au fluor avec un bain de bouche bi-hebdomadaire au NaF à 0,2%.[35] Chaque tablette de chewing-gum contenait 0,55 mg de F et l'édulcorant de l'un de ces deux chewing-gums était constitué par 30% de saccharose, 30% de dextrose et 20% de glucose; l'édulcorant de l'autre chewing-gum était constitué par du xylitol et du sorbitol en parties égales. Pendant toute l'année scolaire, les enfants mâchèrent 4 tablettes de chewing-gum par jour pendant plus de trois ans. Les résultats de cette étude sont rapportés sur le Tableau 12-4. Il apparaît que la combinaison fluor/xylitol fut la plus efficace suivie par le bain de bouche fluoré, mais il est bon de noter que le déroulement de cette expérience ne s'est pas effectué sans difficultés.

**Tableau 12-4.** Effet d'un chewing-gum contenant du fluor sur le développement des caries pendant 3 ans chez des enfants de 7 ans. (D'après Khambanonda, S., et al. : Prévention de la carie dentaire en Thaïlande : Trois produits fluorés soumis à des tests comparatifs. J. Biol. Buccale, 11 : 225-263, 1983.)

| Agent | n | CAOS Départ | Terminal | Augmentation |
|---|---|---|---|---|
| F bain de bouche | 205 | 1,66 | 2,73 | 1,07 |
| F gomme | 174 | 1,42 | 3,91 | 1,49 |
| F gomme + xylitol | 316 | 0,78 | 1,72 | 0,94 |

*Les fluorures topiques à usage professionnel*

La plupart des fluorures topiques destinés à la profession dentaire se présentent sous forme de solution ou de gel. L'un des inconvénients des solutions et des gels fluorés est le fait qu'ils demeurent présents à la surface de la dent pour de très courtes périodes, limitant ainsi la possibilité pour le fluor de réagir avec les cristaux de l'émail. Une stratégie significative consiste à développer des techniques de libération lente ou retardée du fluor, ce qui permet de prolonger l'interaction fluor-émail qui ne se comptera plus en minutes mais en heures, en semaines ou même en mois. Les progrès effectués dans ce sens sont : (1) les vernis fluorés; (2) les résines contenant du fluor pour application topique; (3) des appareils intra-buccaux permettant une libération retard contrôlée pour fournir 1 mg F/jour pendant des durées allant jusqu'à 6 mois.

*Les vernis fluorés*

L'un des moyens pour améliorer la capacité d'un agent fluoré à s'incorporer à la surface de l'émail consiste à empêcher l'élimination de l'agent afin d'augmenter le temps de réaction du fluor avec les cristaux de l'émail. Dans une étude in vitro, Richardson[36] a montré que l'allongement de la période qui s'étend entre le traitement topique et l'élimination augmente de façon significative l'incorporation du fluor. C'est la raison pour laquelle les praticiens demandent aux patients de s'abstenir de manger ou de boire pendant au moins 30 minutes après une thérapie fluorée topique. Bien entendu, la salive ne peut être contrôlée de la même manière. Pour palier à ce problème, Richardson a appliqué un enduit imperméable sur les dents immédiatement après l'application du fluor, ce qui permet de maintenir temporairement le fluor en contact avec la dent. Ses résultats indiquent que cette technique a permis in vitro d'augmenter l'incorporation du fluor par l'émail. L'inconvénient majeur de cette technique est son caractère peu pratique dans des conditions cliniques. Pour éliminer cet inconvénient, il suffit d'incorporer le fluor directement dans un vernis qui, une fois appliqué, adhérera à la surface dentaire pendant plusieurs heures. Au moins deux vernis fluorés ont été ainsi mis au point.

Le premier vernis, le Duraphat, est un matériau assez visqueux qui contient 50 mg de NaF/ml ou une concentration de fluor de 2,2%. Mis au point en Allemagne par Schmidt,[37] le Duraphat s'applique sur des surfaces dentaires propres et sèches à l'aide d'un applicateur, moyennant quoi le vernis prend rapidement même en présence d'humidité. Le film de vernis qui est semi-permeable à l'humidité, reste sur la surface de la dent pendant au moins 12 heures pendant lesquelles le fluor est libéré de façon continue et peut réagir avec l'émail. Le deuxième agent, appelé le Fluor Protector,

**Tableau 12-5.** Concentrations en fluor de prémolaires homologués 5 semaines après traitement avec un vernis fluoré.[39]

| Groupe | n | Profondeur moyenne des biopsies ($\mu m$) | Concentration moyenne en fluor (ppm) | Erreur standard |
|---|---|---|---|---|
| Traitement | 35 | 10,9 | 1.203 | 103,8 |
| Témoin | 35 | 12,3 | 612 | 57,1 |

t-test couplé : t = 8,27

**Tableau 12-6.** Les effets préventifs des vernis fluorés.

| Étude | Durée de l'étude | Nombre d'applications | % Réduction CAOS | % Réduction CAOD |
|---|---|---|---|---|
| Maiwald et Geiger[42] | 2 ans | 6 | 45 | |
| Hetzer et Irmisch[43] | 3 ans | 5 | 43 | |
| Lieser et Schmidt[44] | 3 ans (urbaine) | 5-6 | | 62 |
| | 3 ans (rurale) | 5-6 | | 48 |

est une laque polyuréthane contenant 1% de difluorosilane.[38] Ce matériau est appliqué avec un pinceau spécial sur les dents propres et sèches pour former un film très mince et totalement transparent. Pendant l'application de ce vernis, la surface doit demeurer parfaitement sèche.

Ces deux agents ont permis d'obtenir des résultats spectaculaires en termes d'incorporation du fluor par l'émail in vivo. Le Tableau 12-5 nous montre que 5 semaines après une application de Duraphat, la concentration de fluor au sein de l'émail externe est le double de celle enregistrée dans les dents témoins.[39] Ces résultats ont été confirmés et améliorés en incluant du difluorosilane dans des études plus récentes.[40-41] L'incorporation de fluor n'étant pas un étalon de mesure de la réduction des caries, il convient donc d'examiner avec attention les essais cliniques adéquats pour juger de l'utilité des vernis fluorés en odontologie préventive.

Les études cliniques de ce type sont encore limitées en nombre. Le Tableau 12-6 montre les réductions carieuses obtenues chez des enfants âgés de 9 à 12 ans.[42-44] Le Tableau 12-7 montre aussi certains résultats provisoires de l'unique étude clinique portant sur les vernis fluorés et menée en Amérique du Nord.[45] Il est bon de noter que ces derniers résultats sont très inférieurs à ceux obtenus avec les études Européennes.

Clark[45] a procédé à une très bonne revue concernant les vernis fluorés et leur efficacité sur la carie. Seppa et coll.[46] et Seppa[47] ont publié également des études récentes. Enfin, les vernis fluorés se sont montrés potentiellement utiles pour traiter l'hypersensibilité dentinaire.[48] Ni le Duraphat, ni le Fluor Protector n'ont été homologués par la FDA ou par le Conseil des Thérapeutiques Dentaires et, de ce fait, leur utilisation aux Etats-Unis est soumise à leur présentation et à leur approbation par ces instances.

*Les résines échangeuses de fluor*

Rawls et Querens[49] ont proposé en 1980 un véhicule totalement différent pour administrer le fluor par voie topique. Ces auteurs ont en effet suggéré que les résines échangeuses d'ions étaient potentiellement efficaces pour accroître l'incorporation du

**Tableau 12-7.** Augmentation moyenne du CAOS après 20 mois de participation continue.[45]

| Groupes | n | 12 mois | 20 mois | 20 mois % réduction |
|---|---|---|---|---|
| FluorProtector | 201 | 0,89 | 1,70 | 15,8 |
| Duraphat | 255 | 0,98 | 1,73 | 14,4 |
| Témoin | 247 | 0,96 | 2,02 | — |

fluor par l'émail. Plus récemment, Rawls et Zimmerman[50] ont montré que les résines échangeuses de fluor sont particulièrement efficaces pour pénétrer au sein de l'émail déminéralisé qui constitue les lésions carieuses débutantes obtenues artificiellement. Dès que la résine a pénétré au sein de l'émail poreux, elle effectue sa réaction de prise et commence à libérer des ions fluor en quantité contrôlée dans l'environnement local. Les premières expériences in vitro montrent que cette nouvelle technique présente des potentialités. Les recherches en sont néanmoins au stade préliminaire et de plus amples travaux de laboratoire suivis par des recherches cliniques seront nécessaires avant que les résines échangeuses de fluor ne trouvent leur place dans la pratique odontologique.

*Dispositifs intra-buccaux de libération programmée du fluor*

Depuis 1980, on s'est beaucoup intéressé aux applications cliniques des dispositifs intra-buccaux de libération programmée du fluor (DILPF). Bien qu'il s'agisse d'une méthode pour administrer le fluor par voie générale, il faut reconnaître que ces DILPF permettent d'augmenter notablement la quantité de fluor dans la salive et que de ce fait ils peuvent contribuer à l'effet topique du fluor. Bien que ces DILPF soient le résultat de systèmes chimiques complexes, le principe de ces dispositifs est relativement simple. En un mot, une matrice de copolymère contenant du fluor sert de réservoir pour le fluor. Ce réservoir est pris en sandwich ou encapsulé dans une membrane de copolymère qui contrôle le degré de libération des ions fluor dans l'environnement buccal. Ces DILPF peuvent être extrêmement précis pour libérer une quantité prédéterminée de fluor et pendant un temps assez long. Par exemple, on a pu montrer qu'ils étaient capables de libérer avec précision 1 mg F/jour pendant 140 jours. Ces DILPF permettent entre autre avantage d'éviter la fixation du fluor dans le sérum comme c'est le cas lorsque le fluor est ingéré. Avec ces DILPF, une faible quantité de fluor est libérée tout au long de la journée ce qui permet de maintenir une concentration du fluor sérique constante et physiologique. Les effets de ces DILPF sur la concentration en fluor de la salive sont présentés sur la Figure 12-2 qui correspond aux travaux de Mirth.[51] Avant mise en service du dispositif, la

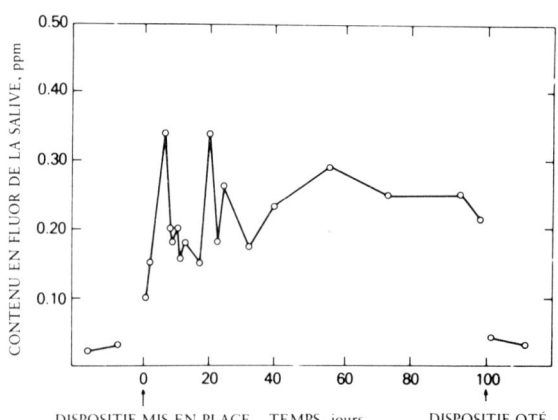

Fig. 12-2. Concentration de fluor dans la salive totale obtenue après stimulation avec de la pilocarpine chez un chien beagle muni d'un dispositif intra-buccal de libération contrôlée du fluor délivrant 0,5 mg de F/jour. (D'après Mirth, D. B. : The use of controlled and sustained release agents in dentistry : A review of application for the control of dental caries. Pharmacol. Ther. Dent., 5 : 59-67, 1980.)

concentration en fluor de la salive est d'environ 0,02 ppm de F. Dès que le dispositif est placé en bouche, la concentration s'élève et demeure relativement constante pendant plus de 100 jours. Cette augmentation de la concentration en fluor de la salive a vraisemblablement un effet sur la concentration en fluor de la plaque in vivo. La Figure 12-3 publiée par Mirth et coll.[52] montre que pendant les 29 jours qui ont précédé la mise en place du DILPF, la concentration en fluor de la plaque se situe entre 10 et 15 ppm sur les dents supérieures et inférieures. Dès que le DILPF est fixé dans la cavité buccale, la concentration en fluor de la plaque fait un bond spectaculaire traduisant l'augmentation de la concentration en fluor de la salive. Lorsque le DILPF est éliminé, la concentration en fluor de la plaque tend à retourner à sa valeur de départ.

Quelle est la signification pratique ou clinique de ces DILPF? A notre avis leur utilité reste limitée en dépit de leur sophistication technique. Les DILPF mesurent environ 8 × 3 × 2 mm et deux dispositifs de ce type doivent être fixés simultanément, généralement sur la face palatine des premières molaires supérieures permanentes. La seule évaluation clinique de ces DILPF et portant sur 11 adultes pendant 35 jours, a permis d'enregistrer des résultats intéressants. Il ne faut pas négliger un certain nombre de problèmes qui pèsent sur l'utilité de cette méthode d'administration du fluor combinant la voie générale et la voie topique. Le Tableau 12-8 nous montre ce qui a transpiré après un mois d'utilisation chez l'adulte. Nous ne pouvons savoir ce qui se serait passé si ces dispositifs avaient été placés dans la bouche d'enfants. Bien sûr, c'est chez les enfants que le problème de la prévention de la carie est le plus critique. Il semble donc raisonnable de dire qu'à moins d'améliorations spectaculaires de ces DILPF, leur utilisation pour prévenir la carie demeure sérieusement sujette à caution.

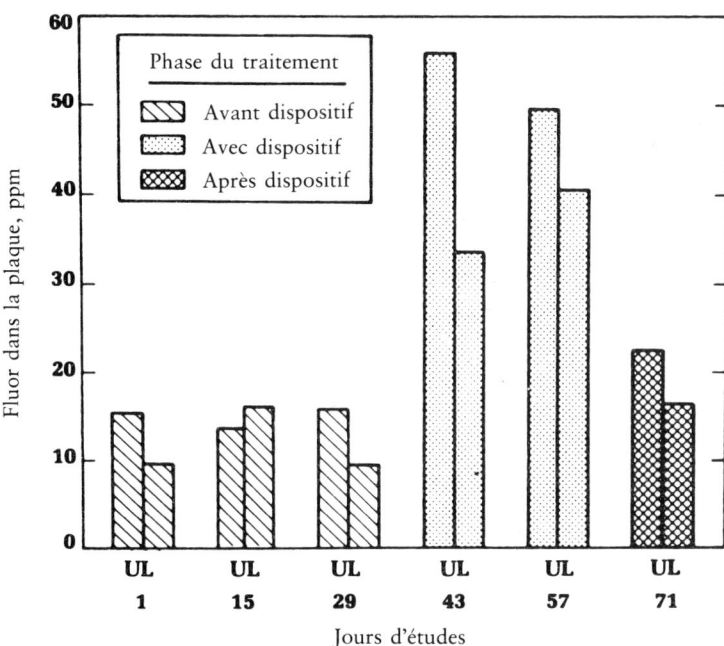

**Fig. 12-3.** Concentrations moyennes du fluor au niveau du maxillaire (U) et de la mandibule (L) chez des sujets portant des dispositifs de libération contrôlée du fluor.[52]

**Tableau 12–8.** Dispositif de libération contrôlée du fluor.

11 Patients — 2 dispositifs chacun
2 Patients ont perdu 1 dispositif au 35 ème jour
3 Patients ont eu leur dispositif oté au 2 ème, 2 ème et 20 ème jours
5 des 22 dispositifs ont causé une irritation muqueuse

### Le fluor dans les matériaux dentaires

Les matériaux dentaires représentent la troisième catégorie de véhicule pour le fluor puisque certains types de matériaux dentaires soit contiennent de fortes concentrations de fluor, soit se prêtent à l'adjonction de fluor. Par exemple, bien qu'ils soient moins employés de nos jours, les ciments au silicate furent autrefois les matériaux de choix pour restaurer de façon esthétique les dents antérieures. Bien que ces ciments au silicate présentaient certaines propriétés physiques sous-optimales, ils permettaient de faire diffuser de grandes quantités de fluor au sein des tissus dentaires adjacents à l'obturation ce qui limitait considérablement les phénomènes de récidive.[53] Outre les silicates, nous portons maintenant notre intérêt sur les matériaux dentaires comme véhicules du fluor et cet intérêt est centré sur trois types de matériaux qui sont (1) les alginates; (2) les ciments et les agents de scellement; (3) les amalgames.

#### *Les alginates*

En 1978, Hattab et Frostell ont mentionné que les matériaux d'empreinte à base d'alginate contenaient de fortes concentrations de fluor et pouvaient libérer ce fluor sous forme ionique dans les structures environnantes.[54] Différents types de sels de fluor ont été ajoutés aux alginates pour obtenir une surface de coulée dense et dure et aussi comme accélérateur de prise pour certains produits à base de gypse.[55] Le Tableau 12–9 nous présente la concentration en fluor de deux alginates commercialisés en Suède. Le Tableau 12–10 démontre que lorsqu'une empreinte est prise avec un alginate (Zelgan), l'émail incorpore une quantité appréciable de fluor. On a pu également démontrer que la concentration en fluor du sérum du patient augmentait de façon significative dans l'heure qui suivait l'empreinte.[56-57] Bien que certains pensent que les alginates constituent des véhicules permettant de mieux contrôler le fluor dans la cavité buccale,[58] il reste cependant à démontrer qu'ils constituent une méthode économique et cliniquement efficace pour appliquer le fluor topiquement ou pour prévenir la carie.

#### *Les ciments*

Bien que le rôle du fluor dans les obturations au silicate soit connu depuis longtemps, ce n'est que depuis peu de temps que l'on envisage les autres matériaux dentaires comme véhicules du fluor. En premier lieu, Legrand et coll. ont mesuré la concentration en fluor d'un certain nombre de matériaux de reconstitution dentaire commercialisés en Suisse.[59] Leurs résultats sont présentés sur la Figure 12–4. Cela ne surprendra personne de constater que c'est le silicate qui contient la plus forte concentration en fluor. Il est par ailleurs intéressant de noter qu'un composite (TD71, Dental Fillings

**Tableau 12-9.** Concentration de fluor dans différentes doses de poudre d'alginate.

|        | Poids de l'échantillon (mg) | Concentration en fluor (ppm) |
|--------|-----------------------------|------------------------------|
| Zelgan | 90,5                        | 19.890                       |
|        | 67,0                        | 17.612                       |
|        | 53,4                        | 17.978                       |
|        | 28,0                        | 19.286                       |
| $\bar{X} \pm$ D.S. |                 | 18.692 ± 1.075               |
| Kerr   | 97,3                        | 13.690                       |
|        | 60,5                        | 14.546                       |
|        | 33,8                        | 15.385                       |
|        | 32,9                        | 14.894                       |
| $\bar{X} \pm$ D.S. |                 | 14.629 ± 714                 |

**Tableau 12-10.** Concentration de fluor (ppm) à la surface vestibulaire de molaires homologués après 5 minutes d'exposition à un gel d'alginate. (D'après Hattab, F., Frostell, G. : The release of fluoride from two products of alginate impression materials. Acta Odontol. Scand., 38 : 385-395, 1980.)

| Couche | Test Moyenne | E.S. | Témoin Moyenne | E.S. | Incorporation de fluor | P valeur |
|--------|--------------|------|----------------|------|------------------------|----------|
| 1      | 1.421        | 167  | 807            | 57   | 614                    | ≤ 0,05   |
| 2      | 748          | 64   | 608            | 47   | 140                    | ≥ 0,1    |

Ltd., London) et qu'un ciment dentaire (Kryptex, SS-White Co., Philadelphie) contenaient des concentrations de fluor élevées. Etant donné que la présence de fluorures dans les agents de scellement n'altéraient pas leurs propriétés physiques essentielles, des fluorures furent ajoutés avec succès aux ciments au polycarboxylate (Poly-F, DeTrey Frères, Zurich) et aux ciments au ionomère de verre (ASPA, Amalgamated Dental, London).[60-61] Le Tableau 12-11 montre qu'un ciment au polycarboxylate et contenant du fluor peut libérer du fluor à destination de la poudre d'hydroxyapatite aussi rapidement et efficacement qu'un ciment au silico-phosphate.[60] Les ciments au ionomère de verre et contenant du fluor étant quelque peu moins solubles, ils libèrent plus lentement leur fluor.[61] D'un point de vue clinique, les ciments de scellement constituant une couche très mince, la quantité réelle de fluor libéré demeure très faible et ne présente aucun danger pour la pulpe.

*Les amalgames*

Les restaurations à l'amalgame constituent une part très importante de la clinique odontologique[62] et la récidive carieuse autour de ces obturations pose un réel problème,[63] ces deux faits ont motivé l'intérêt porté à l'incorporation de fluor dans les amalgames. Un certain nombre d'études récentes ont permis d'examiner in vitro les propriétés des amalgames contenant du fluor. Hurst et von Fraunhofer[64] en ont fait une excellente revue. Ces auteurs ont testé l'Amalcap, l'Aristalloy et le Dispersalloy suivant des formules avec et sans fluor. Ils ont également évalué le Yalta, un produit japonais, qui n'existe que sous forme fluorée.

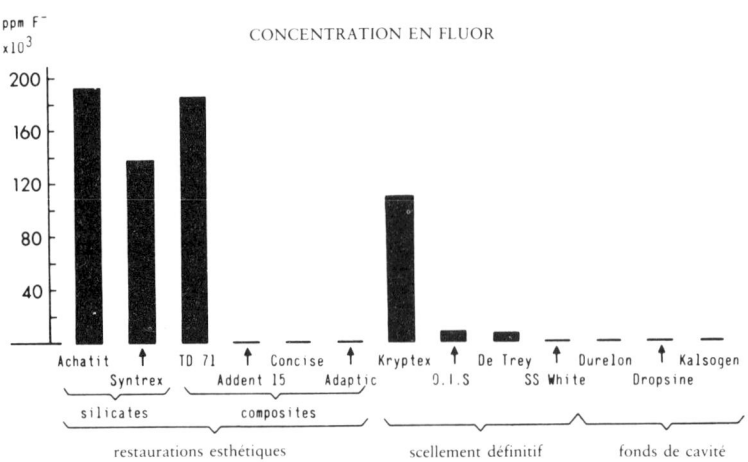

**Fig. 12–4.** Concentration de fluor dans divers matériaux dentaires. (D'après Legrand, M., de Carlini, C. H., Cimasoni, G. : Fluoride content and liberation from dental cements and filling materials. Helv. Odontol. Acta, **18** : 114–118, 1974.)

Pour qu'ils soient utilisables en clinique, les amalgames contenant du fluor doivent satisfaire à un grand nombre de critères. Avant tout, l'amalgame, une fois pris, doit être capable de libérer le fluor à destination des structures dentaires adjacentes. A cet égard, le travail in vitro publié par Tveit et Lindh[65] est encourageant comme le montre le Tableau 12–12. Quelque soit le niveau de profondeur de la cavité obturée avec du Fluoralloy à 1%, la concentration en fluor des tissus dentaires était plus élevée qu'avec un amalgame classique inséré dans une même cavité pratiquée sur la même dent.

La résistance à la corrosion et la résistance à la compression sont encore plus importantes sur le plan de la pratique dentaire. Hurst et Fraunhofer ont démontré que les amalgames contenant du fluor présentent une plus forte activité de corrosion que les amalgames classiques non fluorés[64] utilisés comme témoins. Plus sérieusement, la présence de fluor dans les amalgames semble réduire de façon significative les forces de compression de l'amalgame. Le Tableau 12–13 démontre clairement que le fluor cause une chute significative de la force à la compression de l'amalgame juste après

**Tableau 12–11.** Augmentation du fluor ($\mu$g/mg) dans l'hydroxyapatite à partir de ciments immergés dans une solution tamponnée de phosphate à 0,01 M. (D'après Forsten, L. : Fluoride release from a fluoride-containing amalgam and two luting cements. Scand. J. Dent. Res., **84** : 348–350, 1976. © Munksgaard International Publishers Ltd., Copenhagen, Denmark.)

| | Silico-phosphate | | Polycarboxylate | |
|---|---|---|---|---|
| Semaine | Moyenne | D.S. | Moyenne | D.S. |
| 1 | 0,58 | 0,18 | 0,64 | 0,13 |
| 2 | 0,11 | 0,02 | 0,11 | 0,01 |
| 3 + 4 | 0,20 | 0,05 | 0,25 | 0,06 |
| 5 | 0,07 | 0,02 | 0,06 | 0,03 |

**Tableau 12-12.** Concentration du fluor au sein de l'émail et de la dentine adjacents à des amalgames fluorés et conventionnels après 7 semaines dans un environnement salivaire. D'après Tveit, A. B., Lindh, U. : Fluoride uptake in enamel and dentin surfaces exposed to a fluoride-containing amalgam in vitro. Acta Odontol. Scand., 38 : 279-283, 1980.

| Structure dentaire | Profondeur μm | Concentration moyenne en F (ppm) | |
|---|---|---|---|
| | | Amalgame fluoré n = 12 | Amalgame non fluoré n = 6 |
| Émail | 0,05 | 4.200 | 1.300 |
| | 3,3 | 2.600 | 700 |
| | 8,6 | 3.000 | 800 |
| Dentine | 0,06 | 3.600 | 1.800 |
| | 4,5 | 6.500 | 2.600 |
| | 11,5 | 9.000 | 2.700 |

sa prise alors qu'il n'est pas corrodé. Lorsque l'amalgame est soumis à la corrosion, la force à la compression est légèrement réduite pour les amalgames non fluorés alors qu'elle chute de façon significative pour les restaurations à l'amalgame fluoré, notamment avec l'Amalcap et l'Aristalloy. Sur la base de ces résultats, et ne pouvant tenir compte d'une étude clinique faite par Minoguchi et coll.,[66] on ne peut pour le moment préconiser l'amalgame contenant du fluor en pratique odontologique. Il est nécessaire de procéder à de plus amples recherches pour améliorer leur propriétés physiques avant de pouvoir les employer en cabinet.

## Conclusions

Nous avons abordé quatre sujets généraux. Tout d'abord, nous avons passé en revue trois composés fluorés non conventionnels (tout au moins dans le contexte Américain) : le fluorure d'ammonium, le fluorure d'amine, et le tétrafluorure de titane. Il ressort que les deux premiers n'apparaissent pas clairement supérieurs aux agents classiques mais que les recherches sur le tétrafluorure de titane devraient être poursuivies surtout s'il est en mesure de jouer un rôle dans la prévention des caries radiculaires.

Deuxièmement, nous avons examiné le fil dentaire et le chewing-gum en tant que véhicules du fluor pour l'auto-administration. Des recherches supplémentaires seront nécessaires avant de pouvoir prétendre que ces produits peuvent jouer un rôle en

**Tableau 12-13.** Résistance à la compression des amalgames fluorés. (D'après Hurst, P. S., von Fraunhofer, J. A. : In vitro studies of fluoridated amalgam. J. Oral Rehabil., 5 : 51-62, 1978.)

| | Amalgame plis | | Amalgame corrode | |
|---|---|---|---|---|
| | Témoin | F | Témoin | F |
| Amalcap | 522,0 | 451,5 | 498,8 | 362,0 |
| Aristaloy | 549,0 | 473,5 | 533,8 | 388,3 |
| Dispersalloy | 604,8 | 556,3 | 597,5 | 546,8 |
| Yalta F | — | 550,8 | — | 503,8 |

odontologie préventive, mais le fait que le fil, comme d'autres agents de nettoyage interdentaires, agit dans l'espace inter-proximal constitue un concept séduisant.

Troisièmement, nous avons considéré trois types de produits permettant une libération lente du fluor. Ce sont les vernis fluorés, les résines contenant du fluor et les dispositifs de libération programmée du fluor. Pour l'instant, les vernis fluorés ne sont pas disponibles pour un usage clinique aux Etats-Unis. Ils ont cependant été tout à fait bien testés et apparaissent aussi efficaces que d'autres agents fluorés à usage professionnel. Cependant, l'avantage du vernis fluoré est peut-être dû au fait qu'il permet un traitement au fluor plus rapide. Il peut être également efficace pour prévenir l'hypersensibilité dentinaire. Les résines échangeuses de fluor sont très récentes et n'ont pas été testées cliniquement. A notre avis, les DILPF ont peu d'application en odontologie préventive.

Quatrièmement, nous avons considéré les alginates, les ciments et les amalgames en tant que véhicule du fluor. Parmi ces produits, seuls les ciments de scellement contenant du fluor semblent avoir leur place en clinique odontologique pour le moment.

## REFERENCES

1. Fluoridation Census 1980, US Department of Health and Human Services, US Public Health Service, Center for Disease Control, Atlanta.
2. Horowitz, H. S. : Review of topical applications. Fluorides and fissure sealants. J. Can. Dent. Assoc., 46 : 38-42, 1980.
3. Mellberg, J. R., Ripa, L. W. : Fluoride in Preventive Dentistry : Theory and Clinical Applications. Chicago, Quintessence Publishing Co., 1983.
4. Murray, J. J., Rygg-Gunn, A. J. : Fluorides in Caries Prevention. 2nd Ed. Bristol, Wright, 1982.
5. Newbrun, E. : Fluorides and Dental Caries. Springfield, Charles C. Thomas, 1972.
6. Weatherell, J. A., Deutsch, D., Robinson, C., Hallsworth, A. S. : Assimilation of fluoride by enamel throughout the life of the tooth. Caries Res., 11 : (Suppl. 1) : 85-101, 1977.
7. Driessens, F. C. M. : Mineral aspects of dentistry. Monogr. Oral Sci., 10 : 129-142, 1982.
8. Richards, A. : Fluoride content of buccal surface enamel and its relation to dental caries in children. Arch. Oral Biol., 22 : 425-428, 1977.
9. Bookstein, F. L., DePaola, P. F. : A potential model for the interaction of enamel fluoride and plaque in the development of dental caries. J. Dent. Res., 56 : 40-45, 1977.
10. Caslavska, V., Brudevold, F., Vrbic, V., Moreno, E. C. : Response of human enamel to topical application of ammonium fluoride. Arch. Oral Biol., 16 : 1173-1180, 1971.
11. Grøn, P., Caslavska, V. : Fluoride deposition in enamel from application of sodium, potassium or ammonium fluoride. Caries Res., 15 : 459-467, 1981.
12. Caslavska, V., Grøn, P., Stern, D., Skobe, Z. : Chemical and morphological aspects of fluoride acquisition by enamel from topical application of ammonium fluoride with ammonium monofluorophosphate. Caries Res., 16 : 170-178, 1982.
13. DePaola, P. F., et al. : Effect of high-concentration ammonium and sodium fluoride rinses on dental caries in schoolchildren. Community Dent. Oral Epidemiol., 5 : 7-14, 1977.
14. Klimek, J., Hellwig, E., Ahrens, G. : Fluoride taken up by plaque, by the underlying enamel, and by clean enamel from three fluoride compounds in vitro. Caries Res., 16 : 156-161, 1982.
15. Mühlemann, H. R., Schmid, H., König, K. G. : Enamel solubility reduction studies with inorganic and organic fluorides. Helv. Odontol. Acta, 1 : 23-33, 1957.
16. Bramstedt, F., Bandilla, J. : Ubet den Einfluss organischer Fluorverbindungen auf Säurebildung und Polysaccharidsynthese von Plaque-Streptokokken. Dtsch. Zahnaertztl. Z., 21 : 1390-1396, 1966.
17. Shern, R., Swing, K. W., Crawford, J. J. : Prevention of plaque formation by organic fluorides. J. Oral Med., 25 : 93-97, 1970.
18. Shern, R. J., Rundell, B. B., Defever, C. J. : Effects of an amine fluoride mouthrinse on the formation and microbial content of plaque. Helv. Odontol. Acta, 18 (Suppl. 8) : 57-62, 1974.

19. Schneider, P. H., Mühleman, H. R. : The antiglycolytic action of amine fluorides on dental plaque. Helv. Odontol. Acta, *18* (Suppl. 8) : 63-70, 1974.
20. Marthaler, T. M. : Caries-inhibition by an amine fluoride dentifrice. Results after 6 years in children with low caries activity. Helv. Odontol. Acta, *18* (Suppl. 8) : 35-44, 1974.
21. Shresta, B. M., Mundorff, S. A., Bibby, B. G. : Enamel dissolution. I. Effects of various agents and titanium tetrafluoride. J. Dent. Res., *51* : 1561-1566, 1972.
22. Mundorff, S. A., Little, M. F., Bibby, B. G. : Enamel dissolution. II. Action of titanium tetrafluoride. J. Dent. Res., *51* : 1567-1571, 1972.
23. Wei, S. H., Soboroff, D. M., Wefel, J. S. : Effects of titanium tetrafluoride on human enamel. J. Dent. Res., *55* : 426-431, 1976.
24. Wefel, J. S. : Artificial lesion formation and fluoride uptake after $TiF_4$ application. Caries Res., *16* : 26-33, 1982.
25. Clarkson, B. H., Wefel, J. S. : Titanium and fluoride concentrations in titanium tetrafluoride and APF treated enamel. J. Dent. Res., *58* : 600-603, 1979.
26. Hals, E., Tveit, A. B., Totdal, B., Isrenn, R. : Effect of NaF, $TiF_4$, and APF solutions on root surfaces in vitro, with special reference to uptake of F. Caries Res., *15* : 468-476, 1981.
27. Tveit, A. B., et al. : Fluoride uptake by dentin surfaces following topical application of $TiF_4$, NaF, and fluoride varnishes in vivo. J. Dent. Res., *63* : (Abstract 1313), 1984.
28. Reed, A. J., Bibby, B. G. : Preliminary report on effect of topical applications of titanium tetrafluoride on dental caries. J. Dent. Res., *55* : 357-358, 1976.
29. Gillings, B. R. : Fluoride uptake of enamel after application of fluoride solutions and fluoride-impregnated dental floss : A preliminary report. J. Dent. Res., *52* (Abstract 33) : 575, 1973.
30. Bohrer, D., Hirschfeld, Z., Gedalia, I. : Fluoride uptake in vitro by interproximal enamel from dental floss impregnated with amine fluoride gel. J. Dent., *11* : 271-273, 1983.
31. Chaet, R., Wei, S. H. : The effect of fluoride impregnated dental floss on enamel fluoride uptake in vitro and *Streptococcus mutans* colonization in vivo. J. Dent. Child., *44* : 122-126, 1977.
32. Kaufman, A. K., et al. : Physical and antibacterial properties of $SnF_2$-coated dental floss. J. Dent. Res., *61* : (Abstract 1219), 1982.
33. Tsao, T. F., et al. : Clinical, substantivity and microbiological studies of fluoride-coated dental floss. J. Dent. Res., *61* : (Abstract 1220), 1982.
34. Gellens, A. J., Kaufman, A. K., Newman, M. G., Carranza, F. A. : Physical and antimicrobial studies of stannous fluoride-coated dental floss. J. Dent. Res., *62* : (Abstract 72), 1983.
35. Khambanonda, S., et al. : Prévention de la carie dentaire en Thaïlande : Trois produits fluorés soumis à des tests comparatifs. J. Biol. Buccale, *11* : 255-263, 1983.
36. Richardson, B. : Fixation of topically applied fluoride in enamel. J. Dent. Res., *46* : (Suppl.) : 87-91, 1967.
37. Schmidt, H. F. : Ein neues Touchierungsmittel mit besonders lang anhaltendem intensivem Fluoridierungseffekt. Stomatol. DDR., *17* : 14, 1964.
38. Arends, J., Koulourides, T. : The effect of silane fluoride, NaF and $SnF_2$ on cariogenicity. J. Dent. Res., *56* : (Abstract 268), 1977.
39. Stamm, J. W. : Fluoride uptake from topical sodium fluoride varnish measured by an in vivo enamel biopsy. J. Can. Dent. Assoc., *40* : 501-505, 1974.
40. Petersson, L. G. : In vivo fluoride uptake in human enamel following treatment with a varnish containing sodium fluoride. Odont. Revy, *26* : 253-266, 1975.
41. Seppä, L., Luoma, H., Hausen, H. : Fluoride content in enamel after repeated applications of fluoride varnishes in a community with fluoridated water. Caries Res., *16* : 7-11, 1982.
42. Maiwald, H. J., Geiger, L. : Lokalapplikation von Fluorschutzlack zur Kariespraevention in Kallektiven nach dreijahriger Kontrollzeit. Stomatol. DDR, *24* : 123-125, 1973.
43. Hetzer, B., Irmisch, B. : Kariesprotektion durch Fluorlack (Duraphat), Klinische Ergebnisse und Erfahrungen. Dtsch. Stomatol. Z., *23* : 917-922, 1973.
44. Lieser, O., Schmidt, H. F. : Caries preventive effect of fluoride lacquer after several years' use in children. Dtsch. Zahnaerztl. Z., *33* : 176-178, 1978.
45. Clark, D. C. : A review on fluoride varnishes : An alternative topical fluoride treatment. Community Dent. Oral Epidemiol., *10* : 117-123, 1982.
46. Seppä, L., Hausen, H., Luoma, H. : Relationship between caries and fluoride uptake by enamel from two fluoride varnishes in a community with fluoridated water. Caries Res., *16* : 404-412, 1982.

47. Seppä, L. : Effect of dental plaque on fluoride uptake by enamel from a sodium fluoride varnish in vivo. Caries Res., *17* : 71–75, 1983.
48. Clark, D. C., Hanley, J. A., Weinstein, P. L., Stamm, J. W. : An empirically based system to estimate the effectiveness of caries preventive agents. Caries Res.,
49. Rawls, H. R., Querens, A. E. : The potential of an adhesive anion-exchange resin as a fluoride-releasing sealant. J. Dent. Res., *59* : (Abstract 895), 1980.
50. Rawls, H. R., Zimmerman, B. F. : Fluoride-exchanging resins for caries protection. Caries Res., *17* : 32–43, 1983.
51. Mirth, D. B. : The use of controlled and sustained release agents in dentistry : A review of applications for the control of dental caries. Pharmacol. Ther. Dent., *5* : 59–67, 1980.
52. Mirth, D. B., et al. : Clinical evaluation of an intraoral device for the controlled release of fluoride. J. Am. Dent. Assoc., *105* : 791–797, 1982.
53. Wilson, A. D., Batchelar, R. F. : Dental silicate cements. I. The chemistry of erosion. J. Dent. Res., *46* : 1076–1085, 1967.
54. Hattab, F., Frostell, G. : The release of fluoride from alginate impression materials. Community Dent. Oral Epidemiol., *6* : 273–274, 1978.
55. Hattab, F., Frostell, G. : The release of fluoride from two products of alginate impression materials. Acta Odontol. Scand., *38* : 385–395, 1980.
56. Whitford, G. M., Ekstrand, J. : Systemic absorption of fluoride from alginate impression material in humans. J. Dent. Res., *59* : 782–785, 1980.
57. Hattab, F. : Absorption of fluoride following inhalation and ingestion of alginate impression materials. Pharmacol. Ther. Dent., *6* : 79–86, 1981.
58. Hattab, F. : Studies on alginates as vehicles for topical fluoride application. Karolinska Institute, Stockholm, 1983.
59. Legrand, M., de Carlini, C. H., Cimasoni, G. : Fluoride content and liberation from dental cements and filling materials. Helv. Odontol. Acta, *18* : 114–118, 1974.
60. Forsten, L. : Fluoride release from a fluoride-containing amalgam and two luting cements. Scand. J. Dent. Res., *84* : 348–350, 1976.
61. Tveit, A. B., Gjerdet, N. R. : Fluoride release from a fluoride-containing amalgam, a glass ionomer cement, and a silicate cement in artificial saliva. J. Oral Rehabil., *8* : 237–241, 1981.
62. Skinner, E. W. : Science of Dental Maerials. Philadelphia, W. B. Saunders, 1973.
63. Richardson, A. S., Boyd, M. A. : Replacement of silver amalgam restorations by 50 dentists during 246 working days. J. Can. Dent. Assoc., *39* : 556–559, 1973.
64. Hurst, P. S., von Fraunhofer, J. A. : In vitro studies of fluoridated amalgam. J. Oral Rehabil., *5* : 51–62, 1978.
65. Tveit, A. B., Lindh, U. : Fluoride uptake in enamel and dentin surfaces exposed to a fluoride-containing amalgam in vitro. Acta Odontol. Scand., *38* : 279–283, 1980.
66. Minoguchi, G., Tani, Y., Tamai, S. : Abhandlung über die zinnfluoride enthaltenden Silberamalgame and über die Rolle, die sie als vorbeugende Mittel gegen die Zahnkaries spielen. Fachblatt für Stomat., *7* : 1–23, 1967.

# Section IV

CARL A. VERRUSIO, MODÉRATEUR

# Chapitre 13
## *Les applications cliniques du fluor pour les patients particuliers*

James J. CRALL et Arthur J. NOWAK

Ce chapitre porte sur les utilisations cliniques du fluor chez les patients qui, du fait de leur condition mentale ou physique, sont particulièrement susceptibles de développer une maladie dentaire ou bien encore se trouvent dans l'impossibilité de bénéficier des thérapeutiques fluorées classiques. Ce développement traite des patients spéciaux atteints soit d'anomalies de développement, de maladie chronique, de déficience immunitaire ou d'abaissement des défenses immunitaires, et porte aussi sur les sujets âgés et les populations d'immigrants. Dans ce chapitre, seront également proposées certaines mesures pouvant se substituer aux thérapeutiques conventionnelles et dont peuvent bénéficier ces catégories de patients particuliers.

On devra aussi considérer les facteurs prédisposants que représentent une morphologie atypique, un handicap mental ou physique, les influences sociales et sociologiques, les modifications nutritionnelles et les thérapeutiques médicales. Nous nous pencherons tout spécialement sur les moyens d'accès à ces groupes et sur leur capacité à coopérer ainsi que sur l'irritation tissulaire et la toxicité des agents thérapeutiques.

Depuis ces dernières années, de nombreuses études tendent à prouver la diminution de l'incidence carieuse chez les enfants et les jeunes adultes vivant dans les pays développés y compris aux Etats-Unis.[1-4] L'emploi largement répandu du fluor par voie générale et topique est considéré comme étant le facteur le plus important de cette diminution.[5] Cependant, comme König le faisait remarquer lors d'une récente conférence à Zurich, les efforts pour développer la prévention ont surtout porté sur les collectivités et les groupes de population (fluoration de l'eau de boisson, programmes scolaires).[6] Il insistait par ailleurs sur le fait qu'en dépit des progrès réalisés sur ce plan, de nombreux groupes et de nombreux individus à haut risque ne peuvent encore bénéficier d'une "prise en compte adéquate" définie et mise en oeuvre pour eux. Ce chapitre insistera particulièrement sur les emplois cliniques du fluor chez ces sujets, qui en raison d'un handicap physique, mental ou environnemental sont particulièrement susceptibles à la maladie dentaire ou se trouvent dans l'impossibilité de bénéficier des thérapeutiques fluorées sous leur forme classique. Ce développement portera notamment sur les populations particulières suivantes : (1) les sujets atteints d'invalidité de développement; (2) les sujets atteints de maladies chroniques; (3) les sujets immuno-déficients ou présentant un abaissement des défenses immunitaires; (4) les personnes âgées; (5) les populations immigrantes.

## Incidence des maladies dentaires dans les groupes de populations particulières

Le terme de handicap de développement s'applique essentiellement aux sujets qui présentent une invalidité consécutive à un retard mental, une paralysie spasmodique, l'épilepsie, l'autisme ou toute autre forme de limitation de l'accès à la connaissance. La fréquence de ces handicaps sont généralement estimés à environ 10% de la population.[7]

Nous disposons de plusieurs études concernant la fréquence des maladies dentaires dans les populations d'handicapés. Bien qu'il existe un consensus certain concernant la haute fréquence des maladies parodontales, des malocclusions et de la mauvaise hygiène buccale, les données concernant l'incidence carieuse demeurent sujettes à controverse. L'essentiel de ce désaccord porte sur le mode de résidence de la population examinée. Le fait qu'un sujet soit résident d'une institution spécialisée ou non entraîne une différence considérable en terme de soin quotidien, portant notamment sur l'hygiène individuelle et la nutrition. Malheureusement, la majorité des études a été menée au sein d'institutions à gros effectifs et situées dans des régions non fluorées. Dans la plupart des cas, il n'a pas été possible de procéder à un examen radiographique pour déceler les caries interproximales. Enfin, la plupart de ces études a été effectuée au début des années 1960 ou au début des années 1970, avant la mise en place des programmes de normalisation.[8]

Récemment, Nowak a étudié l'incidence carieuse dans un groupe important de sujets handicapés ne résidant pas dans une institution spécialisée.[8] Ces sujets faisaient partie d'un programme mis en oeuvre par la Fondation Nationale d'Odontologie pour les Handicapés destiné à fournir des soins préventifs quotidiens, des examens dentaires et des modalités de traitement dentaire appropriés pour ce segment de population. Les résultats obtenus à partir de 3.622 handicapés montrent que le CAO moyen des handicapés était identique à celui correspondant à des sujets non handicapés et du même âge ayant participé à une étude nationale récente.[9] L'incidence carieuse est apparue généralement légèrement plus faible chez les sujets vivant dans des régions fluorées. La comparaison du CAO entre des formes de handicaps spécifiques tels que retard mental, paralysie spasmodique et syndrome de Down montre que l'incidence carieuse est la même pour tous.

Les sujets atteints de troubles métaboliques et généraux constituent un autre segment important de la population car leur nombre augmente avec les progrès technologiques de la médecine. Les affections chroniques associées avec une augmentation de l'incidence carieuse sont les maladies cardiaques congénitales, le diabète mellitus non contrôlé, l'hypopituitarisme, l'hypoparathyroïdisme et l'abus de stupéfiants.[10] Une attention toute particulière doit être portée à ceux dont l'état fait que les complications de la carie dentaire peuvent être de nature à entraîner des complications médicales significatives (cardiaques, hémophiles, leucémiques et anémie de type "sickle cell"). Des lésions des tissus moux, la maladie parodontale et les malocclusions font également partie des manifestations buccales qui accompagnent de nombreux troubles généraux et métaboliques.

Un troisième groupe à haut risque cariogène est constitué par les sujets atteints de déficience immunitaire ou d'abaissement des défenses immunologiques. Plus de 17 formes d'immunodéficiences primaires ont été identifiées, la plupart d'entre elles étant héréditaires. Legler et coll. ont comparé l'incidence carieuse entre 47 sujets immunodéficients appartenant à divers sous-groupes et un groupe de sujets témoins.[11] Ces auteurs constatèrent que le groupe immunodéficient présentait un CAO significativement plus élevé puisqu'environ de 25 à 450% plus marqué que pour le groupe témoin correspondant. Ces différences n'avaient aucun rapport avec une exposition préalable au fluor ou avec l'indice de plaque. Les sujets immunodéficients sont en outre beaucoup plus affectés par la maladie parodontale.

Parallèlement aux sujets qui présentent une immunodéficience primaire, il faut prendre en considération le nombre toujours croissant de sujets dont les défenses immunitaires ont été abaissées consécutivement à la thérapeutique médicale. Les affections traitées par les immunodépresseurs sont partiellement les suivantes, l'arthrite, la glomrulonéphrite, le lupus erythémateux, les transplantations d'organe et la colite ulcéreuse. L'incidence carieuse chez ces malades n'a pas été très étudiée. Les immunodépresseurs font aussi partie de la thérapeutique du cancer mais les caries que l'on observe chez les sujets sont, pense-t-on, en rapport avec la chimiothérapie et la radiothérapie.[12]

Les personnes âgées dont le nombre s'accroît de façon constante et qui vont constituer une fraction de population de plus en plus importante représentent un autre segment de population.[13] Les données épidémiologiques nous révèlent une augmentation du nombre moyen de dents présentes sur les arcades de la population adulte et qu'une diminution du nombre d'édentés totaux est tout à fait prévisible étant donnés les progrès réalisés en odontologie clinique.[14]

Il apparaît que les caries radiculaires constituent un problème chez l'adulte qui nécessitera encore plus de prise en compte dans l'avenir. Le Tableau 13-1 résume certains résultats préliminaires tirés d'une enquête récente ayant porté sur 520 personnes âgées non résidantes dans des institutions spécialisées et vivant dans l'Iowa. Ce tableau montre que le nombre moyen de dents présentes sur les arcades de sujets âgés de plus de 65 ans était de 18,7. Environ 63% de ces dents présentaient une récession gingivale et de ce fait devenaient sensibles à la carie. 19% de ces sujets présentaient des lésions carieuses coronaires récentes et non traitées alors que 25% d'entre eux présentaient des lésions radiculaires récentes non traitées. Des récidives de carie coronaires furent

**Tableau 13-1.** Données de référence pour l'étude portant sur la santé buccale des personnes âgées de plus de 65 ans, 1984. (D'après Beck, J. S., et al., résultats non publiés, 1984.)

$n = 520$ personnes dentées âgées de 65 à 95 ans représentatives d'une population non hospitalisée, originaires de deux comtés de l'état d'Iowa
(1) $\bar{x}$ nombre de dents/personne
(2) % de dents présentant une récession gingivale

|  | Coronaire | Radiculaire |
|---|---|---|
| (3) % de sujets présentant | | |
|     des caries débutantes non traitées | 18,8 | 24,6 |
|     récidives de caries non traitées | 17,3 | 3,5 |
|     caries non traitées | 32,1 | 27,7 |
|     dents obturées | 86,7 | 50,0 |
|     obturations avec récidives | 89,2 | 63,0 |
| (4) Chez les sujets présentant des caries non traitées, | | |
|     $\bar{x}$ D dents = | 2,1 | 2,1 |
| (5) Dans une population dentée, | | |
|     $\bar{x}$ D dents = | 0,7 | 0,7 |

observées sur 17% des sujets et des lésions radiculaires sur 3,5% des sujets. Globalement, 32% présentaient des lésions coronaires non traitées et 28% des lésions radiculaires non traitées. Ces chiffres démontrent que l'incidence des caries radiculaires est égale à l'incidence des caries coronaires chez une population de personnes âgées non hospitalisées. Malheureusement, nous connaissons peu de choses concernant l'étiologie, la pathogénie ou la prévention des caries radiculaires.

Enfin, les immigrants constituent la dernière catégorie de population qui présente une plus mauvaise santé dentaire que la majorité des Américains. Pollick et coll. ont récemment fait état des résultats d'examens pratiqués en grand nombre dans le cadre du Bay Area Human Nutrition Center Newcomer Project.[15] Globalement, leurs résultats indiquent que 30% des enfants examinés présentaient un très mauvais état dentaire lors du premier examen et que ce pourcentage demeurait le même lors du deuxième examen pratiqué 6 mois plus tard. Un autre 30% présentait des manifestations pathologiques moins marquées qui nécessitaient un traitement. Parmi les immigrants, les variations peuvent être considérables, comme l'indique le Tableau 13-2. Il est en outre intéressant de noter qu'après 6 mois, certains sujets du groupe

Tableau 13-2. Pourcentage d'immigrants présentant un très mauvais état de santé dentaire. (D'après Pollick, H. F., Rice, A. J., Echenberg, D. : Utilization of dental services by recent immigrant school children. J. Dent. Res., 63(Abstract 1127) : 296, 1984.

| *Groupe d'arrivants* | *Début (%)* | *6 mois (%)* |
|---|---|---|
| Philippins | 75 | 45 |
| Chinois | 30 | 40 |
| Vietnamien | 30 | 25 |
| Espagnol | 20 | 25 |
| Cambodgien | 20 | 8 |

présentaient une amélioration de leur état de santé bucco-dentaire alors que d'autres présentaient une aggravation. Cette augmentation du besoin en traitement dentaire, peut refléter une accélération du processus pathologique consécutif à l'augmentation de la consommation d'hydrates de carbone raffinés. Ce phénomène n'est pas limité à ceux qui immigrent aux Etats-Unis puisqu'il apparaît aussi chez les Finlandais qui ont émigré en Suède.

## Les facteurs prédisposants

Sans aucun doute, chacun d'entre vous connaît les facteurs généraux impliqués dans le processus carieux. Je voudrais cependant insister sur une "couche" supplémentaire de facteurs de complication qui sont de nature à prédisposer à la carie dentaire les sujets précédemment mentionnés. Cette "couche" comprend la composition, la morphologie et la position atypique des dents, les limitations physiques qui sont de nature à interférer avec les mesures de prévention et favoriser la rétention des débris alimentaires et de la plaque, les limitations mentales qui nécessitent l'assistance d'un tiers, les facteurs sociaux et sociologiques qui peuvent influer sur l'opinion du sujet et son recours aux soins dentaires; enfin, les habitudes alimentaires qui peuvent favoriser le processus pathologique ou diminuer la résistance de l'hôte.

Les modificiations consécutives à divers formes de thérapeutiques médicales, constituent une autre catégorie de facteurs prédisposants que l'on doit prendre en compte. L'un des effets secondaires dentaires le plus connu, consécutif à une thérapeutique médicale, est la réduction marquée de la sécrétion salivaire et les modifications de la composition chimique de la salive entraînées par l'exposition des glandes salivaires aux radiations ionisantes dans le traitement de plusieurs types de cancers. Des patients qui n'ont manifesté aucune activité carieuse pendant des années peuvent développer un grand nombre de caries après irradiation, ayant ainsi perdu toute forme de protection salivaire.[12] La xérostomie fait également partie du syndrome de Sjogren et affecte les vieillards ce qui entraîne une augmentation de l'incidence carieuse.[17] De nombreux chercheurs sont convaincus qu'une réduction de l'activité sécrétoire des glandes salivaires est un phénomène normal et en rapport avec l'âge. Des études récentes ont cependant réfuté cette hypothèse et ont conclu que la "bouche sèche" fréquente chez les vieillards est généralement induite de façon pharmacologique.[18-20] Parmi les 200 médicaments les plus couramment prescrits aux Etats-Unis en 1980, 54 sont susceptibles d'induire une "bouche sèche".[21] Ces médicaments sont très souvent prescrits aux personnes âgées.

Les enfants sont aussi sensibles aux effets pharmacologiques secondaires. Les traitements prophylactiques anti-histaminiques peuvent augmenter l'incidence de xérostomie chez les enfants.[22] Feigal et Jensen ont également montré que 5 des 7 médicaments les plus souvent prescrits à long terme dans les centres pédiatriques causaient une chute prolongée du pH de la plaque identique à celle que l'on enregistre avec une solution de saccharose à 10%.[23] Le contenu en saccharose de ces médicaments se situe entre 20 et 70% (Tableau 13-3). Ils ont également observé des destructions carieuses dans des zones inhabituelles mais qui correspondaient à la région ou l'enfant plaçait le médicament.

Tableau 13-3. Propriétés de sept médicaments liquides. (D'après Feigal, R. J., Jensen, M. E. : The cariogenic potential of liquid medications : A concern for the handicapped patient. Spec. Care Dentist, 2 : 20-24, 1982. (Copyright by the American Dental Association. Reprinted by permission.)

| Médicament | Contenu en saccharose[a] | pH endogéne | Acidité titrable[b] |
|---|---|---|---|
| Actifed | 70 | 6,50 | 0,10 |
| Pen Vee K | 50 | 5,75 | 3,5 |
| Theolair | 50 | 5,50 | 0,10 |
| Lanoxin | 30 | 7,05 | 0,0 |
| Dilantin | 20 | 5,30 | 0,10 |
| Phenobarbital | 12,8 | 6,45 | 0,15 |
| Dimetapp | 0 | 2,70 | 10,0 |

[a]Grammes de saccharose/100 ml
[b]Millilitres de NaOH 0,1 pour titrer 10 ml de médicament à pH 7,0

## Considérations spéciales pour les patients particuliers

Nous allons maintenant envisager les considérations spéciales qui doivent être prises en compte concernant la thérapeutique fluorée pour les populations particulières.

*Moyens d'accès*

Les moyens d'accès tant pour ceux qui ont besoin de soins que pour ceux qui sont en mesure de les prodiguer, constituent un problème. Ceci est particulièrement vrai pour les sujets particuliers. De côté du demandeur, il existe souvent des barrières physiques, économiques mais aussi de communication qui les séparent des actes de prévention que la profession dentaire peut donner. Pour un grand nombre de ces individus, la meilleure prévention à venir ne sera pas la découverte d'un meilleur agent fluoré mais plutôt l'élimination de ces obstacles qui les empêchent de profiter des moyens de prévention déjà existants. Ce qui pourrait vouloir dire que des moyens supplémentaires devront être alloués pour des populations particulières dont on sait qu'elles sont à haut risque en termes de pathologie. Une fois ces groupes de population recensés, il est alors possible de mettre en oeuvre des programmes de prévention spécifiques.

*Aptitude à coopérer*

Un deuxième élément est à prendre en considération pour dispenser un service aux patients particuliers, c'est l'accès à la cavité buccale d'un sujet qui a besoin de soin préventif. Pour ce faire, des modifications dans le mode d'exercice habituel sont nécessaires pour installer un patient handicapé, pour améliorer la visibilité et la stabilité ou pour utiliser le fil de soie dentaire et les ouvre-bouche dans le but de mieux contrôler les mouvements. Les nourrissons et les très jeunes enfants constituent un autre groupe qui a besoin de soins préventifs. Une fois encore, des modifications mineures de la pratique clinique peuvent faciliter l'accès et permettre une meilleure stabilisation et une sécurité accrue.

Il est important d'évaluer le degré de coopération et l'aptitude de chaque individu pour mettre en oeuvre le programme de prévention approprié. Certains individus seront parfaitement capables de se prendre en charge mais des modificiations portant sur la forme du manche de la brosse à dents peuvent être indispensables pour les sujets atteints d'arthrite ou de paralysie spasmodique. D'autres enfin peuvent être totalement dépendants et la clef du succès en termes de prévention dans ce cas, sera la compréhension et le dévouement de ceux qui en ont la charge.

*Irritation tissulaire*

Les tissus mous de la cavité buccale d'un sujet qui est atteint d'une affection chronique ou qui a été traité par la chimiothérapie ou par irradiation, présentent des manifestations ulcéro-dégénératives (mucosité chez les patients qui sont l'objet d'une transplantation médullaire). Cette stomatite peut être tellement aiguë qu'elle peut être de nature à empêcher le patient de manger, boire ou de déglutir les médicaments. Le traitement de ces affections est généralement palliatif. On doit dans ce cas maintenir une excellente hygiène buccale pour réduire les saignements gingivaux et les risques d'infection. L'emploi d'une brosse souple et de plus ramollie dans de l'eau chaude ainsi que des rubans dentaires ont été préconisés pour nettoyer les dents. Des bains de bouche de sérum et de bicarbonate de soude sont recommandés pour déterger la surface des ulcérations. Les préparations de fluor à pH acide ou contenant de l'alcool ou certains agents aromatiques ne sont généralement pas bien tolérées par ces patients. De ce fait, une formule neutre, diluée et non irritante doit être envisagée. Notre expérience avec les patients qui ont subi une transplantation médullaire nous a enseigné que les applications topiques de fluor doivent être différées jusqu'à la cessation de la phase thérapeutique aiguë, cependant il est alors indispensable d'insister sur les mesures d'hygiène buccale. A leur sortie de l'hôpital, les patients reçoivent quotidiennement une application de gel fluoré avec une gouttière individuelle.

*Toxicité chronique*

Chez les jeunes enfants, l'ingestion à long terme, de fluor au delà des quantités thérapeutiques peut entraîner la fluorose de l'émail. La fluorose ne pouvant se manifester qu'au moment de développement de l'émail, la période chronologique de sensibilité est relativement courte. Généralement, les couronnes de toutes les dents permanentes, à l'exception des troisièmes molaires, ont terminé leur développement à l'âge de 8 ans. De ce fait, pour la plupart des individus, leur huitième année constitue la date limite au cours de laquelle ils peuvent être affectés par la fluorose par prise excessive de fluor par voie générale. Sur le plan pratique, la période critique est même plus courte. Le problème associé à la fluorose étant essentiellement de nature esthétique, ce sont les défauts sur les incisives qui seront les plus visibles. Les couronnes des incisives permanentes terminant leur développement entre 4 et 5 ans, il est permis de penser que la fluorose n'est pas à prendre en compte pour ces dents. En d'autres termes, alors que des quantités excessives de fluor peuvent affecter les dents en cours de développement à l'âge de 8 ans, la période qui s'étend de la naissance jusqu'à l'âge de 5 ans, lorsque les incisives permanentes sont en cours de développement, constitue l'espace de temps pendant lequel le praticien doit faire particulièrement attention à ce que ses patients ne reçoivent pas des doses de fluor par voie générale au delà des doses thérapeutiques, ce qui pourrait entraîner une fluorose.

Des thérapeutiques fluorées combinées sont préconisées dans certaines situations cliniques afin qu'un patient puisse recevoir à la fois du fluor par voie générale et des applications topiques de fluor. Si un jeune enfant déglutit plus souvent qu'il n'expectore l'agent fluoré qui lui est administré, tel un dentifrice, on peut être amené à supprimer la thérapeutique topique jusqu'au moins l'âge de 5 ans ou bien on doit modifier la thérapeutique. Parvenue à l'âge de 5 ans, les couronnes des incisives sont formées et l'enfant peut en outre être mieux en mesure de suivre les directives qui lui sont données. Pour les enfants handicapés qui n'ont pas les capacités intellectuelles ou physiques pour expectorer, il faudra alors supprimer le traitement topique ou le modifier jusqu'à ce qu'il atteigne un âge plus avancé. Le développement dentaire et non l'âge chronologique est l'élément de référence réel pour déterminer la période de sensibilité à la fluorose, le praticien devra donc garder en mémoire que dans certains cas, tels que le syndrome de Down, le développement dentaire est retardé. Ces sujets auront donc un période de sensibilité à la fluorose plus longue.

*Toxicité aiguë*

La dose létale aiguë pour un homme de 70 kg est de 5 à 10 g de fluorure de sodium (NaF), ou environ 2,3 à 4,5 g de fluor (F). D'un point de vue pondéral, la dose létale pour un enfant de 9 kg est d'environ 0,7 à 1,5 g de NaF, soit 300 à 600 mg de F.[26] La dose maximale des comprimés de fluorure de sodium est de 2,2 mg de NaF, ce qui permet de libérer 1 mg de F. Un enfant d'âge préscolaire devrait consommer au moins 300 comprimés pour atteindre la dose létale, bien qu'il faille noter que des quantités plus faibles soient de nature à causer des symptômes aigus. Par souci de sécurité, l'Association Dentaire Américaine préconise que de grosses quantités de fluor ne soient pas conservées à la maison et qu'une prescription de fluor ne doit pas dépasser 264 mg de NaF (120 comprimés de 1 mg) par ordonnance. Pour satisfaire à ces recommandations, les comprimés de fluor destinés à être utilisés à la maison sont vendus en flacons de 100 à 120 comprimés..

Les institutions peuvent être amenées à stocker de grosses quantités de fluor destinées à être administrées par voie générale ou topique qui peuvent être dangereuses si elles sont absorbées en une seule fois. Il est impératif que ces réserves soient maintenues hors la portée des jeunes enfants, des patients handicapés mentalement et des sujets à tendance suicidaire. Ces produits fluorés doivent être stockés dans un endroit fermé à clef et un inventaire actualisé doit être tenu en permanence à jour afin de déterminer rapidement si un produit est manquant.

Si un individu a ingéré une quantité excessive de fluor, on doit le faire vomir immédiatement. Un agent émétique comme l'ipéca peut être employé ou bien encore le vomissement peut être provoqué en introduisant les doigts dans l'arrière gorge du patient. Du lait de magnésie doit être prescrit afin de fixer le fluor dans le tube digestif. A la maison, on peut avoir recours à de fortes quantités de lait. Le lait ne diminuera pas la quantité de fluor absorbée mais permettra de ralentir le degré d'absorption. En cas de doses massives, il faut avoir recours d'urgence à des soins professionnels permettant de procéder à un lavage gastrique.[25]

Un groupe de population particulièrement concerné par la toxicité de fluor est représenté par les malades atteints d'insuffisance rénale chronique (IRC). L'insuffisance rénale entraîne une réduction de l'élimination du fluor. En conséquence, l'ingestion de fluor entraîne une augmentation prolongée du fluor sérique qui peut entraîner une toxicité chronique ou aiguë en fonction de la quantité ingérée. Nous avons été amenés à prodiguer des soins dentaires à des enfants atteints de IRC et cela pendant plusieurs années. Nous ne préconisons pas pour ces sujets l'emploi de fluor par voie générale ou topique professionnelle pour les raisons invoquées précédemment et aussi parce que nous avons observé que ces enfants présentaient moins de caries qu'un groupe témoin correspondant.[26] Cela peut paraître surprenant compte tenu de leur régime riche en hydrates de carbone, de leur mauvaise hygiène buccale et de la présence d'un grand nombre d'hypoplasies de l'émail. Nous avons cependant démontré que chez ces patients atteints de IRC, le pH de la plaque était élevé comparativement à des témoins et que cette élévation est en rapport avec les taux élevés d'urée dans la salive.[27] Cet effet protecteur peut disparaître à la suite d'une transplantation rénale, en fonction du degré de fonctionnement du rein greffé.

### Alternatives à la thérapeutique fluorée conventionnelle

Avant d'examiner les alternatives spécifiques à la thérapeutique fluorée conventionnelle, il est bon de préciser que les formes conventionnelles de thérapeutique fluorée doivent être employées dans la mesure du possible. Pour tous les patients, le principe de base repose sur le fait que la thérapeutique fluorée doit être personnalisée en fonction de l'activité carieuse, de l'âge, de l'aptitude à coopérer et de la teneur en fluor de l'eau de boisson que le patient est amené à consumer. C'est sur la base de ces paramètres qu'un programme doit être mis en oeuvre afin d'optimiser les bénéfices que l'on peut obtenir par l'eau de boisson fluorée (ou des additifs alimentaires lorsqu'ils sont indiqués), par les applications topiques de fluor par les professionnels et les applications topiques auto-administrées incluant les dentifrices fluorés. Un ouvrage, de lecture facile, rédigé par la Fondation Nationale d'Odontologie pour les Handicapés présente la liste des recommandations à suivre pour la thérapeutique fluorée classique ainsi que les alternatives pour les sujets particuliers qui ne peuvent bénéficier des méthodes thérapeutiques conventionnelles.[25] Dans cet ouvrage, la posologie du fluor se réfère aux recommandations de l'Association Dentaire Américaine, de l'Académie Américaine de Pedodontie et de l'Académie Américaine de Pédiatrie.

A titre d'exemple concernant les méthodes conventionnelles et alternatives pour les populations particulières, citons le cas des recommandations pour un individu âgé de 3 à 13 ans présentant des caries rampantes et vivant dans une région où l'eau de boisson contient moins de 0,3 ppm de F. Un complément alimentaire correspondant à 1 mg de F pourrait être prescrit sous forme de comprimé à croquer. Si l'enfant est incapable de croquer, du fluor en gouttes ou des bains de bouche ingérables peuvent constituer une alternative. Dans le même cas, une solution ou un gel de FPA pourrait être administré par un praticien quatre fois par an. Pour les sujets de plus de 6 ans qui sont dans l'impossibilité de contrôler leur réflexe de déglutition, on peut avoir recours à l'auto-administration quotidienne et pendant un mois d'un gel de FPA à 0,5% suivi d'un bain de bouche fluoré quotidien. Ceux qui sont dans l'impossibilité de contrôler le bain de bouche, peuvent utiliser le gel de FPA 1 0,5% avec une brosse à dents ou un coton tige. Un dentifrice fluoré et homologué par l'ADA est recommandé conjointement avec une brosse trempée dans un bain de bouche fluoré, ce qui constituerait une méthode alternative.

## Les méthodes préventives de l'avenir pour les patients particuliers

Plusieurs méthodes qui sont en cours de mise au point et d'évaluation pourraient se montrer parfaitement adaptées et bénéfiques pour les populations à haut risque. Le Duraphat, un vernis fluoré, s'est montré capable de réduire de façon significative les caries, de l'ordre de 30 à 50%, au cours d'essais cliniques contrôlés en Europe.[28,29] Les méthodes antibactériennes, à base de vaccin anticarieux, et les préparations de chlorhexidine se sont avérées capables de réduire l'accumulation de la plaque chez l'homme.[30,31] Les dispositifs de libération lente du fluor sont prometteurs pour réduire les caries en fournissant en continu du fluor aux dents.[32] Bien que non encore homologuées pour le moment, ces méthodes peuvent s'avérer extrêmement utiles pour la prévention des caries et de la maladie parodontale pour les populations dont nous avons parlé dans ce chapitre.

En conclusion, il existe des groupes de populations hautement susceptibles de développer une maladie dentaire et qui peuvent ne pas être en mesure de bénéficier d'un maximum de mesures préventives. Nous devons donc nous efforcer de recenser et de définir ces individus sensibles, de déterminer les facteurs étiologiques et les moyens de prévention les plus efficaces pour prévenir le processus pathologique. Ces efforts doivent être orientés vers une prévention maximale en employant les méthodes conventionnelles utilisées aujourd'hui mais aussi en développant à l'avenir des méthodes complémentaires.

# REFERENCES

1. Brunelle, J. A., Carlos, J. P. : Changes in the prevalence of dental caries in U.S. school children. 1961-1980. J. Dent. Res., *61* : 1346-1351, 1982.
2. Fejerskov, O., Antoft, P., Gadegaard, E. : Decrease in caries experience in Danish children and young adults in the 1970s. J. Dent. Res.,, *61* : 1305-1310, 1982.
3. Anderson, R. J., et al. : The reduction of dental caries prevalence in English school children. J. Dent. Res., *61* : 1311-1316, 1982.
4. Koch, G. : Evidence for declining caries prevalence in Sweden. J. Dent. Res., *61* : 1340-1345, 1982.
5. Marthaler, T. M. : Explanations for changing patterns of disease in the Western World. *In* Cariology Today, ed. B. Guggenheim. International Congress, Zurich, 1983. Basel, S. Karger, 1984.
6. König, K. G. : How should prevention be achieved? *In* Cariology Today, ed. B. Guggenheim. International Congress, Zurich, 1983. Basel, S. Karger, 1984.
7. Nowak, A. J. : Dentistry for the Handicapped Patient. St. Louis, C. V. Mosby Co., 1976.
8. Nowak, A. J. : Dental disease in handicapped persons. Spec. Care Dentist, *4* : 66-69, 1984.
9. Vital and Health Statistics Series II, no. 214. Department of Health and Human Services, Pub. No. (PHS) 79-1662.
10. Rose, L. F., Kaye, D. : Internal Medicine for Dentistry. St. Louis, C. V. Mosby Co., 1983.
11. Legler, D. W., et al. : Immunodeficiency diseases and implications for dental treatment. J. Am. Dent. Assoc., *105* : 803-808, 1982.
12. Fischman, S. L. : The patient with cancer. Dent. Clin. North. Am., *27* : 235-246, 1983.
13. U.S. Bureau of Census. Projections of the population of the United States 1977-2050. Current Population Reports Series P25, No. 0774. Washington D.C., U.S. Government Printing Office, 1977.
14. Ettinger, R. L., Beck, J. D. : The new elderly : What can the dental profession expect? Spec. Care Dentist, *2* : 62-69, 1982.
15. Pollick, H. F., Rice, A. J., Echenberg, D. : Utilization of dental services by recent immigrant school children. J. Dent. Res., *63* (Abstract 1127) : 296, 1984.
16. Widström, E., Stenstrom, B., Dalen, U. : Dental health of Finnish immigrants in Sweden. Swed. Dent. J., *7* : 93-102, 1983.
17. Greene, C. S. : Prevention and treatment of caries in adults with xerostomia. J. Prev. Dent., *6* : 215-219, 1980.
18. Baum, B. : Current research on aging and oral health. Spec. Care Dentist, *1* : 105-109, 1981.
19. Chauncey, H., et al. : Parotid fluid composition in healthy aging males. Adv. Physiol. Sci., *28* : 323-328, 1980.
20. Lloyd, P. M. : Xerostomia : Not a phenomenon of aging. Wis. Med. J., *82* : 21-22, 1982.
21. The top 200 prescription drugs of 1980. American Drug, February, 1981, pp. 49-52.
22. Estelle, F., et al. : Ketotifen : A new drug for prophylaxis of asthma in children. Ann. Allergy, *48* : 145-150, 1982.
23. Feigal, R. J., Jensen, M. E. : The cariogenic potential of liquid medications : A concern for the handicapped patient. Spec. Care Dentist, *2* : 20-24, 1982.
24. Wei, S. H. Y., Wefel, J. S. : Advances in fluoride research. *In* Pediatric Dentistry, Scientific Foundations and Clinical Practice, ed. R. E. Stewart, et. al., St. Louis, C. V. Mosby Co., 1982.
25. Fluoride Toxicity. *In* : A Guide to the Use of Fluorides. Denver, National Foundation of Dentistry of the Handicapped, 1981, pp. 67-68.
26. Woodhead, J. C., et al. : Dental abnormalities in children with chronic renal failure. Pediatr. Dent., *4* : 281-285, 1982.
27. Crall, J. J., Peterson, S. D., Woodhead, J. C. : Alterations in parotid saliva and plaque in individuals with chronic renal failure. Caries Res., *18* : (Abstract 9) 156, 1984.
28. Koch, G., Petersson, L. G. : Caries preventive effect of a fluoride-containing varnish (Duraphat®) after 1 year's study. Community Dent. Oral Epidemiol., *3* : 262, 1975.
29. Murray, J. J. : Duraphat fluoride varnish : A two-year clinical trial in five-year-old children. Br. Dent. J., *143* : 11, 1977.
30. Löe, H., Von der Fehr, F. R., Schiött, C. R. : Inhibition of experimental caries by plaque prevention. The effect of chlorhexidine mouthrinses. Scand. J. Dent. Res., *80* : 1, 1972.

31. Cole, M. F.: Overview and update of research on new measures for caries prevention: Food screening, immunization, and controlled release technologies. *In* Dental Caries Prevention in Public Health Programs, ed. A. M. Horowitz, H. B. Thomas. U.S. Dept. of Health and Human Services, Pub. No. (PHS) 81-2235, 1981, pp. 148-152.
32. Mirth, D. B., et al.: Inhibition of experimental dental caries using an intraoral fluoride-releasing device. J. Am. Dent. Assoc., *107*: 55-58, 1983.

# Section V

# Section V
## *Discussion–Débat*

Stephen H. Y. WEI

Modérateur

Nous avons eu la chance de pouvoir réunir aujourd'hui un certain nombre d'hygiénistes et de chirurgiens dentistes venus de toutes les régions de ce pays puisqu'ils sont originaires de Boston ou d'Honolulu. Les participants à cette conférence ont prêté une oreille attentive, analysé et synthétisé les résultats des recherches présentés par les conférenciers et sont parvenus à établir leurs propres conclusions concernant la mise en application clinique de ces idées dans leur cabinet au seul bénéfice de leurs patients. Ils ont, sans aucun doute, des questions à poser aux conférenciers. Mais, ce qui est encore plus important, c'est de connaître leur opinion concernant l'emploi du fluor dans le cadre d'un exercice orienté vers la prévention.

# Robert BOYD

Comme l'a précisé le Docteur Wei, je suis parodontiste et orthodontiste. Ma préoccupation majeure est de prévenir la maladie parodontale ches les patients qui sont soumis à un traitement orthodontique. Je pense que tous ceux qui sont ici connaissent les fantastiques possibilités que cela représente lorsque l'on prend en considération l'état buccal de la moyenne des patients traités en orthodontie. Le Docteur Shannon a montré que la décalcification constitue un problème majeur pour les patients en traitement orthodontique et il faut admettre que de bonnes recherches ont été effectuées dans ce sens. Chacun d'entre nous est venu ici aujourd'hui avec ses propres préoccupàtions en tête, mais j'aurais aimé que l'on prête un peu plus d'attention aux patients en traitement orthodontique. Il y a deux ans, l'étude du Docteur Newman (Journal of Clinical Periodontology, 1981, par Mazza et Newman) attira mon attention sur les possibilités du fluor pour contrôler la maladie parodontale chez les patients en traitement orthodontique. Depuis deux ans, mon collègue, le Docteur Penny Leggot et moi-même avons procédé à certaines études à UCSF et portant sur des patients en traitement orthodontique. Notre premier objectif était de mettre au point un système permettant de procéder à des applications de fluorure d'étain sur des patients en traitement orthodontique. Nous avons donc engagé une étude portant sur des patients en traitement parodontal (Journal of Clinical Periodontology, sous presse) et nous avons observé que l'auto-administration quotidienne d'une solution de fluorure d'étain à 0,02% par un système d'irrigation permettait de contrôler efficacement la maladie parodontale. Nous avons maintenant en cours une étude longitudinale portant sur 120 patients divisés en quatre groupes. L'un de ces groupes utilise le système dont je viens de parler (c'est à dire une irrigation quotidienne avec une solution de fluorure d'étain à 0,02%). Un autre groupe utilise un gel de fluorure d'étain à 0.4% selon la méthode décrite par le Docteur Shannon. Un troisième groupe utilise une pâte dentifrice contenant une enzyme qui selon les articles de la littérature agit sur la gingivite, et enfin un groupe témoin qui utilise un dentifrice normal et des bains de bouche Fluorigard. Nous avons, en effet, pensé que même le groupe témoin devait pouvoir bénéficier du fluor en termes de protection contre la décalcification qui constitue l'objectif essentiel de notre travail. Bien que nous portions nos regards sur la décalcification carieuse, nous voulions voir l'effet du fluor sur la maladie parodontale. Nous n'avons encore aucun résultat concernant cette étude. Nous ésperons pouvoir être en mesure de les communiquer au Congrès de l'IADR l'an prochain.

# Rella R. CHRISTENSEN

En ce qui me concerne, cette conférence a, à la fois répondu à certaines questions, permis d'en poser de nouvelles et laissé un nombre important de questions sans réponse. Je perçois que, d'ici peu, des modifications interviendront dans le mode d'administration du fluor. Je suis persuadée que nous l'avons tous perçu au cours des différentes présentations.

(1) J'entrevois des changements dans les formes et les concentrations du fluor que nous sommes amenées à utiliser. Plusieurs conférences ont déjà parlé de passer des fortes doses, administrées fréquemment, à des doses faibles mais administrées plus souvent.

(2) Je perçois aussi un changement dans la méthode de préparation des dents avant l'administration de fluor. Je suis hygiéniste et je suis passée tellement souvent d'une directive à une autre que j'ai pris l'habitude d'être dépossédée de ma raison de vivre. Je veux, à coup sûr, tenir compte de ces nouvelles modifications, car si nous ne devons plus procéder à un nettoyage prophylactique avant toute application de fluor, cela signifie que les applications de fluor seront plus faciles et moins onéreuses.

(3) Je constate également un changement dans la fréquence d'administration qui insiste maintenant sur l'emploi du fluor à la maison alors que précédemment, il était de la responsabilité des praticiens d'administrer le fluor aux enfants. Si nous devons procéder maintenant à de fréquentes administrations de fluor — deux fois par jour ou plus — alors il faut déplacer le problème dans les foyers. Notre concept concernant le fluor apparaît comme un coup d'épée dans l'eau, ou confus, quelle que soit la manière dont vous voulez le qualifier. Je pense que l'objectif essentiel est maintenant de tirer le maximum d'avantages du fluor, sous quelque forme que cela soit, en espérant que les patients l'apprécient. Je suis en mesure de justifier mon point de vue en me basant sur ce que j'ai entendu ici. Vous pouvez ne pas être d'accord avec mon propos, mais laissez-moi vous exposer ce que j'ai entendu ici.

(1) Les méthodes de détection de la carie sont actuellement incapables de mettre en évidence les zones de déminéralisation minimales des faces proximales de l'émail. Wefel et Silverstone pensent tous deux que ces zones de deminéralisation sont pratiquement constantes sur les faces proximales. De ce fait, l'emploi fréquent de fluor permet de contrôler la deminéralisation proximale.

(2) Nous avons également entendu que le débridement permet d'obtenir une réduction spectaculaire des micro-organismes. Mais nous avons aussi entendu que le fluor est indispensable pour ceux chez qui un nettoyage total est impossible, alors que tous ceux qui ont déjà procédé à des débridements savent qu'il existe toujours des zones autour de chaque dent de tout patient qui demeurent inaccessibles.

(3) Tout le monde est tombé d'accord pour dire que 2,2 mg de fluor peuvent être administrés à la femme enceinte en toute sécurité. Il a été également admis — et personne n'a lancé de tomates sur le conférencier lorsqu'il a dit que cela était maintenant parfaitement accepté — que le fluor traverse le placenta et se fixe sur les tissus durs du foetus à des doses thérapeutiques. Nous continuerons donc de prescrire du fluor aux femmes enceintes.

(4) Nous avons appris que les dépôts dentaires ne bloquent pas l'incorporation du fluor. Cela n'est pas particulièrement nouveau, mais je ne l'avais jamais entendu dire aussi carrément auparavant. Je pense que cela constitue un énorme avantage pour les programmes scolaires de fluoration.

Qu'en est-il pour le praticien privé? A mon sens, cela nous donne plusieurs possibilités. Nous devons nous assurer que nous sommes très honnêtes et francs avec nos patients mais aussi avec notre désir de remplir notre porte-monnaie qui doit être réduit au minimum. En attendant, nous pouvons offrir le choix entre le fluor seul, le fluor dans le cadre d'un nettoyage prophylactique ou le fluor à prendre à la maison. Franchement nous avons administré du fluor gratuitement à tous nos patients adultes depuis de nombreuses années. Des recherches récentes nous ont, à nouveau, confirmé qu'une faible partie de la surface dentaire est éliminée au cours de ces nettoyages prophylactiques.

Notre mode de traitement actuel est le suivant :

(1) Nous prescrivons du fluor avant la naissance dès que nous diagnostiquons la grossesse.

(2) Pour l'enfant sans problème particulier, nous utilisons le fluor, par voie générale, en fonction du poids et de la concentration en fluor de l'eau de boisson locale. Nous prescrivons un dentifrice fluoré deux fois par jour et nous recommandons l'emploi deux fois par jour d'un bain de bouche vendu sans ordonnance et enfin nous avons recours aux sealants pour les sillons et les fissures. Nous utilisons des sealants colorés et, à prise chimique, car nous préférons voir ce que nous faisons. Nous voulons aussi que le patient lui-même, et si possible les parents, voient les sealants en place. Il existe quatre ou cinq marques d'efficacité comparable.

(3) Pour l'enfant qui présente un problème particulier et que nous classons dans la catégorie des jeunes à fort indice carieux ou pour le jeune qui est en traitement orthodontique ou qui a d'autres problèmes, notre traitement sera le même mais nous augmenterons la concentration de fluor. Si j'ai bien entendu, cela pourrait ne pas être efficace, cependant nous passerons à une concentration de 0,5% ou de 1,1% pour le fluorure de sodium administré par brossage ou avec des gouttières préfabriquées.

(4) Pour l'adulte ne présentant pas de problème particulier, nous préconisons l'emploi d'un dentifrice fluoré deux fois par jour plus un bain de bouche, à faible concentration, vendu sans ordonnance, deux fois par jour ou plus si nécessaire.

(5) Pour l'adulte qui présente un problème particulier, (les patients qui portent des prothèses partielles, les irradiés de la tête et du cou, ceux qui souffrent d'une sensibilité dentinaire, et ceux qui présentent en bouche de nombreuses restaurations récentes aboutissant à des kilomètres de bord d'obturation) nous recommandons, à nouveau, des applications à forte concentration sous forme de brossage ou avec des gouttières.

Je voudrais maintenant soulever plusieurs questions importantes, qui je pense, n'ont pas été abordées au cours de cette conférence.

(1) Pendant combien de temps l'homme peut-il employer le fluorure d'étain à 0,4%, deux fois par jour, avant d'obtenir un effet inhibiteur sur les micro-organismes pathogènes?

(2) Quelles sont les marques commerciales de produits fluorés qui permettent de fournir du fluor de façon digne de confiance et constante? J'ai attendu, en vain, d'entendre citer les marques recommandables et franchement, la science c'est très bien, mais moi, en tant que clinicienne, j'ai besoin de savoir cela. Ni l'ADA, ni nos chercheurs ne nous indiquent de marques spécifiques. Comment peut-on donc savoir ce qu'il faut ou ne faut pas employer?

(3) Les bains de bouche à fluorure combinés sont-ils efficaces en remplacement des applications de 4 minutes de gel de FPA? Cela fut effleuré par plusieurs conférenciers mais aucun n'a vraiment posé la question. Nous devons donc chercher plus dans ce sens? Pourquoi? Parce que nous enregistrons, de plus en plus de reproches concernant l'utilisation des gels de FPA. Plusieurs participants nous ont déjà fait part que leurs jeunes patients n'aimaient pas les gels de FPA. Je voudrais demander aux adultes dans cette salle qui ont subi un traitement de 4 minutes avec un gel de FPA de lever la main. Levez la main. Cela représente la moitié de la salle et je voudrais dire à ceux qui n'en ont pas l'expérience, que pour une femme, cela correspond à ce que nous ressentons pendant les deux premiers mois de la grossesse. Pour vous les hommes, cela veut dire des nausées permanentes. Les enfants n'aiment pas cela du tout, et même l'enfant le plus balourd, sait très bien ce qui l'attend après deux visites à votre cabinet.

(4) Sur un autre plan, les recherches in vitro peuvent-elles remplacer les recherches in vivo sans nécessiter préalablement des études parallèles pour valider l'efficacité des études menées in vivo?

Je voudrais terminer en vous disant que l'odontologie repose, non pas sur trois, mais sur quatre pattes. Il y a les enseignants, les chercheurs, les cliniciens, et l'industrie qui fournit les produits dont nous avons tous besoin et j'ai l'espoir de voir ces quatre pattes se tenir ensemble dans une même recherche de qualité.

# Jon T. KAPALA

Tout d'abord, j'aimerais remercier le Docteur Wei de m'avoir invité à cette conférence en tant que représentant de l'Académie Américaine de Pedodontie. Je pense aussi que nous devons féliciter l'UCSF, le Service de Santé Publique des Etats-Unis et l'ADA pour avoir organisé cette conférence, mais aussi, je voudrais rendre hommage à l'industrie privée, sans l'aide de laquelle, cette conférence n'aurait pu avoir lieu.

On nous demande de faire des commentaires concernant les applications cliniques se rapportant aux sujets que nous avons entendu développer. En d'autres termes, mettons-nous en pratique ce que nous avons appris et sur quoi devons-nous mettre l'accent? Les fluorures, par voie générale, administrés essentiellement par l'intermédiaire de l'eau de boisson ou les compléments prescrits adéquatement (j'insiste sur le mot "adéquat"), sont très répandus de nos jours. Les fluorures topiques sont bénéfiques pour la prévention et la reminéralisation des caries lorsqu'ils sont administrés souvent et à de faibles concentrations, notamment sous forme de dentifrices et de bains de bouche. Les agents topiques administrés par les praticiens demeurent bénéfiques pour les patients qui présentent des caries. Comme l'a mentionné le Docteur Tinanoff aujourd'hui, le regain d'intérêt pour les préparations à base de fluorure d'étain est justifié par leur plus grande efficacité potentielle à affecter la colonisation bactérienne et de ce fait à agir non seulement sur les caries dentaires mais aussi sur les maladies parodontales. Les Docteurs Newbrun et Newman ont parlé des effets des applications topiques de fluor chez les adultes pour traiter les caries radiculaires et la maladie parodontale.

Disons-le clairement, les fluorures ne peuvent constituer la seule modalité de traitement pour la prévention des maladies bucco-dentaires. Des directives cliniques doivent être instituées pour que l'intégralité de la population puisse bénéficier de notre connaissance concernant les processus pathologiques et les multiples formules de fluorure disponibles en clinique odontologique. Nous devons poursuivre nos efforts pour donner aux patients le maximum d'informations concernant la nécessité de procéder à des visites préventives de contrôle. Malheureusement les patients continuent de percevoir ces visites comme un arrêt à la station service pour nettoyer les dents. Il est intéressant de noter que les représentants de l'industrie de l'Assurance sont absents à cette conférence. Jusqu'à ce que le contenu de cette conférence parvienne à ces compagnies, et en même temps, jusqu'à ce qu'elles acceptent de considérer comme importantes les modalités du traitement préventif individuel, il apparaît difficile de parvenir à la diffusion large et uniforme des applications cliniques issues des concepts développés au cours de cette conférence. Le prévention ne peut plus être considérée comme étant seulement assimilable à un examen de routine, à un nettoyage et à un traitement fluoré.

## Corrine H. LEE

Je suis hygiéniste, et je fais partie du Oahu Head Start Program qui porte sur 790 enfants. Notre eau de boisson contient 0,05 ppm de fluor et nous avons une forte incidence carieuse. Nous disposons, depuis 6 ans maintenant, d'un programme scolaire d'administration du fluor qui constitue une mesure intérimaire jusqu'à la fluoration de l'eau de boisson qui est repoussée d'année en année. Nous ne cesserons d'insister, chaque année, avec tous les parents, sur la nécessité de fluorer l'eau car il semble que ceux d'entre vous qui ont la chance de bénéficier de l'eau fluorée ont aussi d'autres besoins en fluor qui leur permettraient de réduire encore plus la carie dentaire. J'en resterai là car nous voulons entendre les réponses données par les conférenciers aux autres questions qui seront posées. J'en ai, pour ma part, un grand nombre à poser.

# Weyland LUM

Lorsque Steve Wei et Marty MacIntyre m'ont demandé de les aider pour cette conférence, j'ai pensé que c'était une très bonne idée car il y a beaucoup d'informations confuses et ce symposium nous permettra, de réintégrer nos bases, avec la possibilité d'utiliser toutes ces données de façon efficace. Je crois que ce but est atteint de façon générale. Jusqu'à présent nous n'avons abordé aucun sujet spécifique concernant les marques, mais je crois que l'équipe du Conseil des Thérapeutiques Dentaires a clarifié de nombreux points et m'a permis de faire toute confiance au Sceau d'Homologation.

Le Docteur Bawden a suggéré que nous devrions demander des tirés à part aux fabricants pour savoir ce qu'ils font. C'est une très bonne idée, surtout si l'on est capable de lire un compte rendu de recherche. Malheureusement, la plupart des dentistes n'ont peut-être pas la formation scientifique nécessaire à la compréhension réelle de ces tirés à part. Je pense donc qu'il est important que le Conseil des Thérapeutiques Dentaires continue de servir de guide à la profession dentaire qui n'est pas en mesure d'évaluer la qualité des recherches effectuées. Un autre point est à considérer et c'est la façon dont les fabricants s'adressent au grand public. Nous avons assez de difficultés à comprendre les choses comme le montre cet exemple : il y a 20 ans, lorsqu'est apparu le dentifrice Gleem, leur publicité disait que si vous ne pouviez pas vous brosser les dents régulièrement après chaque repas, "utilisez Gleem". Lorsque j'ai demandé à un de mes patients combien de fois il se brossait, il m'a répondu, "Je me brosse une fois toutes les 2 semaines mais j'utilise Gleem." Je pense qu'il est de notre devoir de corriger ces mauvaises interprétations. Heureusement, le public n'a pas pris trop au sérieux le bouclier Gardol de Colgate. Je pense que cette conférence a permis de réaffirmer qu'il est indispensable que nous donnions à nos patients des principes de base en matière de nutrition et d'hygiène bucco-dentaire, car bien que nous ayons beaucoup parlé de l'accès au fluor nous ne sommes jamais sûrs que tel ou tel individu puisse en bénéficier. Comme l'a souligné Louis Ripa, nous devons faire du sur mesure en termes de prévention pour chaque patient. Je pense que c'est très bien de traiter les premières molaires permanentes qui viennent de faire leur éruption, mais dans la réalité d'un exercice, cela pose un problème au patient, surtout en Californie, car leur Assurance ne couvre que 50 à 70% des frais et leur police ne les autorise qu'à un seul nettoyage prophylactique tous les 6 mois. Si ces molaires ne font pas leur éruption en même temps, ces traitements ne seront pas remboursés. Cela est également vrai pour les traitements fluorés. Le Programme MediCal en Californie autorise un seul nettoyage prophylactique par an ce qui n'est sûrement pas assez pour certains patients. En résumé, je voudrais simplement dire, qu'à mon sens, la clef est de rendre le fluor accessible et d'ajuster la thérapeutique en fonction de chaque individu.

# Martin L. MACINTYRE

Je vous remercie de me donner la possibilité de commenter, en tant que clinicien, les données exposées lors de cette conférence. Il est clair que le rapport entre carie dentaire et fluor n'est pas simple, notamment celui sur lequel la plupart d'entre nous basait son exercice. Je suis venu à cette conférence avec un certain nombre de questions. Bon nombre d'entre elles ont reçu une réponse et ces réponses m'aideront réellement dans mon exercice clinique. Mais par exemple je me demande pourquoi nous éliminons la pellicule acquise avant de procéder à des applications topiques de fluor. Je me demande aussi pourquoi nous éliminons la plaque sur des surfaces dentaires qui ne sont pas susceptibles à la carie (les faces vestibulaires et lingales). J'ai entendu lors de cette conférence que la plaque et le pellicule ne semblent pas interférer avec les applications de fluor.

Je me demande aussi pourquoi on prend en compte l'âge de l'enfant, et non son poids, pour déterminer la quantité optimale de fluor systémique à prescrire. Il m'a été dit que c'est pour simplifier le calcul pour les dentistes. Etant donné que la méthode la plus précise repose sur la prise en compte du poids, je continuerai à utiliser cette méthode pour mes patients afin de maximaliser la prévention de la carie et de minimiser les risques de fluorose. A cet égard, tous les parents devraient être informés de la quantité adéquate de pâte dentifrice qui doit être utilisée et des risques de fluorose que peut entraîner le fait de déglutir la pâte. Cela est encore plus vrai dans les régions où l'eau de boisson est fluorée. Une odontologie organisée devrait travailler conjointement avec les fabricants pour créer des messages publicitaires qui montrent de plus petites quantités de pâte sur les brosses.

Je n'ai, jusqu'à présent, jamais mis en doute ma croyance du fait qu'une surface d'émail sain, constituée par un maximum de fluoroapatite, présente un maximum de résistance à la carie. Je comprends maintenant qu'une couche de subsurface, préalablement attaquée, présente une plus grande résistance en raison de la formation de plus gros cristaux d'émail lorsque le fluor est présent pendant la reminéralisation. Sachant cela, nous pourrions peut-être mettre en oeuvre des mesures préventives plus inoffensives, plus efficaces et moins coûteuses. J'ai appris que la substantivité constitue un facteur très important dans l'efficacité d'un agent fluoré et que l'ion stanneux, qui apparaît avoir un effet anti-plaque, constitue un agent anticarieux différent des fluorures. J'ai aussi appris que les produits fluorés, en apparence identiques, ne sont pas obligatoirement également efficaces en raison des variations des quantités de fluor actif, des effets potentiellement inhibiteurs dûs aux liants et aux abrasifs et au pH. Tous ces facteurs peuvent avoir un effet sur la biodisponibilité du fluor. Le fluor étant tellement efficace et ayant été employé de tant de façons différentes, il apparaît maintenant impossible de constituer un groupe témoin idéal pour une étude clinique. Développer un modèle carieux expérimental précis en laboratoire ou un modèle in vivo qui soit sans danger me paraît constituer une priorité.

De façon générale, les présentations concernant la carie et le fluor, surtout les discussions portant sur la reminéralisation, insistent particulièrement sur le traitement chimiothérapeutique des petites lésions carieuses plutôt que sur le traitement chirurgical traditionnel. Les débats suggèrent aussi que les traitements migrent du cabinet vers les foyers. La réponse à de vieilles questions oblige inévitablement à en poser de nouvelles. Est-il nécessaire d'utiliser des concentrations de fluor aussi fortes (solution à 1,23%) pendant 4 minutes? 1 minute ou 30 secondes ne serait-il suffisant? Le fluor est-il plus efficace quand la lésion a commencé que lorsque l'émail est encore sain? Les combinaisons d'agents fluorés, ou le fluor en combinaison avec d'autres agents, (l'étain ou la chlorhexidine) sont-ils plus efficaces qu'un agent tout seul? La succession de ces combinaisons est-elle significative? Pourrons-nous disposer aux Etats-Unis de nouvelles méthodes, telles que les vernis, pour traiter des cas spéciaux (des molaires à éruption lente)? Pourrions-nous mettre au point une méthode simple et précise pour évaluer l'incorporation de fluor par voie générale? Cela constitue à mes yeux une priorité.

Il y aura toujours, je pense, des problèmes cliniques auxquels la recherche ne sera pas en mesure de fournir de solutions définitives. En tant que cliniciens, nous devrons donc continuer à faire de notre mieux en nous basant sur la littérature et notre expérience pour satisfaire les besoins de chaque patient.

## Michael ROBERTS

A l'encontre de ce qui se passe dans d'autres domaines de la science de la santé pour lesquels l'absence d'information constitue une source d'incompréhension, l'emploi subjectif du fluor est le résultat d'un nombre considérable d'études, revêtant de multiples formes et ayant recours à différents composés fluorés. Il peut donc sembler paradoxal que cette masse d'informations ait dans un certain sens contribué à rendre les choses moins claires pour les praticiens et les réponses thérapeutiques moins évidentes. Des conférences comme celle-ci constituent un bon moyen de mettre les données en lumière et peuvent aussi valablement aider les praticiens. Que l'on ait recours aux bains de bouche, aux dispositifs professionnels ou portés par le patient, aux gels topiques ou en gouttière, aux chewing-gums ou aux dentifrices fluorés ou encore aux moyens permettant d'administrer le fluor aux patients et par ailleurs que l'on considère le fluorure de sodium, le FPA ou le fluorure d'étain à diverses concentrations comme on le trouve maintenant, tout le monde est d'accord pour dire que les fluorures sont relativement efficaces pour réduire la carie. Le degré d'efficacité, le mode préférentiel d'administration personnalisée et les moyens à mettre en oeuvre pour obtenir une meilleur coopération de la part des patients vis-à-vis de cette thérapeutique demandent à être mieux définis. Les questions qui nécessitent plus ample recherche comprennent l'emploi des fluorures avant la naissance et leurs effets sur les dents temporaires. Nous expérons que les études actuelles menées sous les auspices de NIDA permettront d'apporter la lumière sur ce domaine important. De plus, il est impératif de poursuivre les recherches concernant l'utilisation des agents chimiothérapeutiques pour la maladie parodontale. Comme l'a fait remarquer le Docteur Newman, même si le nettoyage mécanique et les curetages sont efficaces pour modifier l'environnement microbiologique de la poche parodontale, nous ne disposons pas d'assez de personnels dentaires pour traiter toutes les maladies parodontales qui existent si nous n'avons recours qu'à cette seule modalité de traitement. Nous devons trouver des agents thérapeutiques (comme le fluor) non seulement efficaces pour traiter les patients de type II, qui nécessitent des soins constants pour contrôler la maladie, mais aussi et encore peut-être plus important, des agents pour les patients de type I afin que la maladie puisse être prévenue. Enfin, j'insisterai particulièrement sur les efforts supplémentaires et indispensables que nous devons développer pour les patients cancereux qui présentent une morbidité considérable consécutive aux irradiations tête et cou et à la chimiothérapie (mucosité ou incidence carieuse très élevée).

# J. Keith ROBERTS

Je m'appelle Keith Roberts et je viens de Bloomington, Indiana. Je suis dentiste pédiatrique et non pas pédodontiste — il y a une grande différence. J'ai un gros avantage, je parle très vite et je pourrai donc, en 3 minutes, vous en dire comme si je disposais de 6 minutes. J'aimerais partager avec vous trois ou quatre idées. Je pense que chacun d'entre nous devrait rentrer chez lui avec plusieurs défis en tête. L'un d'entre eux est d'avoir de nouveaux objectifs pour ses patients à venir. Mon désir ultime pour mes patients est une bouche parfaite avec une occlusion parfaite. Une bouche parfaite veut dire mener un enfant jusqu'à l'âge de 12 à 13 ans sans une restauration métallique en bouche. Une occlusion parfaite veut dire que toutes les dents s'ajustent parfaitement, esthétiquement et fonctionnent bien. La clef de tout cela est ce que j'appelle le coup de poing ou un programme en cinq points. Contrôle total de l'hygiène bucco-dentaire, contrôle total du fluor, contrôle total de l'alimentation, traitement total par sealants des sillons et des fissures et examens précoces et visites de vérification continues.

Nous nous sommes concentrés sur un seul point, le fluor. Je pense que la clef pour le fluor c'est l'éducation et je voudrais vous en parler pendant une seconde. Je pense que nous devons employer les principes fondamentaux d'éducation (ils ne nous sont pas enseignés à la faculté dentaire). Information à petite dose, vérification immédiate, consolidation répétitive pour les mères et les pères dès le premier jour. Je pense qu'il y a une chose que l'on appelle "l'échelle de l'apprentissage" et que nous devons utiliser pour l'éducation des patients, pour la mise en pratique du fluor dans nos cabinets; nous devons faire passer les gens du stade non informé au stade informé, et espérons-le, rendre les gens motivés pour le fluor. Si les patients se sentent impliqués, ils commenceront d'agir et cela deviendra une habitude. Dans notre cabinet, nous voyons les enfants dès l'âge de 6 mois, car je veux les voir dès qu'ils ont leurs deux premières dents en bouche. Nous les revoyons à 12 mois lorsqu'ils ont de 6 à 12 dents en bouche et, à ce moment-là, nous procédons au premier nettoyage prophylactique et à la première application topique de fluor. Nous répétons le traitement à 12, 18, 24, 30 et 36 mois.

A l'âge de 36 mois, alors que la plupart des dentistes n'ont pas encore vu un enfant pour la première fois, nous en sommes au cinquième nettoyage prophylactique et à la cinquième application topique de fluor et nos petits patients ne présentent aucune carie.

J'aimerais terminer sur trois ou quatre points :

(1) Je pense qu'il est impératif d'insister sur l'importance qu'il y a de connaître le passé d'un patient en matière de fluor. Cela est aussi important d'un point de vue médical. Tout d'abord, nous devons savoir positionner notre patient à l'égard du fluor et déterminer quelle eau de boisson ils consomment, si cette eau est d'origine municipale ou privée, et ensuite vérifier à la source, d'une façon ou d'une autre, pour déterminer le nombre de ppm présentes dans cette eau. Nous devons aussi savoir quelle pâte dentifrice ils utilisent, sans en rajouter, demandez-leur simplement quel dentifrice ils emploient. Je vous mets au défi de rentrer dans vos cabinets et de demander à chacun de vos patients à partir d'aujourd'hui quel dentifrice ils emploient. Vous serez surpris du nombre d'entre eux qui emploient Amway, Shaklee ou Looney Tunes. Il est surprenant de voir le nombre de dentifrices non fluorés que les gens utilisent.

(2) La chose que je voudrais aussi aborder est la prescription de fluor par voie générale sans avoir procédé à une analyse de l'eau de boisson. On ne doit jamais prescrire de fluor par voie générale sans avoir préalablement effectué une analyse de l'eau de boisson. Je souhaite seulement qu'un jour un patient poursuive en justice un praticien sur le grief de fluorose de l'émail. Ce serait la dernière fois que quelqu'un prescrirait du fluor par voie générale sans avoir testé l'eau de boisson d'abord. Personnellement, je pense qu'un patient ne peut recevoir trop de fluor sous forme

topique. Dans certains milieux, je passe pour avoir la main lourde en terme d'emploi du fluor.

(3) Pour terminer, je recommande de ne jamais faire pénétrer de dentifrice dans la bouche d'un enfant pendant les 12 premiers mois de sa vie. Je pense simplement que cela n'est pas nécessaire. Entre 12 et 36 mois, il n'est pas utile d'employer du dentifrice pour procéder aux mesures d'hygiène qui sont administrées par les parents. Plus tard, une petite quantité, de l'ordre d'un petit pois, est tout à fait adéquate, pour effectuer un traitement topique.

En conclusion, nous devons connaître le contexte en matière de fluor et procéder à des mises à jour régulières. Ne jamais prescrire sans avoir procédé préalablement à une analyse de l'eau de boisson et ne jamais laisser un patient quitter votre cabinet sans lui avoir donné un plan de traitement fluoré taillé à sa mesure et à suivre chez lui. Je pense que nous devons nous débarrasser du concept "forte concentration/basse fréquence" qui nous est enseigné dans les écoles et adopter le nouveau concept "faible concentration/haute fréquence". Si certains d'entre vous désirent savoir ce que nous utilisons, faites-le-moi savoir et nous vous adresserons un échantillon complet.

# William R. SNAER

J'exerce en tant que pédodontiste, depuis environ 25 ans, et j'aimerais partager avec vous mes réactions concernant les recommandations qui nous ont été données par les conférenciers aujourd'hui. Certaines d'entre elles confirment la façon dont je procède mais certaines m'inclinent à opérer un peu différemment. Lorsque Jim Wefel nous a fait part de ses quatre recommandations, tout d'abord déterminer les patients à haut risque et les dents à haut risque, j'ai eu le sentiment que cette recommandation allait dans le sens de ce que je faisais moi-même. Nous délivrons des traitements fluorés à environ 60% des enfants que nous voyons. Mais lorsque j'ai entendu parler Leon Silverstone, et vu ses diapositives incroyables, j'ai commencé de penser que j'avais raté le train et que de devrais être plus agressif et prescrire un traitement fluoré encore plus souvent et à un nombre encore plus important de mes patients. Jim Wefel a aussi parlé de traiter les dents en cours d'éruption. Nous voyons constamment des dents en cours d'éruption et surtout quand on voit les patients tous les six mois, ce qui est, je crois la fréquence de visite optimale. Il a aussi parlé de l'emploi des sealants pour les sillons et les fissures que nous utilisons déjà. Cependant, le sujet le plus important dont a parlé Jim Wefel, et qui m'intéresse beaucoup, est la façon dont le gel pénètre dans les espaces inter-proximaux, ce qui est notre objectif, et j'ai été scandalisé de voir ce modèle permettant de constater que le gel ne pénètre pas totalement dans ces espaces inter-proximaux. J'aimerais demander aux conférenciers si nous pourrions reconsidérer notre mode d'application du gel. Il semble que c'est tout à fait par hasard que nous avons eu recours aux gouttières. Nous devrions peut-être revenir à l'application avec un coton tige et le faire pénétrer interproximallement avec un fil et ne plus employer les gouttières. A-t-on besoin de le laisser en place pendant 4 minutes? Existe-t-il un moyen qui permettrait de rendre ces traitements plus efficaces et moins coûteux?

En outre, j'aimerais me référer au fait que Lou Ripa a mentionné que, bien que les traitements prophylactiques ne soient pas très utiles en terme de prévention de la carie, ils demeurent intéressants sur un plan esthétique et parodontal. C'est devenu un peu à la mode dans certains quartiers de considérer avec condescendance les pédodontistes qui utilisent des cupules prophylactiques pour les enfants parce qu'après tout, il n'est vraiment pas nécessaire d'administrer un bon traitement fluoré. Cela présente d'autres mérites. Les patients apprécient un bon départ et leur parents aiment voir les dents de leurs enfants bien frottées, et en outre, bien d'autres choses interviennent au cours de ces visites de contrôle outre le traitement fluoré. J'ai aimé ce commentaire. Il a aussi dit que les pâtes prophylactiques fluorées ne semblaient pas justifiées si l'on en juge par les résultats, ce qui confirme ma propre opinion. Lorsque nous administrons un traitement fluoré et des pâtes fluorées à un jeune enfant, ils n'aiment pas cela du tout surtout lorsqu'ils ingèrent un peu de pâte ou de gel fluoré. Je ne pense pas que donner mal à l'estomac des enfants est un très bon moyen pour combattre le lobby anti-fluor dont a parlé Leon Silverstone.

Le Docteur Kula a insisté sur la nécessité de prescrire un traitement fluoré sur la base de notre connaissance de l'eau de boisson. Nous avons, dans ma région, l'habitude de voir des enfants présentant une fluorose de l'émail. Il y a environ dix ans, j'ai commencé à envoyer des tirés à part ou des petites cartes aux pédiatres de la ville, pour les informer des différentes concentrations de fluor dans l'eau de boisson locale. Je pense que cela les a aidé et que cela constitue une relation inter-professionnelle positive.

Lorsque Jim Crall a parlé de l'efficacité des bains de bouche fluorés que nous avons employés pour les enfants qui présentent des caries identifiables j'ai été tout à fait d'accord avec l'opinion de Leon Silverstone, à savoir que nous devons les employer de façon plus agressive. Enfin, nous avons toujours prescrit à nos patients des dentifrices fluorés homologués par l'ADA, mais je pense avec George Stookey que nous devrions être un peu plus spécifiques.

# Stephen S. YUEN

J'aimerais formuler quelques commentaires et parler des futures applications du fluor, pas nécessairement pour les patients de gériatrie, mais certainement pour les patients adultes. Au fur et à mesure que l'Amérique devient grisonnante, nous devons admettre que de plus en plus nos efforts seront tournés vers les personnes du troisième âge. Même l'ADA le reconnaît et comme vous le savez peut-être tous, l'ADA est sur le point de mettre en place un programme de 12 millions de dollars, dès que le Congrès aura débloqué les fonds. Cela s'appelle de l'éducation publique payée (la plupart d'entre nous appelle cela du marketing), mais si ce programme voit le jour, il sera abondamment diffusé par la TV, les Radios et la presse. Cette fois, le programme éducationnel est tourné essentiellement vers la parodontie. Ils ont choisi la parodontie parce qu'ils pensent que c'est essentiellement la population adulte qui détermine, si oui ou non, et quand, la famille doit aller chez un dentiste pour être traitée. Je m'attends donc à ce que ce programme entraîne un boom pour les parodontistes et les hygiénistes, et que, espérons-le, il y aura aussi quelques retombées pour les généralistes que nous sommes. Pour revenir à cette conférence, je savais lorsque Steve m'a appelé au téléphone que je n'allais pas être dans mon élément; je n'ai jamais été très académique. Je ne suis sûrement pas un chercheur et les statistiques m'ennuient à mourir, et lorsque je suis arrivé et que j'ai vu ces graphiques et ces courbes sur l'écran, j'ai compris que j'étais mal parti. Mais au fur et à mesure que le temps passait, j'étais impressionné et j'ai éprouvé de plus en plus de respect et de gratitude pour ceux qui font des recherches ou sont dans l'industrie et aussi pour l'équipe du Conseil des Thérapeutiques Dentaires et du Conseil de la Recherche Dentaire. Ils ont répondu à la question que tout le monde se pose, "Que fait l'ADA pour moi?" Chaque année, quand nous payons notre cotisation, plusieurs centaines de dollars, on se dit, "Tout ce que je récolte, c'est le journal de l'ADA et je ne vais jamais aux réunions parce qu'elles se tiennent toujours à Atlanta ou en d'autres endroits ou je n'ai pas les moyens d'aller." Mais lorsque l'on commence à penser à toutes les choses que le Conseil des Thérapeutiques Dentaires et le Conseil de la Recherche Dentaire ont faites pour nous, du fluor à la turbine, alors, je pense que nous devons remercier l'ADA.

# *Questions libres et forum*

**Wei.** J'aimerais remercier les participants pour leur à propos et leur contribution à cette conférence. Il nous reste une heure pour répondre aux questions qui ont été soulevées. J'invite donc les conférenciers à répondre à celles-ci.

**Bawden.** J'ai quelques commentaires à faire notamment en réponse aux propos de Rella Christensen concernant les produits. J'aime beaucoup parler des produits et j'ai ouvert cette conférence en disant qu'il existe un certain nombre de mauvais produits sur le marché. Lorsque nous parlons des agents topiques utilisés en cabinet et du goût désagréable pour les enfants du FPA, j'ai bien peur que nous ne soyons bloqués dans la mesure ou vous désirez travailler avec un produit qui a été éprouvé par des recherches cliniques solides. Le problème est qu'il n'existe aucune donnée clinique concernant les agents à base de fluorure de sodium neutre et déstinés à être appliqués tous les 6 mois. Il n'existe aucune donnée clinique concernant les bains de bouche commercialisés par Omnii Gel et Gel-Kam, et en fait, les concentrations de ces bains de bouche et la façon dont ils doivent être appliqués une fois tous les 6 mois constitue presque la preuve qu'ils ne peuvent pas être efficaces. Tout produit à base de FPA devrait avoir un pH de 4 ou moins pour être efficace, et nombreux sont les produits sur le marché, et surtout ceux qui ont bon goût, qui ont un pH supérieur. En fait, nous avons placé l'autre jour une électrode dans l'un des produits qui figurent sur la liste d'homologation de l'ADA et son pH était de 5,2. Le système n'est pas conçu pour marcher à cette valeur de pH. Vous devriez vérifier le pH de tout produit FPA qui a bon goût. Faites le faire par votre pharmacien ou demandez à quelqu'un de procéder à ce test de pH pour vous; si le pH est au dessus de 4, il vaut mieux ne pas l'utiliser, c'est aussi simple que cela. Comme je l'ai dit précédemment, faites très attention à tout produit qui contient du Veegum. Je vous ai aussi mis en garde contre les "données de laboratoire". C'est un fait établi qu'aucun test de laboratoire n'est en mesure de prédire l'efficacité clinique. Si la plaque était le maître mot, alors les fluorures d'amine gagneraient la partie parce qu'ils sont les plus efficaces pour éliminer la plaque comparativement à tous les autres agents fluorés, mais lorsque qu'ils sont utilisés en essai clinique, ils n'apparaissent pas meilleurs que les autres fluors. Pour ce qui est de la réduction des caries, le degré d'incorporation du fluor dans l'émail sain, dont vous avez entendu parler maintes et maintes fois, n'est pas nécessairement un indice de prédiction d'efficacité. Une méthode d'évaluation des lésions reminéralisées pourrait être beaucoup plus utile mais cela n'a pas encore été employé de façon intensive en tant que critère d'efficacité clinique. Le fluorure d'étain est toujours moins incorporé pour une concentration identique, comparativement à d'autres produits, mais il agit différemment : il produit un précipité sur la surface de l'émail et il entraîne toujours une réduction de la solubilité aux acides plus importante. Cela ne veut pas dire que ses performances cliniques sont meilleures ou moins bonnes.

**Wefel.** Je ne sais pas comment dans la littérature on en est arrivé à instituer ces 4 minutes pour les applications topiques de fluor. Les études in vitro ont montré que si l'on réduit le temps d'application, on obtient une incorporation plus faible du fluor. Cela n'est pas bien sûr de la prévention clinique de la carie. La seule donnée que je connaisse qui a permis de comparer le FPA et le fluorure de sodium en termes d'incorporation de fluor, a montré qu'en une période de temps plus courte de 2 minutes, 80% du fluor du FPA était incorporé par l'émail. Cependant, avec le fluorure de sodium, la réponse était plus linéaire et prenait plus de temps. En termes pratiques, je suggérerai que, si un enfant sur votre fauteuil ne supporte pas le fluor dans sa bouche pendant 4 minutes, laissez-lui seulement 2 minutes. Au moins vous avez 2 minutes pendant lesquelles il sera efficace (mais le but est toujours de le laisser en bouche 4 minutes).

**Un participant.** Docteur Newman, lorsque vous procédez à un curetage sous gingival profond et que vous éliminez du cément, est-ce que ce cément se régénère?

**Newman.** Non, le cément n'est pas régénéré.

**Wei.** La question suivante concerne le pH du fluor topique. Quels sont les produits qui présentent une concentration et un pH adéquate?

**Wefel.** Environ 27 produits figurent sur la liste des *Thérapeutiques Dentaires Homologuées* de l'Association dentaire Américaine. Si vous lisez cette liste, il y a seulement trois ou quatre produits qui ont des concentrations et des pH différents. La plupart des autres ont des concentrations et des pH acceptables. Vous pouvez donc choisir parmi 20 produits différents approuvés par l'ADA.

**Un participant.** Pourriez-vous nous dire quelles instructions nous devons donner aux parents d'enfants qui viennent de recevoir une application topique de fluor de 4 minutes. J'ai entendu plusieurs versions émanant de différentes personnes et je ne suis pas sûr de savoir ce qu'il y a lieu de faire aujourd'hui.

**Ripa.** Le principe qui consiste à dire "ne pas manger ou se rincer la bouche pendant 30 minutes" est un peu empirique, si j'en crois le Docteur Stamm. Cependant, ce propos repose sur certains principes rationnels et je continuerai à dire la même chose à savoir de ne pas manger ni se rincer pendant 30 minutes mais de cracher.

**Wei.** La stabilité des produits à base de fluorure d'étain a été discutée. Sur les tableaux du Docteur Tinanoff montrant les marques A, B, C, D, E, F, quelles sont les marques les plus stables? Le Docteur Tinanoff voudrait-il nous donner une réponse?

**Tinanoff.** La marque F est la plus stable. La marque F correspond au Gel-Kam.

**Wei.** Que veut dire stable? Tout le monde suit ou pas?

**Tinanoff.** OK. Il a un pH correct alors que certains autres ne l'ont pas. Il contient 100% du fluor qu'il est supposé contenir. Il contient 100% de l'étain qui devrait être présent. Les marques qui n'ont pas le bon pH ou qui ne contiennent pas la quantité d'étain adéquate n'ont pas d'effet anti-plaque complet. Gel-Kam présente un bon pH et une concentration d'étain parfaite. Il est important d'avoir des marques qui ont, comme l'a dit Jim Bawden, un pH parfait et une teneur en fluor parfaite.

**Wei.** La question suivante s'adresse au Conseil des Thérapeutiques Dentaires.

Docteur Naleway, il semble qu'il existe de grandes différences de stabilité entre les différents produits à base de fluorure d'étain et cependant ils sont tous homologués par l'ADA. Comment le Conseil peut-il justifier cette position?

**Naleway.** Tout d'abord, la position du Conseil est basée uniquement sur les résultats cliniques. L'homologation du Conseil a été basée uniquement sur la preuve que le produit était équivalent aux résultats cliniques obtenus. En terme de contenu en ion stanneux, tous les fabricants ont travaillé avec nous pour améliorer leur formule et nous croyons que tous ont fait de sérieux efforts pour améliorer la stabilité de telle sorte que maintenant, la majorité des produits est stable à 80% ou plus.

**Wei.** L'autre question est : Si, de fait, un fabricant vend un produit sans le soumettre au Conseil, quelle est la position du Conseil en terme d'acquiescement ou d'interception?

**Naleway.** Le programme d'homologation de l'ADA est une procédure librement consentie par le fabricant. Les produits qui ne nous sont pas soumis ne seront jamais homologués et ne seront jamais examinés.

**Un participant.** J'ai très vite remarqué que très fréquemment, lorsque je prescrivais des gouttières fluorées ou du fluor à mes patients, ils revenaient me voir en disant "Je ne peux pas l'utiliser." J'essaie donc maintenant de leur donner trois ou quatre échantillons de fluor différents dans l'espoir qu'ils sélectionneront une solution qui leur convienne. Je leur dit aussi que s'ils me disent la prochaine fois quel produit ils ont aimé ou lequel avait le moins d'effets secondaires, je leur fournirais ce même produit. J'ai eu beaucoup de succès avec cette méthode. Je dis à mes patients de porter la gouttière en bouche lorsqu'ils sont sous la douche. Si vous prenez une douche pendant 5 minutes, vous pouvez ôter la gouttière juste avant de vous rincer et par la même occasion éliminer le gel sans crainte de le déglutir. J'ai des gouttières pour mon usage personnel et je les utilise périodiquement. Je déteste rester 4 minutes au dessus du lavabo alors qu'il est très facile de faire la même chose sous la douche.

**K. Roberts.** Docteur Mitchell, j'aimerais que l'assistance vous fasse un vote de confiance. Je suis particulièrement préoccupé par les futurs congrès ou réunions dentaires auxquels Dupont, chirurgien dentiste de n'importe où assistera et où il verra un produit sur un stand du Congrès de l'ADA. Beaucoup de gens pensent que si un produit est exposé là, c'est parce qu'il est OK; sinon, il n'y serait pas. Je pense qu'il est nécessaire que vous fassiez part de notre souci et de nos sentiments au Conseil du Congrès Annuel. J'ai parlé aux collègues du Docteur Naleway et j'ai ainsi appris que les règlements et les limitations concernant la publicité ont changé. Il y a aussi des publicités dans le Journal de l'ADA pour des produits que ne sont pas homologués ou acceptés mais simplement parce que l'ADA veut faire des profits, et je répugne à penser de constater cela lors de nos congrès. Je pense que vous devez faire part à Chicago de notre désaccord concernant la publicité pour des produits qui ne sont pas homologués.

**Wei.** Docteur Silverstone, si une tâche blanche peut être reminéralisée sur 30 microns de profondeur, cela veut dire qu'une grosse lésion ne peut être reminéralisée?

**Silverstone.** Si par grosse carie vous entendez une lésion cavitaire, alos la réponse est non, elle ne peut se reminéraliser comme je l'ai montré. Cependant, même dans la cavité de carie, certains phénomènes peuvent avoir lieu, mais l'on ne peut obtenir le résultat que je vous ai montré sur les diapos si la surface de la lésion est ouverte. Lorsqu'on procède à une application topique de fluor, on traite de l'émail sain et si par hasard vous traitez en même temps un site présentant une petite lésion, alors vous faites d'une pierre deux coups.

**Horowitz.** C'est tout à fait vrai, vous ne pouvez reminéraliser une lésion qui a perdu sa couche de surface, mais vous pouvez stopper son évolution. Je pense donc que le fluor joue aussi un autre rôle en stoppant l'évolution de la lésion en direction de la pulpe. Ainsi, même s'il est trop tard pour obtenir une meilleure dent que celle avec laquelle vous avez commencé, je pense vraiment que le fluor peut stopper ou ralentir le processus carieux.

**Silverstone.** C'est très juste, et le problème de la reminéralisation est d'essayer de reminéraliser l'émail à travers la surface intacte. Si la surface est ouverte, alors on peut obtenir beaucoup. Reminéraliser la dentine est un jeu d'enfant comparé à l'émail.

**Wei.** Pourriez-vous donner votre opinion concernant le rapport qui existerait entre le fluor et l'arthrite? Deux ou trois patients ont mentionné que le fluor n'était pas bon pour eux à cet égard.

**Tinanoff.** Je pense qu'il n'existe aucune preuve à ce sujet, personnellement, je n'en ai jamais entendu parler.

**Wei.** Recommandez-vous que tout patient cancéreux qui suit une radiothérapie reçoive immédiatement un traitement fluoré, topique et/ou par voie générale? Je pense que la réponse est évidente puisque tout le monde hoche la tête positivement.

**Wei.** La question suivante s'adresse aux Docteurs Naleway et Kula. Quel est l'effet clinique des fluorures sur les céramiques et les composites?

**Kula.** Le Docteur Van Thompson et d'autres chercheurs ont montré que des solutions et/ou des gels de FPA à 1,23% affectent la surface de la céramique. Lorsqu'on examine ces matériaux au MEB, la surface apparaît rugueuse. Le Docteur Thompson a testé cela in vivo sur un patient et après une application de gel de FPA à 1,23%, il a observé des modifications visuelles de la surface de la céramique. Le Docteur Thompson et moi-même avons travaillé sur les composites et avons procédé à des études in vitro. Notre première étude a porté sur trois résines composites différentes. L'une était un microfil au silicone, l'autre était un composite classique chargé avec des particules de quartz et le troisième était un matériau chargé au verre-strontium. Ces trois matériaux furent traités expérimentalement avec un gel de FPA pendant 4 minutes et ont objectivé une perte de poids significative comparativement au témoin. Le composite chargé au verre-strontium a perdu plus de poids que le composite chargé au quartz qui, à son tour, a perdu significativement plus de poids que le composite au microfil silicone. Depuis cette étude, nous avons reproduit cela sur des résines chargées, non chargées ou sealants. Nous avons pu observer visuellement et en MEB des modifications sur les sealants chargés mais pas sur les sealants non chargés. Les modifications semblent avoir pour siège les particules de charge, bien qu'il soit encore trop tôt pour l'affirmer car nous en sommes à l'analyse des modifications visuellement décelables. Nous avons commencé notre travail sur environ 15 à 20 produits commercialisés. Nous avons comparé les modifications décelables visuellement de la réflectivité de ces matériaux après traitement et nous avons constaté une rugosité certaine de la surface.

**Wei.** Quel en est l'effet clinique?

**Kula.** Il n'y a eu qu'une étude in vivo et sur un seul patient. Il semble cependant que cela ait un effet réel. Des cliniciens nous ont rapporté que l'emploi quotidien d'un gel de FPA à 0,5% avait un effet sur la céramique de leurs patients. Par contre, nous n'avons observé aucun effet en utilisant du fluorure de sodium neutre.

**MacIntyre.** Cette question est pour le Docteur Silverstone. Il semble que pour des raisons économiques et éthiques et aussi parce qu'il est devenu impossible de trouver des groupes témoins, il sera très difficile de procéder à l'avenir, à des recherches cliniques. Notre seul espoir est donc de constituer sur des dents extraites un modèle pour la plaque, la pellicule et les germes pour reproduire au mieux les conditions cliniques réelles. Ou en sommes nous à cet égard?

**Silverstone.** Je pense que nous y arrivons. L'étape suivante, et nous avons déjà commencé, sera de procéder à des travaux in vivo en utilisant les techniques in vitro. Par exemple, des dents humaines présentant des lésions standards sont montées sur des appareils de prothèse et nous pouvons ainsi contrôler les deux avant et après le traitement expérimental. Cela représente il est vrai un petit nombre de dents, mais au moins, nous pourrons suivre de plus près et, phase par phase, pour parvenir à des conditions très voisines que celles suivies en clinique. Faire un essai clinique d'envergure, nous le savons, est très coûteux et prend beaucoup de temps.

**MacIntyre.** Après avoir procédé ainsi, seriez-vous à l'aise pour recommander un nouveau produit ou une nouvelle technique?

**Silverstone.** Tout se fait par étapes. On commence par cela et après on se dit "la prochaine étape est un essai clinique pilote" et l'on procède à cet essai pilote. Bien évidemment, cela prend du temps, mais il faut procéder selon des séquences logiques; sinon des erreurs dès la première étape entraînent inévitablement des erreurs pour la suivante. Il faut agir logiquement.

**Schiff.** Nous avons entendu parler des bons résultats obtenus dans le traitement des poches parodontales avec les bains de bouche au fluorure d'étain. Vous avez omis de mentionner à quelle fréquence il fallait procéder pour obtenir un bon résultat.

**Newman.** Cela a été étudié au cours des trois dernières années. Tout d'abord par Mazza sur 10 à 20 patients. Comme je l'ai dit hier, nous voulions, dans ces études, d'abord déterminer l'efficacité. Pouvions-nous tuer les bactéries de la poche et combien de temps pouvait durer l'effet? L'étape suivante consistait à essayer sur l'homme, comme dans l'étude du Docteur Perry, ce qui a permis de voir qu'il y avait très peu de différence entre les patients qui avaient été détartrés profondément et ceux qui avaient reçu un traitement fluoré. Une seule application fut employée.

Le Docteur Horowitz a demandé s'il y avait d'autres études capables de montrer l'effet du fluorure d'étain autrement qu'en l'utilisant par brossage. Il existe plusieurs études. L'une d'elles publiée dans le Journal of Clinial Periodontology et celle de Mazza présentée au dernier Congrès de l'IADR montrent toutes deux que l'emploi du fluorure d'étain ajoute quelque chose. Je pense qu'il est bon d'affirmer que cela constitue une méthode sans danger et que l'efficacité a besoin d'être contrôlée et augmentée. Théoriquement, c'est une excellente idée d'appliquer quotidiennement sur les surfaces radiculaires exposées du fluor à concentration relativement faible. Cela entraîne une diminution de la plaque, du saignement et de la population des bactéries mobiles.

**Un participant.** Quel est le nom du produit que vous utilisez dans les poches? Le Gel-Kam est assez visqueux et difficile à introduire dans les poches profondes avec une seringue comme vous en avez parlé.

**Newman.** Nous utilisons le produit fait par les Laboratoires Scherer. Sans problème. Nous utilisons une solution de fluorure d'étain non visqueuse à 1,64% et nous l'injectons dans la poche.

**Un participant.** J'ai une question qui va dans le sens de la précédente. Je suppose que nous avons tous vu des fluorures retard qui sont liés à la surface des dents.

Quelqu'un a-t-il effectué des recherches concernant des fluorures retard qui pourraient être placés dans les poches profondes qui ne sont pas nettoyables?

**Newman.** Pas à ma connaissance. Le seul produit retard que je connaisse est la tétracycline dans des fibres creuses utilisées par l'équipe de Goodson à Boston.

**Tinanoff.** J'ai procédé à un essai clinique en Suisse car c'est interdit aux Etats-Unis. Nous avons étudié la libération lente du fluorure d'étain placé dans la couronne, par mélange du fluorure d'étain avec un ciment au carboxylate. Utilisant des lésions de classe II, ces dispositifs étaient donc en contact avec la poche. Le système de libération lente du fluorure d'étain à forte concentration s'est révélé nuisible pour les tissus gingivaux. Cela a déclenché une irritation gingivale, donc un dispositif à haute concentration et maintenu en place longtemps n'est probablement pas bon.

**Wei.** Je voudrais demander aussi aux Docteurs Newman et Tinanoff de faire le point sur l'emploi des produits à base de fluorure d'étain ou de tout autre produit fluoré sur les tissus gingivaux ou sur les poches parodontales. Est-ce toujours en expérimentation ou est-ce du domaine de la pratique courante? Nous ne voulons pas, en effet, que tout le monde se mette à faire cela sans avoir selectionné soigneusement les patients ou sans avoir défini les indications et les contre-indications.

**Tinanoff.** Le dispositif de libération lente en est toujours au stade expérimental, mais si vous pensez que la technique de Keyes est un mode thérapeutique homologué maintenant, je ne vois pas vraiment la différence avec le fait d'inonder les poches avec du fluorure d'étain. Le fluorure d'étain est sans danger, il est employé depuis des années. Pour ma part je considère que c'est expérimental, mais les praticiens utilisent sûrement des choses que les chercheurs considèrent toujours comme étant expérimental.

**Newman.** Je pense que nous devons obtenir plus de détails concernant l'inondation de la poche, qui je pense, est une technique expérimentale. Je pense aussi qu'il s'agit d'une technique sans danger et nous allons continuer d'accumuler des informations à ce sujet. L'emploi quotidien d'un gel de fluorure d'étain à 0,4% a dépassé le stade expérimental et nous en sommes au stade de l'essai clinique. Pour les patients de paro, c'est la concentration que l'on trouve dans les dentifrices que nous avons employée et je pense qu'il faut continuer ainsi.

**Mitchell.** Je voudrais juste faire un commentaire concernant les gels de fluorure d'étain, la FDA et le Conseil. La FDA reconnaît le produit en tant que complément pour son effet anti-carieux. Il ne le reconnaît pas pour ses effets anti-plaque ni pour son effet réducteur de la sensibilité dentinaire ou toute autre modalité thérapeutique. C'est une des raisons pour lesquelles nous nous sommes attachés à déterminer dans ces produits si le fluor était disponible, car c'est ce qui est à la base de l'effet anti-carieux. Le Conseil a accepté ces produits et a demandé que son champ d'application reste limité aux indications qui ont été clairement démontrées. Ces produits sont destinés aux caries rampantes et aux patients particuliers qui ont besoin d'un complément thérapeutique en plus du dentifrice fluoré mais pas à sa place. Pour le moment, c'est sur la base des informations fournies par les fabricants que ces produits ont été homologués. Cela ne veut pas dire qu'il ne faut pas les utiliser de la façon dont nous avons parlé aujourd'hui, mais vous avez posé la question, et cela est la réponse officielle que la FDA et le Conseil donnent pour ces catégories de produits.

**Wei.** Les produits fluorés sont homologués pour des usages anti-carieux mais sont-ils disponibles pour être prescrits par les dentistes pour des usages non homologués, les conférenciers encouragent-ils les praticiens à acheter des fluorures pour des utilisations non approuvées par la FDA? Les conférenciers sont-ils au courant de ces nouvelles applications (je veux dire par là, l'action anti-plaque, pour l'hypersensibilité et la maladie parodontale, etc. . . . ) ou y participent-ils? Pourriez-vous répondre à cette question?

**Mitchell.** Oui. La FDA a pour principe qu'un praticien peut utiliser n'importe quel médicament approuvé pour des utilisations non approuvés. La responsabilité reste celle du praticien. Dans ce cas, l'efficacité reste le problème essentiel et la sécurité n'est pas un problème en rapport avec l'emploi du produit.

**Un participant.** Il y a quelques minutes, les conférenciers ont dit qu'il serait sage pour les praticiens de demander à leurs patients quel dentifrice ils utilisent et ensuite leur conseiller un dentifrice spécifique. Comment pouvons-nous savoir quelle est la meilleure pâte dentifrice spécifique?

**Stookey.** Je pense que, en tant que praticiens, vous avez dans votre bibliothèque le dernier guide (Thérapeutiques Dentaires Homologuées) permettant de sélectionner tous les types de produits, y compris les dentifrices fluorés, les fluorures topiques, et le reste. Je pense que dans cette liste figurent tous les produits qu'a mentionné le Docteur Naleway dans sa présentation. C'est un ouvrage que vous devriez consulter sans arrêt quand un visiteur médical vient vous présenter un produit quel qu'il soit; le premier indice vous permettant de déterminer s'il est en train de vous proposer quelque chose qui est homologué, utile et efficace, car, si c'est le cas, le produit figure sur la liste des Thérapeutiques Dentaires Homologuées. C'est un livre peu coûteux et remis à jour tous les 3 ans. C'est votre meilleur guide.

**Un participant.** Je viens du Comté de Santa Clara et j'aimerais ajouter quelque chose à ce qu'a dit Rella Christensen concernant les "quatre pattes de la prévention" — je crois qu'il s'agit plutôt de cinq pattes. Nous oublions toujours le patient et le consommateur. Après avoir travaillé sur 60.000 enfants, dans le cadre d'un programme de bain de bouche fluoré, vous devenez moitié consommateur et moitié fournisseur. Pendant des années, nous avons travaillé avec les enfants et leurs parents, en association avec leurs maîtres d'école. J'aimerais poser une question au Docteur Carlos qui peut paraître simpliste. Quel rapport y-a-t-il entre le brossage et l'absorption de fluorure de sodium sous forme de bains de bouche? Il y controverse à ce sujet : certains de nos praticiens disent "si vous ne brossez pas professionnellement les dents, il n'y aura pas d'absorption de fluor à partir du bain de bouche au fluorure de sodium", alors que d'autres disent le contraire, je suis donc un peu perdu. Pourriez-vous m'éclairer sur ce point?

**Carlos.** Je le pense. En fait, je crois que le Docteur Ripa devrait répondre à cette question car il a publié les résultats de certaines études pour savoir s'il était nécessaire de nettoyer les dents par un nettoyage professionnel ou simplement par l'enfant lui-même. La réponse est non, vous n'avez pas à le faire, et vous pouvez être sûr que vous obtiendrez de bons résultats anti-carieux.

**Mellberg.** Je voudrais remercier George Stookey pour son excellente revue des dentifrices fluorés. Je voudrais aussi faire quelques commentaires concernant ses conclusions. Je crois qu'il a conclu en disant que les dentifrices au fluorure de sodium étaient peut-être plus efficaces que ceux au monofluorophosphate de sodium, se basant non sur des essais cliniques, puisqu'il a admis que l'on pouvait vraiment comparer ces formules, mais sur des expériences de laboratoire. Ayant effectué certaines des expériences de laboratoire dont il a parlé et d'autres qui, depuis 20 ans, demeurent pertinentes, je dois dire que nous devons faire très attention à la manière dont nous interprétons les expériences de laboratoire. Par exemple, il y a quelques années, en collaboration avec le NIDR et d'autres chercheurs, nous avons analysé le contenu en fluor de dents qui avaient été traitées avec du fluorure de sodium neutre et du FPA au cours de la même étude et à la même concentration et à la même fréquence, et nous avons trouvé que, au moins après de fréquentes applications, les formules de FPA permettaient d'introduire des quantités considérables de fluor dans l'émail, alors que les préparations de fluorure de sodium neutre n'intégraient qu'une faible quantité.

Dans une étude, nous avons utilisé des gels contenant 5.000 ppm de fluor ou 0,5% de fluor. Dans une autre étude, nous avons utilisé des bains de bouche fluorés à 200 ppm, et dans les deux cas, il n'y eut pas de différence entre les deux en terme de réduction des caries. Donc, dans ces deux cas, l'incorporation du fluor n'était pas vraiment pertinente. Je dois admettre qu'il s'agissait d'émail sain et je fais partie de ceux qui disent que nous ne devrions pas considérer l'émail sain mais plutôt les lésions débutantes. L'une des études auxquelles George Stookey s'est référé, était une étude que nous avons faite in vivo sur les lésions débutantes. Il a déclaré que les préparations de fluorure de sodium permettaient une meilleure incorporation que celles avec le monofluorophosphate de sodium, c'est exact numériquement mais statistiquement non significatif. Les chiffres qu'il a présentés sur son tableau induisent un peu en erreur parce que vous auriez dû voir la forme des courbes. Le premier point sur la courbe permettait de penser qu'il y avait une grosse différence, mais si vous intégrez la zone en dessous de la courbe, vous vous apercevrez qu'il n'y a qu'une toute petite différence ce qui ne permet pas de dire qu'un dentifrice est plus ou moins efficace qu'un autre.

**Stookey.** J'aimerais clarifier ce point. Jim, je n'ai pas basé ma décision sur des données de laboratoire. J'ai fait une synthèse de toutes les études cliniques que j'ai pu trouver dans la littérature et j'ai essayé de les considérer objectivement pour répondre à la demande du Docteur Wei. Les cinq premières listes sont basées sur des études exclusivement cliniques. J'ai eu recours aux données de laboratoire pour faire comprendre comment cela marchait et seulement pour cela. Il s'agissait de données explicatives. Je n'ai pris aucun parti sur la base de données de laboratoire. Il est bien évident que nous ne pouvons jamais analyser des produits individuels et, de ce fait, nous devons faire avec ce type d'analyse. C'est fondamentalement ce que j'ai fait. J'ai essayé de considérer le système fluor plutôt que des produits particuliers ou des formules.

**Un participant.** Je crois que cette question s'adresse au Docteur Tinanoff. Si je comprends bien, l'ADA a homologué le fluorure d'étain sur la base d'une stabilité à 80% ou plus. Je voudrais donc savoir si dans les études portant sur l'inhibition de la plaque, les préparations stables à 80% vous ont donné les mêmes résultats que ceux obtenus avec des préparations plus stables ou ayant une meilleure disponibilité?

**Tinanoff.** Les marques B, C, D et F n'ont pu réduire la plaque sur le fil aussi bien que la marque F. Vous pouvez ainsi tirer vos propres conclusions. Je voudrais aussi que cette information parvienne aux oreilles du Conseil des Thérapeutiques Dentaires de l'ADA.

**Un participant.** Nous ne disposons d'aucun système efficace pour suivre les enfants immigrés et connaître leur passé en matière de fluor et vous recommandez que les enfants qui ne sont pas en âge scolaire ne prennent pas de bains de bouche fluorés (j'ai pourtant procédé moi-même à une étude pilote et j'ai observé que si on enseigne à ces enfants la façon de faire, ils n'avalaient pas le liquide). Je voudrais savoir quel est le traitement fluoré qui, à votre avis, est le plus efficace, le moins coûteux en termes de Head Start Programmes?

**Ripa.** En fait le Docteur Wei vient d'écrire un ouvrage à ce sujet. Pour ces enfants préscolaires, un comprimé fluoré quotidien avec un dosage adéquat est sans doute le traitement le plus efficace et le moins coûteux. Par ailleurs, ces enfants se brossent maintenant avec un dentifrice fluoré tous les jours, mais ils doivent être surveillés et contrôlés. Pour ce qui est des enfants en âge préscolaire et qui sont capables de faire un bain de bouche, je suis tout à fait d'accord avec vous. Ils le peuvent. On dit cependant dans la littérature que le réflexe de déglutition est immature avant 5 ans. Les enfants ont un réflexe de déglutition avant la naissance et dès les deux premières années de leur vie, c'est un simple problème d'enseignement. Pour répondre à votre question, j'utiliserais des comprimés.

**Le même participant.** Préconisez-vous la même chose pour les enfants immigrés, même si nous ne connaissons rien de leur passé en termes de fluor ni d'où ils viennent?

**Ripa.** Je pense que vous pouvez seulement procéder au coup par coup.

**Un participant.** J'aimerais aller plus loin dans ce problème car je travaille avec ces enfants aussi. Ces gosses suivent ces programmes pendant 9 à 10 semaines, et de ce fait, nous les traitons quand ils sont là. Si vous essayez de tracer où vont ces familles, c'est un cauchemar. On ne peut pas tracer le fluor donc on ne peut faire que des applications topiques. Les standards de ces programmes exigent des applications topiques de fluor par des praticiens, cela se finit par un gâchis d'argent et, en fait, à la faillite. Une possibilité consisterait à admettre l'usage d'un dentifrice fluoré deux fois par jour comme le meilleur moyen de remplacement, car au moins, ils prendraient une bonne habitude et pourraient aussi bénéficier du fluor. Seriez-vous d'accord pour cela ou voulez-vous en tenir aux applications professionnelles?

**Carlos.** Je ne sais pas. Je pense que personne n'a effectué d'étude portant sur des enfants comme ceux que vous êtes amenés à traiter; vous disposez de peu de temps et ils sont à haut risque en l'absence de thérapie préventive contrôlée et à long terme. Bien entendu, je ferais ce que je pourrais pour les encourager à utiliser un dentifrice fluoré et, si je pouvais, je leur fournirais le dentifrice en leur demandant de continuer à l'employer. Je pense qu'il n'y a aucun moyen pour savoir s'ils le feront ou pas. Leur donnerais-je une application professionnelle de gel fluoré à forte concentration? Oui bien sûr, s'ils peuvent se le payer. Je veux dire que dans des situations comme celles-là on n'a pas de guide si ce n'est de faire de son mieux en fonction du temps dont on dispose et en espérant qu'ils continueront, peut-être avec le dentifrice. Je n'ai jamais travaillé avec des enfants immigrés, mais c'est ce que je ferais.

**Silverstone.** Je suis d'accord avec ce que vient de dire Jim.

**Wei.** Combien de temps peut-on utiliser le gel de fluorure d'étain à 0,4% deux fois par jour avant qu'il ne cesse d'être efficace? C'est une des questions posées par Rella Christensen.

**Tinanoff.** On ne le sait pas encore.

**Wei.** Il est donc vraiment nécessaire de faire une étude dans ce sens.

**Horowitz.** J'aimerais faire un commentaire concernant ces enfants de travailleurs immigrés qui font partie des Head Start Programs. Il est vrai que vous ne pouvez savoir où ces enfants vont aller, mais vous savez où ils sont maintenant et s'ils habitent une région sans eau fluorée ou s'ils reçoivent une eau fluorée, vous pouvez alors leur donner des additifs fluorés alimentaires pendant le temps où ils sont avec vous.

Je dois dire que je n'ai pas été entièrement convaincu par le Docteur Newman concernant la valeur du fluorure d'étain à 0,40%, et bien que vous ayez dit qu'il fallait procéder à de nouvelles recherches, je suis à nouveau perplexe après avoir entendu Ed Mitchell parler sur les bases de référence pour l'homologation du fluorure d'étain à 0,4%. Je crois avoir entendu que le Conseil reconnaît ce produit sur la base de ses effets anti-carieux lorsqu'il est utilisé en conjonction avec un dentifrice fluoré. Quelle est la méthode préconisée pour son utilisation? Je ne sais toujours pas quelle recherche permet de dire que les deux produits, qui contiennent tous deux 1.000 ppm de fluor, utilisés de façon successive, entraînent un effet supplémentaire?

**Naleway.** Des études ont été faites par le Docteur Shannon sur un groupe du VA et l'une d'entre elles fut menée sur un groupe de patients orthodontiques pour diminuer le potentiel de déminéralisation. Ces études ont été menées sur ces populations parce que ces patients recevaient des traitements d'hygiène très agressifs qui comportaient des applications de gel quotidiennement.

**Ripa.** Je pense que ce que nous sommes en train de discuter nous ramène aux questions de Rella Christensen, et si je peux me permettre de la paraphraser, elles étaient les suivantes :

(1) Quels sont les produits dont on recommande l'utilisation?
(2) Quand et comment doivent-ils être utilisés?
(3) Quels produits recommandez-vous?

Pour ce qui est des produits à recommander, c'est clair, vous devez vous référer à la liste des Thérapeutiques Dentaires Homologuées qui est publiée chaque année en novembre. Pour savoir quand et comment utiliser les produits fluorés (j'entends par là les dentifrices fluorés, les fluorures pour application topique par les praticiens, les fluorures topiques auto-administrables et les additifs fluorés par voie générale), le manuel publié par la Fondation Nationale pour les Handicapés permet de répondre à la question, non seulement en termes de quand, mais surtout comment en fonction de chaque type de patient. Les réponses à ces questions sont déjà publiées et à la portée de tout le monde, à condition de trouver le temps de les consulter. Pour ce qui est des produits à ne pas utiliser, je pense qu'il y a un problème, car il n'y a pas d'unanimité, notamment dans deux domaines. Je vais parler seulement en termes de prévention de la carie car je ne connais pas grand chose pour prévenir la maladie parodontale si ce n'est en me brossant correctement et en me passant le fil, dans ce cas, je pense être dans la bonne voie. En tout cas, en termes de carie, il existe deux procédures qui sont actuellement employées et recommandées par plusieurs groupes, et que des gens compétents dans ce domaine, réfutent. L'une de ces procédures consiste à utiliser fréquemment les bains de bouche en cabinet, les bains de bouche au fluorure d'étain et au FPA. Il n'existe aucune preuve clinique pour préconiser cette méthode. Ce qui est pire, c'est que cette méthode est souvent utilisée à la place de quelque chose qui, nous le savons, fait effet. En ce qui me concerne, je ne recommanderai jamais cette méthode. La méthode, qui est la plus sujette à controverse, est l'utilisation de gel de fluorure d'étain à 0,4% et là je pense, que nous sommes en train de parler de définitions. Pour moi, la définition d'un agent cariostatique éprouvé est très différente de celle que vient de donner le Docteur Mitchell. Pour moi, un produit, une technique, un agent sont efficaces pour réduire les caries lorsqu'ils se sont révélés efficaces de façon répétitive, contrôlée et indépendante, à la suite d'essais cliniques de longue durée et le gel de fluorure d'étain à 0,4% ne correspond pas à cette définition. En plus, comme l'a indiqué le Docteur Horowitz, la plupart des patients, surtout les enfants, se brossent déjà avec 1.000 ppm de fluor. Ils le font avec le dentifrice qu'ils emploient. Se brosser déjà une ou deux fois par jour avec un dentifrice fluoré à 1.000 ppm, et ensuite se brosser une fois encore avec un gel fluoré à 1.000 ppm, et vous devriez obtenir des effets fantastiques? Cela n'a pas de sens pour moi. Si cela avait un sens, pourquoi donc ne recommandez-vous pas simplement de se brosser les dents deux ou trois fois par jour avec le même dentifrice? Je pense que c'est là un sujet de controverse.

**Wei.** Je voudrais remercier les conférenciers et les participants pour cette conférence exceptionnelle et la discussion captivante qui a suivi. La conférence est maintenant terminée.

# Index

Les numéros de page en caractères maigres se réfèrent aux figures. Les numéros suivis par un 't' se réfèrent aux tableaux.

ADA News, 5
Additifs fluorés, 53-68, 219
   fluor avant la naissance, 63-68, 216-217
      concentrations élevées dans le sang maternel, 65-66
      études cliniques sur, 67-68
      exposition à l'eau fluorée avant la naissance, 66
      fluorose des dents temporaires, 63
      passage placentair du fluor, 63-64, 65
   métabolisme du fluor avant la naissance, 63-65, 64-65
   posologie actuelle des additifs, 59-61, 59t
      fluor total, 59-60
      influence du régime alimentaire sur la fluorose, 61-63
      produits disponibles dans le commerce, 54-57, 55t-56t
         additifs fluoro-vitaminés, 57
         effet sur le *Streptococcus mutans*, 58
      effets topiques, 57-58
Agents fluorés topiques. Voir aussi les noms de chaque agent.
   agents homologués, 9-14
   application professionnelle de, 185, 216-218, 223
   chez les enfants, 225-226
   effet sur les dents immédiatement après l'éruption, 10-11, 11t
   effet(s) anti-carieux, 10-11, 10t
   efficacité des thérapeutiques préventives personnalisées, 14-17, 14t
      populations à faible incidence carieuse, 15-16
      populations à forte incidence carieuse, 16-17
      effet sur le *Streptococcus mutans*, 58
   sur les enfants d'immigrants, 238-239
Alginates, fluorés, 190
   concentration de fluor, 190t
Amalgames, fluorés, 191-193, 193t
Approches préventives, dans le futur, 233
Association Dentaire Américaine, 227-228. Voir aussi Conseil des Thérapeutiques Dentaires.

Bains de bouche, 73-80
   autres bains de bouche fluorés, 78
   bains de bouche au fluorure d'étain, 77, 78t
   bains de bouche au fluorure de sodium, 75-77, 76t
      comparaison avec les bains de bouche au FPA, 77t
   inocuité des, 78-79
   principes d'utilisation, 74-78, 218-219

Caries radiculaires, 96-99
   effet du fluor topique et systémique sur, 97-99
Céramique, effet des gels fluorés sur, 152-155, 234
Chewing gums, fluorés, 185, 185t
Chlorhexidine, effet antiplaque, 22, 24, 26
Ciments fluorés, 190-191,
Conseil des Thérapeutiques Dentaires, 3, 220, 227 Voir aussi Association Dentaire Américaine.
   communications du, 5
   département d'évaluation du mercure, 4

Laboratoire du Conseil des Thérapeutiques Dentaires, 137-138
programme d'évaluation de la santé, 3-4
programme d'homologation des produits, 5-7, 23
    évaluation des dentifrices, 137-141
    évaluation des gels de FPA, 142-148
    symposia et conférences organisés par, 4-5

Dentifrices. Voir aussi gels. 235-239
    abrasifs, définition, 110
    homologation en tant qu'équivalent générique, 140-141
        directives proposées pour, 139-140
        reconnaissance des dentifrices fluorés compatibles, 142
    recommandations aux patients, 235-236
    revue de la littérature, 111-130
        fluorure d'amine, 114, 114t
            fluorure d'ammonium, 114
            fluorures moins connus, 114t
        fluorure d'étain, 111-113, 117-118t, 122, 125, 128
            système abrasif avec, 111-113
        fluorure de potassium et chlorure de manganèse, 114
        fluorure de sodium, 110, 110t, 113, 119-129,
            système abrasif avec, 110-111, 120-122
        mécanisme d'action du fluor, 117-125
        monofluorophosphate de sodium, 114-120
            concentration de, 118-119
            système abrasif avec, 115-117
    revue pour homologation par le Conseil des Thérapeutiques Dentaires, 137-141
    systèmes fluor-abrasif cliniquement efficaces 128t
Dispositifs intrabuccaux de libération contrôlée du fluor, 188-190, 190t, 233-234
    pour les poches parodontales, 233-234

Education des patients, 224, 227, 230, 236

Fil de soie dentaire, imprégné de fluor, 185
Fluoro phosphate acidulé, effet sur les restaurations en céramique et en composite, 152-155, 232
    bains de bouche, 77, 217, 232
    effet sur les caries radiculaires, 96-99
    en thérapeutique parodontale, 89
    gels, 11-14, 142-148, 217, 232
Fluorure d'amine, 182-183, 182t-183t
    dentifrices, 114, 114t
    effet antiplaque, 229
Fluorure d'ammonium, 182
    dentifrices, 114

Fluorure de potassium et chlorure de manganèse, 114
Fluorure de sodium, en combinaison avec le fluorure d'étain, 113
    comparaison avec le fluorure d'étain, 22, 24
    dans les dentifrices, 119-129, 121t-122t
        comparaison avec d'autres agents fluorés, 128-129
        échec initial, 110, 110t
        système abrasif avec, 110-111, 120-122
    effet sur les caries radiculaires, 96-99
    pour les bains de bouche, 75-77
    pour la désensibilisation dentinaire, 102-103
    pour la thérapeutique parodontale, 89
Fluorure d'étain, 21-30, 28t
    associé au fluorure de sodium, 113
    comparé au fluorure de sodium, 22, 24
    comparé au monofluorophosphate de sodium 117-118
    concentration du, 28
    dans les bains de bouche, 78
    dans les dentifrices, 111-113, 117-118, 122, 125, 128
        systèmes abrasifs dans les dentifrices au fluorure d'étain, 111-113,
    dans les gels, efficacité, 22, 232, 238, 239
        évaluation par le Conseil des Thérapeutiques Dentaires, 151-154, 151t-152t
    effet antiplaque, 21-29, 23
        facteurs cliniques et fluorures d'étain, 26-30
    effet sur les caries radiculaires, 96-98
    effets non spécifiques, 21
    effets spécifiques sur le *Streptococcus mutans*, 22-25, 25t
    en orthodontie, 214
    en parodontologie, 89, 234-235
    fréquence d'emploi, 26, 27
    homologation par la FDA, 235
    incorporation, 229
    pour la désensibilisation dentinaire, 103
    préparation du commerce, 29-30, 29t
    sécurité d'emploi, 29-30
    stabilité, 26-28, 28
Fluorure de titane, 183
Fluorure, mécanisme d'action, 124-129
Fluorures avant la naissance, 63-68, 216-217
FPA. Voir fluoro-phosphate acidulé.

Gels de fluoro phosphate acidulé, 11-14, 142-148, 217, 232
    applications multiples, 13-14
    changements de composition, 11-12
    faibles concentrations et pH, 12
    revue par le Conseil des Thérapeutiques Dentaires, 142-148, 143t
    viscosité, 13

Gels. Voir aussi dentifrices.
   gels au fluorure d'étain, revue par le Conseil des Thérapeutiques Dentaires, 148-152, 150t
   gels de FPA, modifications de composition, 11
      applications multiples, 13-14
      effets sur les céramiques et les composites, 152-155
      faibles concentrations et pH, 12-13
      revue par le Conseil des Thérapeutiques Dentaires, 142-148, 143t
      étude comparative in vitro, 144-148

Ionophorèse, 102

*Journal de l'American Dental Association*, 5

Maladies gingivales, 85-87
Matériaux dentaires, fluor dans, 190-193, 193t
Méthodes d'application des fluorures, 184-194
   alginate, fluoré, 190
   amalgame, fluoré, 191-193
   application de gel, 226
   autres moyens préconisés, 206-207
   chewing gum, fluoré, 185
   ciments, fluoré, 190-191
   dispositif de libération contrôlée, intrabuccal, 188-190, 233-234
   fil dentaire, imprégné de fluor, 185
   matériaux dentaires, fluor dans, 190-193
   modifications des, 215-217
   nettoyage prophylactique auto-administré, 231, 237
   résines, échangeuses de fluor, 187-188
   vernis, fluoré, 186-187
Monofluorophosphate de sodium,
   dans les dentifrices, 114-120, 129
      concentration du, 118-119
      système abrasif avec, 115-117
   pour la désensibilisation dentinaire, 103

Pâtes dentaires prophylactiques, 33-46
   application avant nettoyage prophylactique professionnel, 42-46, 43t-45t
   nettoyage prophylactique auto-administré, 40-42, *41*
   nettoyage prophylactique professionnel fréquent, 34-37, 35t
   nettoyage prophylactique professionnel peu fréquent, 37-40, 38t, *39*, 40t
Pâtes, pour nettoyage prophylactique. Voir pâtes dentaires pour nettoyage prophylactique.
Pâtes prophylactiques. Voir pâtes dentaires prophylactiques.
Patients spéciaux, 199-207
   considérations particulières, 203
      accessibilité aux soins dentaires, 204
      coopération, 204
      irritation tissulaire, 204
      toxicité des fluorures, 205-206
   enfants d'immigrants, 236-237
   handicapés, 199-200
   immigrants, 202, 202t
   immuno-déficiences, 200-201
   incidence des maladies dentaires chez, 200-202
      facteurs prédisposants, 202
   malades chroniques, 200
   moyens autres que la thérapeutique fluorée classique, 206-207
   personnes âgées, 201, 201t, 227

Reminéralisation,
   des caries, 231
   équilibre reminéralisation-déminéralisation avec le fluor, 124
   mécanisme d'action du fluor, 16, 123-127
   études in vitro, 159-178, *164-177*, effet du fluide buccal et des fluides calcifiants synthétiques, 160-161, *161*
   effet du fluor et des fluides calcifiants, 162-164, *162-163*
Résines, échangeuses de fluor, 187-188

Sealants, 17, 36, 232
Sensibilité dentinaire, 99-103, *100*
   évaluation des produits de traitement, 101-102, 101t
   produits fluorés employés pour la désensibilisation, 102-103
      fluorure d'étain, 103
      fluorure de sodium, 102-103
      monofluorophosphate de sodium, 103
Sources alimentaires de fluor. Voir additifs fluorés.
*Streptococcus mutans*, effet des fluorures sur, 58
   effet du fluorure d'étain, 24-26
   effet sur les caries radiculaires, 96-99

*Thérapeutiques Dentaires Homologuées*, 5, 9, 230, 235-237, 238
Thérapeutique parodontale, 83-91
   concept actuel de la maladie parodontale, 85-87
      plaque sousgingivale, 86-87
      plaque supragingivale, 85-86, *85*
   fluorure pour, 87-91
      effets antibactériens au sein de la plaque, 88-91
   paradonte sain 87-88, 87t
   patient à maladie paradontale 87t, 88
   pour les patients orthodontiques, 214

Véhicules pour l'application des fluorures, 184-194
Vernis, fluorés, 186-187